科学心理学史纲要

王有智　金桂春　编著

陕西师范大学出版总社

图书代号　　JC16N0063

图书在版编目(CIP)数据

科学心理学史纲要 / 王有智，金桂春编著. —西安：
陕西师范大学出版总社有限公司，2016.1(2016.12 重印)
ISBN 978-7-5613-8191-5

Ⅰ.①科…　Ⅱ.①王…②金…　Ⅲ.①心理学史—
世界—高等学校—教材　Ⅳ.①B84-091

中国版本图书馆 CIP 数据核字(2016)第 013829 号

科学心理学史纲要
KEXUE XINLIXUESHI GANGYAO

王有智　　金桂春　编著

责任编辑 /	杜世雄　钱　栩
责任校对 /	曹克瑜
封面设计 /	金定华
出版发行 /	陕西师范大学出版总社
	(西安市长安南路 199 号　邮编 710062)
网　　址 /	http://www.snupg.com
经　　销 /	新华书店
印　　刷 /	北京京华虎彩印刷有限公司
开　　本 /	787mm×1092mm　1/16
印　　张 /	19.5
字　　数 /	339 千
版　　次 /	2016 年 1 月第 1 版
印　　次 /	2016 年 12 月第 2 次印刷
书　　号 /	ISBN 978-7-5613-8191-5
定　　价 /	39.00 元

内容简介

观今宜鉴古，无古不成今。呈现在读者面前的这本《科学心理学史纲要》，从古代、近代哲学心理学思想到现代科学心理学流派，再到当代影响较大的进化心理学和积极心理学，较为系统地阐述了科学心理学形成与发展的历史进程，特别是对经典的心理学理论体系或流派，从产生背景、重点人物、核心观点及概要评价等方面进行了较为全面的论述。共包括 13 章内容：第一章绪论，第二章古代哲学心理学思想，第三章近代哲学心理学思想，第四章科学心理学的建立，第五章构造心理学与机能心理学，第六章行为主义，第七章格式塔心理学，第八章精神分析，第九章发生认识心理学，第十章信息加工认知心理学，第十一章人本主义心理学，第十二章进化心理学和第十三章积极心理学。继往以开来，温故而知新。本书既可作为心理学各专业本科生的教材使用，也可供对心理学感兴趣的读者参考阅读。

目　　录

第一章 绪 论

艾宾浩斯在 1908 年出版的《心理学纲要》中写下了一句著名的卷首语，至今为心理学研习者所耳熟能详，这句名言是"心理学虽有长期的过去，但却只有短暂的历史"。1879 年，冯特在莱比锡大学建立心理学实验室，运用科学实验方法研究人类心理过程和行为，开启了一门独立学科的"新心理学"，也就是学界所认同的它标志着科学心理学或现代心理学的诞生。因而，作为新科学的心理学的历史是非常短暂的。但现代心理学与它的过去是紧密关联的，有关人类的本性和人类行为的原因等基本问题不是新近提出的，自从人类文明开始人们就以不同的方式一直在追问、探索这些问题，早期哲学家用不同的思想或理论形式阐述了现代心理学家所关注的许多重要问题。也正如艾宾浩斯所言，心理学家必须承认，他们的根深深扎在哲学的土壤之中，不了解一些哲学史就不能充分理解心理学史。哲学有悠久的历史，心理学也就有着长期的过去。然而，心理学与哲学的密切关系并不意味着科学心理学仅仅是哲学的另一个名称。纵观科学心理学的发展，它与人类思想认识的进步、科技的迅速发展、自然科学、人文科学、社会政治经济和文化发展等也有着密切联系。观今宜鉴古，无古不成今。要成为有文化的心理学家和心理学工作者，就必须了解科学心理学发展进程中的这种规律性。

第一节 科学心理学史的研究对象

科学心理学史是研究科学心理学思想和理论体系形成、演变及发展过程的规律的一门学科。其任务在于通过梳理心理学思想理论形成的历史进程，揭示科学心理学思想形成和发展的诸多影响因素、科学心理学主要流派的理论体系与核心观点。因此，科学心理学史的研究对象应涉及心理学发展历史阶段的划分、思想起源和理论学派形成的地域范围和社会根源，以及有重要影响的心理学家及其理论体系。

一、科学心理学形成、发展的阶段划分

心理学作为一门独立科学,其历史并不长,但孕育在哲学中的心理学思想却很悠久。科学心理学形成的历史可以追溯到古希腊、古罗马时期,心理学史上通常把从公元前 6 世纪到公元 19 世纪中叶这段时间称为哲学心理学时期,也称为前科学心理学时期,1879 年以后称为科学心理学时期。因此,科学心理学的形成和发展主要分为两大阶段。

（一）哲学心理学时期

约公元前 6 世纪到公元 19 世纪中叶,是独立前心理学思想发展的历史,称为前科学时期。这段时期主要是在哲学范围内运用哲学观点和思辨方法来探讨人的精神或心理现象,故称哲学心理学时期。与科学心理学相比,从研究问题、研究方法及研究人员来看,哲学心理学时期主要表现出以下特点:①探讨的问题主要是有关灵魂、心灵的本质、范畴和功能等比较抽象的问题。不研究具体的实证问题。②研究方法主要运用观察、猜想、推论和思辨等方法。基本不采用实验方法。思辨方法有别于"经验的思考",它是纯粹的理论思考和玄想,主要凭头脑中的既有概念和原则,运用逻辑推理推究出现实事物,是完全不依据经验和实践的,其突出表现为用外界事物去符合自己头脑中的概念,而不是用自己的概念去符合外界事物。③研究者主要由哲学家兼任,如苏格拉底、柏拉图、亚里士多德、笛卡尔、洛克、莱布尼兹、赫尔巴特等,没有专门独立的心理学家。④提出了许多丰富的心理学思想,但却没有系统的心理学理论。对心理现象的观察和思考大多散见于哲学家的著作中,许多重要的思想和概念成为科学心理学史的源头,并影响到心理科学未来的发展。

在这段时期,心理学是附属于其他学科的,特别是附属于哲学。哲学家在构建其理论的过程中阐发了许多有关心理学的思想观点。主要体现在以下两个方面:

一是官能心理学思想,时间大致是从公元前 6 世纪到 14 世纪。包括奴隶社会、封建社会时期的思想。如古希腊、罗马时期的苏格拉底、柏拉图、亚里士多德的思想,中世纪奥古斯汀的教父哲学,文艺复兴时期的人文主义心理学思想等,其重点在于探讨灵魂的官能或功能,故称官能心理学思想。

二是意识经验心理学思想,约从 14 世纪末到 19 世纪中叶。研究由灵

魂、心灵的功能逐渐转向探讨认识的起源、过程和方法等问题,关注的焦点转向意识经验的起源,官能心理学开始让位于意识经验心理学。意识经验心理学主要探讨知识经验是怎样产生的,提出了经验论和唯理论两种对立主张。经验论认为,一切知识均来源于经验。唯物经验论认为感性经验源于客观世界,唯心经验论则认为经验是由内省体验产生的。唯理论推崇理性判断,贬低感性经验。唯物唯理论者认为认识的对象是客观存在的自然界,理性知识源于客观自然界,唯心唯理论者则认为理性知识是先天固有的。故在此基础上所逐渐演变、形成的心理学思想有两种理论形式,即经验主义心理学思想和理性主义心理学思想。经验主义心理学发展的较高形式为联想主义心理学,它试图用联想来解释一切心理现象形成的机制。联想主义心理学的出现预示着哲学心理学向科学心理学的过渡。

(二)科学心理学的创建和发展时期

从 19 世纪 80 年代至今,是科学心理学的创建和发展时期。自 1879 年心理学成为一门独立科学后,呈现出勃勃生机,其发展之快可谓繁荣昌盛,对此可概括为以下几个特点:

(1)学派体系众多。影响较大的有内容心理学、构造主义心理学、意动心理学、二重心理学、机能心理学、行为主义、完形心理学、精神分析、发生认识心理学、现代认知心理学和人本主义心理学,还有中国、苏联心理学的研究与发展等。虽然各理论体系彼此有明显不同且存在较大争论,但它反映出的是心理学科发展的繁荣景象。

(2)研究取向多元。无论在研究对象还是在研究方法上,科学心理学的发展都呈现出多样性。19 世纪末至 20 世纪 20 年代主要围绕意识心理学、无意识心理学展开研究;20 世纪 20 年代至 50 年代的重点是研究行为;20 世纪 60 年代至今,既研究心理(包括意识和无意识)也研究行为,而且逐步由宏观领域向微观领域转化,研究层次更加深化和细化。在研究方法方面,这一时期也呈现出多元化态势,任何有利于获得心理活动机制的方法都可以采用。

(3)理论思想趋于整合。20 世纪后半期以来,随着科学心理学研究的蓬勃发展,心理学研究者逐渐认识到每个学派都是从不同的层面或运用不同的方法对复杂的心理现象进行探讨,每种理论思想犹如一道道光线,努力照亮着心理世界的某个角落,它们都为科学心理学做出了一定贡献。由于社会历史、学科发展等原因,学派之间逐渐在基本概念和方法论上相互吸纳,而不像过去那样针锋相对、互不相容,同时心理学各分支学科的专业化程度也迅速发展成熟,研究者专注于自己感兴趣的领域或问题,使得科学心理学的理论思想呈现出既百花齐放,学科分支繁茂发展,又趋于整体化、综合化的发展态势。

二、科学心理学起源与发展的地域范围

地域通常是指一定的地域空间,是自然因素与人文因素相互作用形成的整合体,具有一定的优势、特色和功能。它是人对时空、人类活动、自然因素和人文因素的综合认识。科学心理学的起源、形成和发展与不同的地域文化,乃至当时的政治经济等都有一定关系,探讨这种关系对于进一步认识影响科学心理学发展的自然地理和社会人文因素,以及推动学科的当代发展有着重要的历史和现实价值。

科学心理学史涉及的地域范围较广,其中有重要影响的是古希腊罗马、西欧国家和美国等。从目前西方心理学史研究的资料来看,主要有:①古希腊罗马、中世纪和文艺复兴时期的心理学思想;②17世纪到19世纪的英国、法国的经验主义心理学和荷兰、德国的理性主义心理学;③德国实验心理学的建立,内容心理学及与之对立的意动心理学;④产生于德国而发展于美国的构造主义心理学;⑤欧洲、美国的机能主义心理学;⑥美国行为主义与新行为主义心理学;⑦德国完形心理学;⑧奥地利精神分析和美国的新精神分析;⑨瑞士日内瓦学派;⑩美国人本主义心理学;⑪美国信息加工认知心理学等。有鉴于此,一般认为科学心理学的形成和发展有三大故乡:古希腊是哲学心理学思想的发源地,是科学心理学起源的遥远故乡;德国是实验心理学的建立之地,被称为科学心理学诞生的故乡;美国是机能主义、行为主义、认知主义和人本主义心理学产生的故乡,是现代科学心理学发展的一大中心。

三、科学心理学史的主要内容

科学心理学史研究的内容主要集中在"一个基本,六对关系"。"一个基本"是指有关科学心理学研究的对象、性质、方法和方法论问题。这是每个科学心理学流派必须要回答的问题,是构成大的理论体系的重要组成部分。六对关系是指:第一,心理和生理的关系。譬如,脑是心理的器官,心理是脑

的机能、心身平行论、心身交感论、遗传(生理)决定论等。第二,主体与客体的关系。这里主要探讨认识起源于主体还是客体等有关认识的本源问题。第三,心理与生活实际的关系。即有关心理学的实际应用问题。第四,基本心理范畴及其关系。重点研究心理活动的结构成分及其相互关系。第五,心理学与邻近学科的关系。比如,心理学与生物学、脑科学及其他自然科学、人文科学等的关系。第六,心理学与哲学的关系。心理学脱离哲学而独立,但又与哲学密切关联,在不同发展阶段或不同层面联系程度不同,其学术价值和意义则有所差异。对以上问题的探讨蕴含着丰富的心理学思想、理论、知识、技术和方法。

从学习而言,初学者应重点理解和掌握以下几个问题:

(1)关于心理现象的哲学观点。如原子论心理学思想、理念论心理学思想、生机论心理学思想、实证主义、实用主义、现象学、存在主义等。

(2)科学心理学研究的重要发现和成就。心理学史既是心理学的一个分支学科,同时也是一门历史学科。因而,它侧重于研究科学心理学的成就史、发现史:在科学心理学发展进程中有哪些重要发现? 主要学派、理论体系是如何提出的? 影响学派形成的历史条件和因素有哪些? 对今天推进学科发展有何启发?

(3)科学心理学基本理论观点的各种争论及发展趋势的预见。譬如,从1879年到20世纪50、60年代,学派众多,争论激烈,为什么? 争论的焦点是什么? 对学科发展有哪些影响? 了解这些有助于理解当代心理学的发展现状,以及加强学科理论研究的重要性。

(4)科学心理学与其他学科在发展上的联系。心理学作为边缘科学,其研究对象和方法与许多学科有联系。譬如,哲学、生物学、神经科学、医学、数学、物理、化学、计算机科学、社会学、管理学等,这些学科从思想理论、研究方法和技术等方面都对科学心理学的产生、发展发挥了重要影响作用,积极利用相关学科研究成果,可收到"他山之石,可以攻玉"之效果。

(5)各国心理学在发展上的特点和相互影响。由于各国社会历史背景和思想文化传统不同,其心理学研究表现出各自本土的特点。如,美国有机能主义传统,注重心理行为的适应性,能广泛运用心理学研究成果于社会生活实际,比欧洲有强烈的应用倾向;英国突出继承高尔顿重视个别差异、统计测量的传统;德国和一些西欧国家对现象学方法有浓厚兴趣,采用客观严密的方法,反映出精细的实验设计和数量化分析的特点。各国心理学在发展上的相互影响具体表现为,英法两国经验主义心理学思想对构造主义的影响,德国意动心理学对美国机能主义的影响,英国动物心理学研究对美国行为主义的影响,德国完形心理学对美国新行为主义的影响,法国心理病理学对奥地利精神分析的影响,完形心理学、精神分析的思想方法对日内瓦学派的影响,完形心理学的整体主义对认知心理学的影响,德国人格心理学、完形心理学从整体上研究人格及价值观对美国人本主义的影响等。

(6)重要人物的评价问题。辩证分析和对待有重要影响的历史人物,对心理学家的历史地位和作用,尽量做到客观、公正地评价,重在对以后发展的影响而不是一味指责。不因其贡献大而掩盖其缺点,也不因其缺点多而忽略其贡献,缺点或不足可作为历史借鉴或生长点,启迪后人避免重蹈覆辙。

第二节　科学心理学史的研究方法

科学心理学史的研究主要以科学心理学形成和发展演变为对象,因而有它自己独特的学习和研究方法。

一、宏观审视、整体把握的方法

一切事物或现象之间总是存在着相互制约、相互依存和发展的条件,这一普遍联系性使得学科发展的诸多要素成为有机联系的统一整体,而不是无数偶然的简单堆积。由于研究对象的特殊性和复杂性,科学心理学有别于其他学科,问题复杂,方法多样,学派林立,理论纷呈,一时难分伯仲。但因其基本问题研究的相似性、连续性,学派理论之间有着千丝万缕的联系,若干世纪前探讨的问题,若干年后依然摆在心理学家面前。学科发展如此,研究其发展历史亦应如此。宏观审视、整体把握的方法就是先对心理学科的总体发展有一个宏观的概览,然后进入部分或局部的学习和研究,最后再回归到整体的方法。例如,初学心理学史时,首先把教科书粗读一遍,初步了解心理学史的整体结构、基本线索、章节关系,以形成总体印象。对每个发展时期、每个学派、每章的学习均如此。在全书各章学习完之后,再从整体上进行回顾、总结和展望。比如,科学心理学发展的基本特点和规律是什么? 现代心理学派是如何分化与整合的? 科学心理学发展有哪些主要的历史经验和教训？对今天的研究有何启示？等等。宏观审视、整体把握法既是学习心理学史的有效方法之一，也是研究心理学史的重要思想方法。

二、实事求是、史论结合的方法

论从史出、史论结合是历史研究的基本方法。"史"指史料、史实，"论"即结论或论断、理论。在正确理论、方法指导下研究原始史料和历史事实，从史料事实中推出结论，检验、充实、修正和发展理论认识，新的理论认识又指导新的研究，再从新的研究中推出新的结论。在心理学史的研究中采用史论结合法，就是要坚持历史事实与理论观点的统一，论述史实富有观点，观点分析不离史实，避免以论代史和堆砌史料，更要避免离开辩证唯物论和历史唯物论的指导，得出过甚其词的论断和结论。研究不仅要占有原始史料（原著、实验等），而且要对其进行分析、判断和评价，做出实事求是的合理解释，以揭示科学心理学发展的内在联系及发展过程的本质和规律，更好地理解和掌握科学心理学的基本观点、基本思想、基本理论和发展趋势。

三、纵横比较分析的方法

此方法将有一定关联的心理学事件、实验、概念、观点、思想、学说和理论进行比较，确定异同点及其关系，反映心理学发展进程的一般规律和特殊规律。研究不仅要发掘心理学家及其思想的本来面目，还要阐述它所蕴含的意义，要把心理学家及其理论观点放在特定的历史背景下，通过比较和分析进一步理解心理学家的思想精髓及其理论体系。比较分析法中有纵向比较、横向比较、同类比较、异类比较等。如纵向比较是指把心理学家、心理学流派提出的理论观点放在一定的历史背景下进行前后比较，以发现其进步性和发展性。而横向比较是把重要心理学家、心理学流派与其同时代的其他心理学家或心理学派进行比较，以发现其时代性和创造性。同类比较是将相同或相近的思想、学说、学派进行比较，找出其相同点和一般性，明确其不同点和特殊性。比如，新旧行为主义的比较、经典精神分析与新精神分析的比较等。异类比较是对不同学派、不同体系和理论的比较，在对心理学基本问题研究方面，不同学派及研究者虽有各自的看法，但通过比较可找出其联系和相似点，有助于弄清其本质区别。

四、两点论与重点论相结合的评价方法

这种方法是指在学习和研究心理学史时,对任何一种思想、理论和学派均应视为对立的统一体,具有两重性,对其进行评价时既要肯定其合理、积极、进步的一面,也要指出其不合理、消极、局限的一面,而重点应放在对学科发展有进步意义的一面。如以学派为例,心理学中的各个流派都有其独特的贡献和历史局限,既不能全盘肯定,也不能全盘否定。既要从当时历史条件看其贡献和局限,又要从今天的现实看其价值和问题,辩证分析、评价科学心理学的代表人物及其学说。

第三节 学习和研究科学心理学史的意义

一、有助于提升心理学理论素养

心理学理论素养包含从心理科学视角分析解决实际问题的能力和理论思维能力。如果说普通心理学是心理学的横切面,心理学史则是心理学的纵切面,要完整把握心理学的基础理论和发展脉络,养成从心理学专业视角观察分析和解决实际问题的能力,既要重视普通心理学的学习,还要重视心理学史的学习。"一个民族想要站在科学的最高峰,就一刻也不能没有理论思维。①"可见,理论思维对科学发展的极为重要性。心理学的理论思维是洞察心理实质,揭示心理本质或过程的内在规律的抽象逻辑思维。在心理学发展史上存在着各种理论观点。譬如,对人的心理本质、人性、心理行为动力等的认识既有正确的,也有歪曲的、片面的。既有唯物主义的心理学思想,也有唯心主义的观点,既有辩证分析的观点,也有形而上学的观点。我们不可能采取绝对客观、超然的态度,而是要对某种理论作具体分析,把正确的与错误的、唯物的与唯心的、辩证的与形而上学的区分开,把人物的哲学基础与专业成就、政治观点与学术观点区分开。既要总结、概括这些理论的特征及其相互间的内在联系,还要鉴别和批判各种思想和理论观点等。通过心理学史的学习,既可以拓宽视野、开阔思想,认识到不存在某种能够解释一切的理论体系,也可以减少对某一理论的盲目崇拜,增强健康的怀疑

---

① 恩格斯.自然辩证法[M].北京:人民出版社,1971:29.

与批判精神,提升理论思维能力和思辨能力。

二、有助于培养历史思维

历史思维是指"以历史的角度对历史事实进行综合分析的理论思维方式①"。其要求主要有:一是掌握历史事实并理清史实之间的关系。历史并非各种事件、人物等的简单罗列,重要的是理解这些事件之间的内在联系和关系。二是对史实从某一视角进行深度分析时还应从不同层面、不同角度进行辨析。避免得出以偏概全的片面性结论。三是用历史的眼光看待历史人物、事件和事实。心理学史中的任何一种学说或理论、人物、学派都是一定历史条件的产物,从历史唯物论来看,都有它值得肯定之处和一定的局限性。因此,按照历史思维的要求,在以积极、认真的态度学习和研究心理学史的过程中,将有助于促进学习者历史思维的培养。

三、有助于学习心理学家的优良品质

科学心理学中每个流派的形成都是心理学家们探索的一次创新和突破,都凝聚着心理学家果敢坚毅、孜孜以求、艰辛创新的人格品质。因此,通过心理学史的学习,还可以领略和学习心理学家创新的人格魅力和品质。任何一位心理学家的思想都与其人格、家庭和生活经历有着密切联系,了解其独特的个人经历和心路历程不仅对理解其提出的心理学理论思想有重要意义,同时还可学习其优良的人格品质,激励后来者在心理学的科学殿堂不断探究。

四、有助于推进中国心理学的发展

科学心理学诞生于西方,对中国而言它是"舶来品",但科学心理学发展积累的丰富经验和丰硕成果可供我们借鉴。"懂得了心理学的昨天和今天,才可以正确地预见和迈向心理学的明天。我们研究心理学史绝不是钻心理学的故纸堆,而是站在今天研究过去,展现未来,古为今用,洋为中用。②"学习和研究科学心理学史能使我们了解心理学发展的内在逻辑和未来趋势,继往开来,更好地促进中国心理学的建设和发展。

① 叶浩生.西方心理学的历史与体系[M].北京:人民教育出版社,2014:31.
② 杨鑫辉.心理学探新论丛:第1辑[M].南京:南京师范大学出版社,1998:2.

第二章　古代哲学心理学思想

　　科学心理学在西方诞生不是偶然的,它有着丰厚的哲学渊源。心理学作为一门独立学科的时间仅有百余年,但孕育这门学科的思想却有两千多年的历史。本章阐述古代哲学心理学思想,重点讨论古希腊罗马时期、中世纪和文艺复兴时期的哲学心理学思想。

第一节　古希腊罗马时期的心理学思想

　　古希腊是人类文明的摇篮之一。公元前 6 世纪至公元前 4 世纪是古希腊文明史上最富创造力的时期,是哲学心理学思想产生的渊源,也是西方心理学思想的发源地。公元前 2 世纪末(公元前 146 年)古希腊被古罗马所吞并,整个希腊并入罗马版图之内,历史进入古罗马时期。古罗马继承了古希腊文明,或者说古希腊文明在古罗马得以延续。因而,姑且将两者合起来加以阐述,即所谓古希腊罗马时期的哲学心理学思想。

　　古希腊罗马时期的心理学思想源于原始社会末期的泛灵论(亦称万物有灵论)观念。古代哲学家首先注意和探讨的问题是世界万物的本原,即万物的起源和归宿。当时流行的观点是万物有灵论,也就是宇宙万物普遍具有灵魂,灵魂是万物的本体、始基或本原。它是以古老宗教神话的形式对灵魂起源所做的幻想式解释,是最早的灵魂观念,是有关精神现象(心理现象)的思想萌芽。

　　灵魂是什么? 灵魂如何产生? 它有哪些特性? 早期原始人的认识处于主客体未分化的浑然一体之中,没有灵魂的观念。直到原始社会末期,人们认识和改造自然的能力提高,原始思维发展到较高阶段,从对自然界的认识转向人类自身,但又无法理解人的身体结构和功能,对观察到的一些现象不能作科学的解释,在直观感受、想象、推测和梦的影响下,产生了万物皆有灵魂的观念。比如,以为睡眠、疾病、死亡等是因为某种生命力离开了身体。

人在梦中可原地不动地作长途旅行,梦见与远方的或已死去的亲友见面谈话等,觉得人的化身可以脱离肉体而独立活动,把死亡和梦幻看作是独立于身体的生命力的活动和作用,这种生命力就是最初的"灵魂"观念。人们开始猜测到身体与灵魂的不同,但还没有把灵魂看作是纯粹的精神实体,而是构成生命活动的带有某种感性的形式。灵魂在人出生前就居住在身体内,控制人体的活动,睡眠时暂时离开身体,觉醒时又回归到人体,人死了灵魂则永远离开人体,但灵魂不死。灵魂主宰一切,人和自然界的一切变化都是灵魂的活动(功能)。灵魂究竟是什么?古人看到,人活着时有呼吸,死时呼吸停止,因而灵魂可能是与呼吸有关的东西。于是以为灵魂就是气,气是万物之本。气无所不在,气是无限的等。古人运用类比方法把灵魂对象化、客观化,并推及其他一切事物,产生了"万物有灵"的观念。万物有灵论是对灵魂本质的一种朴素的前科学解释,是古代哲学、古代哲学心理学思想产生的基础。此后,古代哲学家围绕灵魂的本质、功能等展开了一系列探索。

古希腊罗马时期的心理学思想沿着三条主要思想线索发展:一是原子论的心理学思想,二是理念论的心理学思想,三是生机论的心理学思想。另外,本节还对古希腊罗马时期的官能心理学思想、生理心理学思想也进行了阐述,内容虽不多但意义深远。近代哲学心理学思想中的许多概念都可以追溯到古希腊罗马时期。

一、原子论的心理学思想

公元前 6 世纪,古希腊一些哲学家反对原始宗教神话中的万物有灵观念,提出用自然原因去说明灵魂的本质和起源,形成了原子论心理学思想。其基本主张是世界的本原是由某种最为基本的单元或元素所构成。如"原子""根"等。下面简要阐述原子论心理学思想的几种观点。

(一)万物的本原是水,灵魂产生于水

古希腊哲学创始人泰勒斯(Thales,624 B. C.—547 B. C.),被誉为希腊科学之父。他首先提出水是万物的本原①。水是不变的本体,万物生于水又复归于水。灵魂产生于水。灵魂与肉体不同,是具有引起运动能力的东西。他认为万物都有灵魂,并以琥珀和磁石来证明。如磁石有灵魂,它能吸动

---

① 不列颠简明百科全书[M].修订版.北京:中国大百科全书出版社,2014:1610.

铁。泰勒斯用自然物解释灵魂产生的原因,把灵魂看成是物质普遍具有生命、精神活动的特性,由泛灵论转化为物活论(万物有生论),这是从神话的思维方式向因果关系的科学思维方式的转变,肯定了自然界与灵魂的统一性,表现出一种新的世界观和方法论的产生。泰勒斯的物活论观点反映了生命、精神不能离开物质而存在,包含有合理因素,但把无机物也看成是有生命、有灵魂的,这是不恰当、不科学的。

(二)万物的本原是火,灵魂是纯净的火

古希腊辩证法奠基人赫拉克利特(Herakleitos,540 B. C.—480 B. C.)认为,万物的始基是"火"。世界万物是永恒的活火,是运动变化的。坚持万物流变的观点,一切皆流,一切皆变,并肯定万物变化的规律性和可知性。"人不能两次踏入同一条河流",世上没有一成不变的东西。他把万物运动变化的规律称为逻各斯。宣称万物都是相对独立,又相互依存转化,是对立统一的。最先提出并表述了朴素辩证法的基本思想。

赫拉克利特认为,灵魂由火产生,灵魂是纯净的火,是人体中最热烈的部分。灵魂若受潮湿,人就入睡或失去知觉,全部潮湿人就会死亡。只有"最干燥的灵魂才是最有智慧的、最好的"。用"火"取代"水""气"作为万物的本原,是因为火更富有变动性,火能创造一切,也能毁灭一切,表现出"活""变"的本性,也凸显出灵魂功能的重要性。

(三)万物的本原由"四根"形成

古希腊哲学家、政治家和生理学家恩培多克勒(Empedokles,490 B. C.—430 B. C.)认为,一切物质由4种主要成分(火、空气、水、土)构成,提出"四根说",主张万物本原由"四根",即火、水、土、气等四种元素形成。人体也是由"四根"构成。血液是火根,其他液体是水根,固体部分是土根,维持生命呼吸的是气根。火根的部分离开身体血液则稍微变冷,人就进入睡眠,火根全部离开身体则血液全冷,人就死亡。人死时体内"四根"分散,各根与体外同类的根聚合,人的生命和思维就不存在了,没有不死的灵魂。但他又相信灵魂转世的轮回说,在这一点上其思想又自相矛盾。

恩培多克勒以为,人的精神心理特性依赖身体的构造,每个人心理不同是因为身体上的"四根"配合比例不同。演说家是舌头的"四根"配合最好的人,艺术家是手的"四根"配合最好的人。他也是第一个试图解释感觉过程及其形成机制的哲学家。认为一切外物都不断地发出某种"流射",一切感官都有"孔道",流射进入孔道作用于感官,就形成人的感觉。"同者相引,异者相斥",不是所有的流射都能进入孔道,进入孔道的流射也不是所有的都能引起感觉,只有外物的流射和感官的孔道适合才能产生感觉。这是古希腊最早的"同类相知"的感觉理论。因此,身体中各种元素配合均匀的人最聪明,因为他们适宜接受各种流射,具有最多的感觉。他认为,人的思想也是以同知同,但与感觉不同的是思想是通过批判和综合这一认识的加工而形成的。

(四)万物的本原是原子和虚空

德谟克利特(Democritus,460 B.C.—370 B.C.)是古希腊唯物主义哲学家,第一个描述看不见的"原子"是所有物质的基础的人,原子论心理学思想的主要创始人。

德谟克利特认为原子是永恒存在的,不可分割,不能压缩,且是固定不变的,相互间只有形状、排列、位置和大小的区别。他认为万物的本原是原子和虚空。原子是不可再分的物质微粒,虚空是原子运动的场所。无数原子永远在无限的虚空中向各个方向运动,相互冲击,产生无限的世界。运动是原子本身固有的,用原子自动的思想解释了"磁石有灵魂"的问题。他认为磁石和铁是类似的原子构成的,但磁石的原子更精细,其组织较松有更多的空隙,活动性大易于钻进铁的微粒中,使铁移动,拖向磁石。德谟克利特第一次较为系统地对有关心理的问题进行研究,他提出的主要心理学思想有:

(1)灵魂是由类似于火的原子构成的。这种原子精致圆滑,最具活动性,当原子聚集时就产生生命。生命是身体原子与灵魂原子的结合体。灵魂原子经常由身体吸入、呼出,当它聚合一起全部被吸收时,便产生生命的灵魂。身体运动是由灵魂原子提供活力的。

(2)灵魂原子遍布全身,但更集中于感官、脑、心脏和肝脏。脑是思想的器官,心脏是愤怒的器官,肝脏是欲望的器官。这是生理心理学思想粗浅认识的开端。

(3)影像论。它主要解释人的感觉、认识是如何产生的。德谟克利特认为,人的认识是从事物中流射出来的原子形成的"影像"作用于人的感官与心灵而产生的。在构成事物的原子团中,不断流射出事物的影像,即物体投射来的形象,这些影像作用于感官和心灵便产生感觉和思想。德谟克利特指出,没有外物影像的投入、没有感官和心灵的作用就不会有感觉和思想。他还注意到感觉是伴随主体状态的变化而变化的。比如,当人因病而发烧时,尝到的蜂蜜不是甜味而是苦味。因此认为客观上只有原子和虚空,而颜色、味道、冷热等感觉都是主观的。

(4)人格培养问题。德谟克利特认为人的本性是可以改变的,先天禀赋和后天教育的作用同样重要。他提出"教育可以再造人格,有规律的生活能养成平衡的性格,能力是由练习得来的,人格是在生活和教育中培养起来的"等观点。德谟克利特的心理学思想虽然粗糙、朴素,但已涉及心理实质、身心关系、心理过程和人格形成等问题,表现出唯物主义原子论的思维模式和因果必然性的决定论原则。

(五)灵魂的灵魂

古希腊后期原子论思想的主要代表人伊壁鸠鲁(Epicurus,341 B. C.—270 B. C.),他继承、修正和发展了德谟克利特的哲学,建立起一个思想上统一的完整体系。他认为,哲学的任务是研究自然的本性,破除宗教迷信,分清痛苦和欲望的界限,以便获得幸福生活。他试图把普通生物现象与精神现象加以区分,提出"灵魂的灵魂"这一无名实体或第五元素。其有关心理学的思想主要有:

(1)灵魂是物质的,但灵魂的灵魂是精神层面的。"无名实体"就是"灵魂的灵魂",是区别于一般灵魂的精神(心理)层面的东西,是从感觉开始的一切心理活动的体现者。灵魂的灵魂分布于整个身体,凡有感觉的地方都会有。肉体死亡,灵魂随之消散。

(2)一切感觉都是由外物流出的影像、气流或微粒触及感觉器官的结果。例如,听觉、视觉、味觉等。感觉都伴随有快乐或痛苦的情感。伊壁鸠鲁认为感觉是判断真理的标准。感觉是直接的,无所谓错误,错误只发生在对感觉的判断中。

(3)思维依赖于感觉。对某一事物多次感觉之后,由记忆的帮助而形成对该事物的一般意象,配合多个一般意象才可进行思维。他把一般意象或概念称为预识,人可以用它预想所要寻求和认识的事物。

(4)快乐是生活的目的,是人生最高的善,主张趋乐避苦。痛苦是因人体内原子的适当安排被扰乱,快乐是这种安排的恢复或得到新的平衡。他认为,应区分不同的快乐,所谓快乐是"身体无痛苦和灵魂无干扰","灵魂的快乐高于身体的快乐"。达到身体健康和心灵的平静,这就是生活的目的。

（5）对意志的解释。他认为意志是心智触动灵魂,灵魂触动身体所产生的运动。人的行为活动都是在目的支配下进行的。

以上思想说明,伊壁鸠鲁已开始注意到心理现象与一般生物功能的区别,揭示了感觉的来源,感觉对思维、情感、意志的作用等,但还不能真正认识感性与理性的关系。

（六）"心灵"概念的提出

"心灵"概念是由伊壁鸠鲁的学生、古罗马哲学家卢克莱修(Lucretius,约98 B.C.—55 B.C.)提出。他继承古代原子学说,特别是阐述并发展了伊壁鸠鲁的哲学观点。认为物质的存在是永恒的,提出"无物能由无中生,无物能归于无"的唯物主义观点。他还认为宇宙是无限的,有其自然发展的过程,只要懂得了自然现象发生的真正原因,宗教偏见便可消失。他承认世界的可知性。卢克莱修被称为原子论心理学思想的系统化者,其观点有:

（1）对"无名实体"的命名。卢克莱修将伊壁鸠鲁的"无名实体"命名为心灵或心意、精神,以区别于早先的灵魂。他认为灵魂是生命的本原,分布于全身,"心灵"则是理智和意识,只存在于身体的一部分,即胸中。两者的实质都是物质,是由运动着的精细原子所构成的。区分它们的意义在于,指出了"原子"世界中运动形式的差异性,亦即生命特征与心理特征是有区别的。

（2）心灵与肉体的密切联系性。卢克莱修认为心灵不能没有肉体而单独产生,也不能离开肉体而存在。他把肉体和灵魂结合起来,以为它们能一同感觉并作用于彼此,人的灵魂随肉体的死亡而死亡。

（3）感觉是事物流射出来的影像作用于人的感官的结果,是一切认识的基础和来源。

（4）幸福在于摆脱对神和死亡的恐惧,得到精神的安宁和心情的恬静。

综上所述,原子论心理学思想的主要成就或对后人的启示在于:它提出物质原子决定灵魂的决定论原则,坚持灵魂的物质本原及其能动性。重视心身不可分割的关系,体现了精神统一于物质的唯物主义一元论观点。强调感觉的客观性、对其他心理活动的作用以及与主体的联系。提出脑是思想的器官,心灵与灵魂不同等。局限性在于:它把人的感觉、思想等同于身体的变形和原子的运动,不了解心理与物质的本质属性,带有机械论倾向。

把物质发展到高级阶段的产物即心理,看成是一切物质的特性,混淆了有机物与无机物的区别。

二、理念论心理学思想

柏拉图(Plato,427 B. C. —347 B. C.)是古希腊客观唯心主义的创建者,从学于苏格拉底(Socrates,469—399 B. C.)。他把古希腊哲学发展到了一个新的高峰,建立了一个庞大的哲学体系,对以后的各种哲学和宗教产生了重大影响。他曾创办学园,免费收徒,吸引了希腊各地很多学者,是古希腊最著名的哲学家和教育家。

理念论心理学思想是古希腊罗马时期又一主要的心理学思想,其创始人为柏拉图。柏拉图生活在希腊文化全盛时期,当时著名的哲学家巴门尼德、赫拉克利特、苏格拉底以及数学家毕达哥拉斯等人的思想对其理念论哲学思想的形成具有重要影响。毕达哥拉斯认为,数及其关系是万物的本原。一切存在物都是从数的比例、和谐关系中产生的。从1产生2,由1和2又产生各种的数。由不同比例关系的数,形成了和谐的音乐、美丽的绘画和雕塑。这种不用具体物质性的东西来说明世界的本原,而以抽象的数目及其关系来解释,表现出思维向抽象层面发展了一步。毕达哥拉斯还把灵魂分为三部分:理性、智慧、情欲。理性、智慧皆在脑,情欲在心脏。巴门尼德认为"理念"就是"存在",理念世界是唯一真实的第一性。赫拉克利特的万物流变观点认为真实的理念界遵循埃利亚派不动不变的原则,而不真实的现象界遵循赫拉克利特的万物流变原则。苏格拉底把人类对万物统一性的认识提高到一般与个别、本质与现象的关系上。认为个别背后的一般、具体事物背后的共同本性是事物变化的真正原因。比如,水由高处往低处流、物体由高处掉到低处等现象,都有其一般的、共同的原因。这一思想既反映了人类认识的飞跃,又为柏拉图理念论思想奠定了理论基础。另外,苏格拉底还提出人应当研究"自己的心灵""认识自己",以实现人的全部价值和意义。上述思想观点催生了柏拉图理念论心理学思想的产生。下面介绍柏拉图理念论心理学思想的主要观点。

(1)用理念解释灵魂的本质。柏拉图在物质世界以外寻求事物的本原,建立了以理念论为核心的客观唯心主义哲学体系。他认为世界的本原不是物质原子,而是一种称作"理念"的精神性的东西。万物都是由"理念"派生出来的,是理念的影子。理念即独立存在于事物和人心之外的实在,它是永恒不变的。他把世界分为两种:一是可知的"理念世界"或称理性世界,包括普通理念和最高理念。通过实际事物可以达到的是普通理念。如借助黑板上可见的三角形达到对三角形的认识。最高理念是不必借助于实际事物,单凭理念本身达到对万物本原的认识。如通过逻辑思维发现三角形的相似性、全等性。二是可见的"现实世界"或称感觉世界,包括事物的影子和实际事物。柏拉图认为感性的具体事物不是真实的存在,现实世界是虚幻的、不真实的,唯有现实世界之外的"理念世界"是真实存在的、独立的和永恒不变的。理念世界是"原型""正本",现实世界是与理念相似的"摹本",是理念的"影子",是虚假的。万物都是由理念派生的,人的灵魂来自理念世界,支配人体活动。人死后,灵魂又回到理念世界,影响他人,灵魂永生不死。实际上,他是把灵魂看作一种脱离物质和个别而独立存在的一般抽象概念和客观精神实体,将理念世界和现实世界对立起来。

(2)用回忆说阐述灵魂的形成过程。柏拉图认为,灵魂就是对理念的回忆。灵魂在进入人体以前早已存在于理念世界,知识生来就有,只是在投胎托生时,因受肉体的污染暂时忘掉了。以后,通过感觉经验引起灵魂对理念的回忆,唤起理念世界的知识影子,重新回忆起来。学习、知识、心理的形成都是回忆而已。学习就是把生前已知道、现在忘了的知识重新回忆起来。这是欧洲心理学史上关于天赋观念和内省法最原始的表达方式。回忆说从哲学认识路线的总体上看是错误的。理念是事物本原、第一性的、起决定作用的,物质是派生的、第二性的,颠倒了物质与精神、存在与思维的关系。但回忆说包含着人的思维具有能动性、思维与存在具有同一性的思想,并在客观上触及先天与后天、感性与理性之间不可分割的联系,有其可借鉴之处。

(3)灵魂结构说。柏拉图认为,灵魂包括两部分:一是纯理性部分,即理性,它是最高级的、永生不死、轮回转世的,只有人才具有。二是非理性部分,包含高尚的冲动即勇气、抱负,以及低级的欲望即感觉、情欲。通过对灵魂构成的分析,柏拉图强调人的心理不仅有感性和理性之间的差别,还有理性与非理性之间的差别,而且理性控制着非理性。

(4)三种灵魂角色论。柏拉图把人的灵魂分为三等,并与"理想国"中的三种社会角色相匹配。在"理想国"社会中,第一等级是统治者等级,他们是智慧的化身,应该是哲学王和执政者,其天赋职能是管理国家,指挥他人,其灵魂是最高级的理性,位于头部。第二等级是武士等级,必须是有体格和智力都健全的公民经过严格训练组成的职业军人,其天赋职能是防御敌人,保卫国家,其灵魂是勇敢、"意志"的体现者,位于胸部。第三等级是劳役等级,包括农民、工匠和商人等自由民,其天赋职能是生产社会的物质财富,其灵魂是情欲、灵魂的最低部分,位于横隔膜之下。柏拉图认为理性用意志来控制欲望,犹如哲学家、执政者用武士控制平民一样。灵魂三级各执其事,各安其分,人就成为正义的人。柏拉图的灵魂角色结构观是他的政治观或国家观的缩影,相传这是欧洲心理学史上最早有关心理过程的知、情、意三分法的雏形。

(5)对感觉、记忆、情感、梦等心理现象的看法。柏拉图认为,感觉是感官受空气动荡和周围媒介物的影响而觉知的反应,任何感觉都与主体状态有关。这就触及感觉的相对性和对比问题。他举了个若干世纪以后才得到实验证明的例子,即取热、冷、温三桶水,左手放入热水中,右手放入冷水中,然后把双手放入温水中,其结果是左手感到冷,右手感到热,产生了两种温度感觉,但水只有一个温度。这是较为典型的感觉先后对比现象。关于记忆的研究,柏拉图认为,记忆是感觉的持续或保存,它依靠联想活动。例如,看见一张人物肖像,想起画中的本人。看见一匹马,想起它的主人。这说明回忆可以由相似的东西引起,也可以由不相似的东西引起。这是关于联想的接近律、相似律的最初描述。想象可分为两种,即切合实际事物之想象和幻象。情感可分为愉快和不愉快,凡合乎自然方向和活动目的的就会使人感到愉快,反之则不愉快,体现了情感的两极性特点。意志是由需要引起的要求满足的行为活动,把意志行动与需要联系起来。睡眠是灵魂与外界隔离时发生的一种行为状态。梦是灵魂欲望部分的活动。

总之,柏拉图的心理学思想是建立在理念论的基础之上,具有客观唯心主义倾向。但关于灵魂活动中主体和客体互动的思想,灵魂结构中理性和非理性成分的提出,心理过程三分法的初步划分,接近与相似联想律的描述,感觉的相对性和对比,情感两极性,梦与欲望的关系等,都对后人有重要启发意义。

三、生机论的心理学思想

亚里士多德(Aristotle,384 B. C.—322 B. C.)是古希腊哲学家、逻辑学

家和科学家,他总结了泰勒斯以来古希腊哲学发展的成果,首次将哲学和其他科学区别开来,其学术思想对西方文化发展产生了巨大影响。他的《论灵魂》一书是西方心理学史上第一本心理学专著。亚里士多德的心理学思想是古希腊心理学思想的总汇,其生机论心理学思想主要有以下几个方面:

(1)灵魂既是生命的原则和生活的动力,又是身体的一种特殊形式。在灵魂的本质上,亚里士多德反对把灵魂看成是物质普遍具有的特性。认为灵魂既是生命的原则和生活的动力,又是身体的一种特殊形式。他主张灵魂是有生命体的特征和机能,有生命的躯体必须有灵魂,无生命体不具有灵魂,故称生机论。强调心理学是一门自然科学,并以生物学为其理论基础。

(2)身心既相互独立又是统一的。在灵魂与躯体的关系上,亚里士多德认为,灵魂和躯体共同构成生命,灵魂是身体的一种特殊形式和活动能力。在此之前,原子论者主张灵魂是物质的变形,理念论者认为灵魂是一种无实体的本质,两者都倾向于灵魂和躯体是互相独立的。亚里士多德第一次明确提出灵魂和躯体不可分的思想。认为灵魂是有生命物质吸收外部客体的特有方式,是观念形式的物质运动。把灵魂与身体的关系比喻为"割"与"斧"的关系。躯体是灵魂的工具,灵魂是躯体的目的,灵魂通过躯体实现自己的功能,推进身体的发展。由此可见,身心既是相互独立的,又是统一的,表现出二元论倾向。

(3)心脏中心说。在亚里士多德看来,在身体的器官中,以心脏为主,因为心脏是热之源,具有指挥能力。食物入胃后蒸馏为营养,升入心脏,再蒸馏为血液,循环于静脉中,再精炼成为动物精气,流入动脉管,它是感官和心脏之间的通道。因而在灵魂的器官上,主张心脏中心说。心脏是心理的器官和意识的中枢,也是灵魂传递冲动至肌肉和腱的媒介。脑是泪的分泌腺,是"冷却"动物精气的器官。此说无科学根据。

(4)灵魂的分类。亚里士多德根据有生命体的发展等级对灵魂进行分类,主张把灵魂分为三种:植物灵魂、动物灵魂、人的灵魂。他把灵魂看成是有机体不同发展水平的功能系列。认为有机体的功能不同,灵魂就有不同的水平。植物是只具有营养功能的生命形式,其灵魂只能通过营养的吸收和消化来促进成长,植物只具有生长灵魂。动物除了有营养功能外,还有感觉功能,动物具有感觉灵魂。人除了包含动物和植物的所有功能外,还有人类独特的理性功能,即通过思维来超越当前直接感知事物的能力,人具有理性灵魂。从植物到人,灵魂的等级越来越高。低级灵魂是高级灵魂发生的基础,而高级灵魂包括低级灵魂的功能。这种从有生命体中不同等级功能来区分人类和动物的心理特点,是比较心理学的最初研究形式,蕴含着发生学的观点和进化论思想,具有进步意义。

(5)主张知、意二分法,反对知、情、意三分法。亚里士多德认为,人的灵魂是单一的、不可分的,是以整体来发挥作用的。但他认为,人的灵魂的功能有两个:一是认识功能,如感觉和思维,其中思维是灵魂的理性功能,具有主动性,称为主动心灵,肉体死亡后,它复归于纯粹的形式;二是欲动功能,如欲望、动作、意志和情感,是灵魂的非理性功能,具有被动性,称为被动心灵,它与肉体同生死。这种对灵魂功能的划分被称为西方心理学史上最早的知、意二分法。也就是说,在灵魂结构上,亚里士多德主张知、意二分法,反对知、情、意三分法。

(6)对具体心理现象的研究。在感觉问题上,亚里士多德对感觉的功能、本质、种类和错觉进行了专门论述。认为感觉是外物作用于感官所产生的印象和痕迹。犹如金戒指印在蜡块上的印纹一样。感觉的功能是辨别事物,是人生存的必要手段。感觉的本质是"感受被感觉的形式,而不是感受物质"。例如,蜡块接受的是金戒指的图纹,而不是金戒指本身。当外物停止刺激时,还可以留有印象如视觉后像,这说明质料离开后,形式还残留。感觉可分为特殊感觉和共同感觉。特殊感觉有触觉、味觉、嗅觉、听觉、视觉5种,其中触觉是最基本的。特殊感觉接受的对象有一定范围,如声音过大或过小人就听不见,而且特殊感觉的程度是相对的,如手触及比手硬的物体上觉得硬,反之则软。事实上,亚里士多德在这里已涉及感觉阈限、感觉的相互作用、适应、对比等现象。共同感觉是指在执行特殊感官的感觉以上、抽象思维以下的感觉。它包括两种:一是感知"共同的感觉对象",如对外界事物的运动、静止、数目、形状、大小、时间长短等的感觉;二是自我感觉,各种意识活动都是自我感觉的一种表现。如记忆、想象、睡眠和梦等意识活动。亚里士多德的共同感觉已超越了感觉范围,前者是知觉的内容,后者是意识活动。他对错觉研究提出了双指夹球错觉,即将一小圆球放置于食指和中指交叉重叠之处,人觉得接触到的是两个物体而不是一个物体的错觉现象。

亚里士多德对记忆的本质、过程、特性也有论述。认为记忆是所感知的事物留下印记的再生。记忆有两种特性：一是对象指向过去的东西，二是对象总是与当前的知觉对象相联系。因而记忆是被动的再生，是人和动物共有的。而回忆是主动的再生，需要思考和推理，只有人类才有。回忆依赖的条件有三：第一，联想有助于回忆。利用相似、相反、相近关系的联想有助于想起要回忆的事物。第二，情绪对回忆有正面或负面的影响。第三，材料的组织性。有组织的材料比无组织的材料更容易记忆。

亚里士多德对想象、思维和梦的关系也做了阐述。认为想象是视、听事物不在场时所发生的意象。它是感觉后的结果，是一切思维的基础，是最高理性活动的条件。做梦也是一种想象，梦中的形象既与觉醒时的感觉刺激后效有关，又与梦者的生活环境和行为有关。所谓预兆，只不过是巧合而已。

在欲动问题上，亚里士多德认为欲望与情感、动作具有内在关系。欲望是心理活动的资源，也是情绪，它因缺乏的不快而开始，由满足的愉快而终结。认为动作产生的过程是，首先由缺乏感引起需要，其次产生需要的意象，再次引起追求的欲望，最后迫使有机体发生动作。

从上述可见，亚里士多德是古希腊心理学思想的集大成者。他纠正了前人关于万物皆有灵魂的物活论观念，坚持灵魂与身体的不可分性，以及对其他心理学问题的论述等，对欧洲中世纪和近代心理学的发展有重要影响。机能主义、联想主义、精神分析等提出的概念、思想均可以从他的心理学思想中找到渊源。

四、官能心理学思想

官能心理学思想是古罗马时期哲学心理学思想的典型代表。它与古罗马时期的教父哲学有关。所谓教父，是对那些利用希腊哲学为基督教进行辩护、论证的有功之人的尊称。与古希腊哲学相比，教父哲学的特点是以神学替代哲学，以灵性替代理性，以内省替代观察，以描述替代分析，以信仰替代理智，以宗教观替代科学观。教父哲学崇尚信仰、尊崇上帝，重视意志、情感，突出官能的作用和内省的价值，受教父哲学影响产生的心理学思想称为官能心理学。官能心理学的倡导者是奥古斯丁（Augustine，354—430），他是基督教神学家、哲学家，罗马教父哲学的集大成者。下面简要介绍奥古斯丁的官能心理学思想。

（1）主张心身二元论。奥古斯丁认为人是身体和灵魂的结合,灵魂和身体各自独立存在,二者都是上帝创造的。身体是物质的,占有空间,有动有变,而灵魂是非物质的,不占有空间,永存不朽,主张心身二元论思想。但灵魂高于身体,指挥身体的一切活动,是整个生命和一切行为的主宰者。感觉、思维、意志等都是灵魂的官能,身体只是感觉外物的媒介,真正的推动力是分布于身体各个部位的灵魂。灵魂与脑有密切联系。灵魂接受来自各种感官印在脑中的印象,将冲动传至肌肉,使肌肉发出各种动作。灵魂尽管支配着身体,但有时却意识不到身体的过程,预示着有无意识活动的存在。至于身体是否影响心理,他只说身体有变化,灵魂有相应的了解,灵魂并不因身体的作用而起变化。把身体视为独立于思维和意志之外的东西。可见,他的心身二元论是心身平行和心身交感的混合产物。

（2）第一个提出内省法。奥古斯丁被认为是心理学史上第一个内省主义者。他认为心理是主观自生的内部经验,无法为他人直接认识,只有通过内省才能接近,并以自我报告的形式陈述出来,让他人了解,即内省法。人经过反省就知道人体内有灵魂的存在。灵魂知道自己在思想,理解自己是非物质的。因此,心灵是通过自己认识自己的。

（3）首创官能心理学。官能心理学思想在古希腊就已萌发,但明确阐述官能心理学思想的是奥古斯丁。他认为人的灵魂是天生固有的各种支配相应心理活动的官能或能力。简言之,心理是灵魂的官能。灵魂具有记忆、理智、意志三种官能,它们都服从于灵魂的指挥,但又各自发挥不同的作用,贯穿于一切心理活动之中,在经验上形成统一体。在三种官能中,意志是心理生活的根本,它制约其他心理活动。如知觉中含有意志,否则知觉不到,注意是意志的作用等。奥古斯丁重视意志的作用,与他崇尚宗教信仰有关。他的原则是,首先是信仰,然后再理解,理解是为了信仰。不信任上帝则不能认识上帝,要为善必先有向善的意志。意志决定动机,而不是动机决定意志。

奥古斯丁重视官能、意志、内省法的思想,对后人重视心理的能动性、非理性因素的作用等有启发意义,对以后心理学思想的形成和发展产生了较大影响。

五、生理心理学思想

古希腊罗马的生理心理学思想是古代哲学心理学的又一重要组成部

分。它主要涉及心理产生的器官、脑的功能和身体特性与心理行为的关系等问题。

（1）阿尔克莽关于脑是心理的器官的思想。古希腊医生阿尔克莽（Alcmaeon，500 B. C. 前后），西方第一位进行动物解剖的学者，据称也是第一个对人体进行解剖的学者①，医学心理学研究的先驱。阿尔克莽通过对感觉功能的观察，并以外科手术为依据，认为感觉是所有认识活动的起点。他发现大脑两半球"有两条狭窄的通道通向眼窝"，肯定眼睛（感官）与大脑之间有直接联系。脑给人传递听觉、视觉、嗅觉，这些感觉进而产生记忆和心象（或意象），在此牢固的基础上产生同样牢固的知识。因此，提出大脑是灵魂器官的观点。具体来说，大脑是感觉和思维的器官。大脑负责接受感觉印象，是思维的基地和有机体生命点的中心，只要大脑未受损伤，人的心理就会存在。所以，大脑是心理的器官。

在对人与动物的心理行为进行比较时，阿尔克莽认为动物只有知觉，而人类既有知觉亦有理解，知觉和理解虽是两种不同的心理过程，却是同一个心灵所具有的。对于睡眠，他认为是由于脑血管里的血液退到体内大的血管里所致，血液再进入脑人就会醒来。还认为，人体反映着大宇宙的结构。人体含有对立的性质，对立者有适当的混合和平衡人就健康，否则人就会生病。

（2）希波克拉底关于脑的功能和体质四液说。古希腊名医希波克拉底（Hippocrates，460 B. C. —375 B. C.），被誉为医学之父，是受人钦佩的医生和教师。他长于外科手术，以善于诊断和治疗著称。有一套健康哲学、心理学知识。他认为一切病都有自然的原因，与神无关。当时人们把癫痫病称为"圣病"，而他认为"这个病的原因也像那些一般比较重的病一样，病因在脑，而非魔鬼缠身所致"。认为脑是心理的器官，感觉冲动归于脑，脑是知识的场所。人因为有脑才能思维、理解、看见、听见，知道美和丑、善和恶，以及适意和不适意等，这一切都是脑的功能。

希波克拉底认为，体液是体质的物质基础。他把"四根说"发展为"四液说"，并加以系统化。在《论人的本性》一书中提出，人体中有四种不同的液体，来自不同的器官。黏液生于脑，是水根，有冷的性质，失去它人会患癫痫

---

① 心理学大辞典[M].上海:上海教育出版社,2003:2.

病。黄胆汁生于肝,是气根,有热的性质。黑胆汁生于胃,是土根,有渐温的性质。血液生于心脏,是火根,有干燥的性质。人的不同体质是由四种体液的比例不同所致,健康需要各种体液的相对量的合适。若体内某种液体过多或过少,或比例不当,都会使人感到痛苦。这一学说讲的是体质,而不是气质,把希波克拉底的四种体液说误传为气质说是不恰当的。四液说后来传至古罗马,由盖伦继承和发展,形成四种气质类型学说。但两种学说的精神是一致的,前者为后者提供了重要的理论基础,因此也不能抹杀希波克拉底对气质学说建立的贡献。

(3)盖伦关于神经系统的结构功能及气质四液说。古罗马名医盖伦(Galen,约130—200)是欧洲古代医学的集大成者,也是罗马帝国时期著名的生物学家和心理学家。虽比希波克拉底晚600年,但却与其名望相同,对后世影响较大。①神经系统的构成。盖伦以为神经系统是一个有分支的干状物,每个分支独立存在。神经是由构成脑的那种物质构成的,脑质可分为软部(大脑)和硬部(小脑)两部分,神经也分为软神经(感觉神经,从感官到达脑)和硬神经(运动神经,从脑传至肌肉)两部分。他还发现了几对脑神经及它们的功能,并描述了自主神经系统,了解其在脊髓各层次与身体各部分之间的联结。②强调脑是理性灵魂的器官。盖伦根据柏拉图对灵魂功能的划分,认为理性灵魂的功能包括外部功能(如五种感官的功能)和内部功能(如想象、判断、记忆、动作等),它们的器官是脑,脑是心理的主要器官。非理性灵魂的功能相当于情、欲,其器官是心脏、肝脏。心脏是愤怒、勇敢的中枢或男性灵魂的中枢。肝脏是情欲、温柔的中枢或女性灵魂的中枢。这说明此时他已了解到情欲与自主神经系统的关系,但还没有把低级中枢和高级中枢统一起来。③心身关系的不可分性。盖伦继承了亚里士多德的思想,认为心理和生理是同一件事情的两个方面,心身关系是不可分的。但他提出心理异常可以从身体上找原因,是有缺陷的。心理疾病常常是因心理和社会因素所导致,难以从身体上找到病因。④气质四液说。盖伦从希波克拉底的体质四液说出发,认为气质是物质(或汁液)的不同性质的组合。他提出气质共有13种。如把热占优势的气质描述为勇敢的和精力充沛的,把冷占优势的气质描述为迟缓的等。经典的四种气质类型在盖伦时代已相当明确,他曾描述了多血质、胆汁质、粘液质、抑郁质四种气质类型人的特征。多血质的人血液最多,血气旺盛,行为表现为热心、活泼。胆汁质的人黄胆汁多,易发怒、逞强,动作激烈。黏液质的人黏液旺盛,冷静、善谋、善于思考和计算。抑郁质的人黑胆汁多,有毅力但表现出悲观、寡欢。这是最早关于四种气质类型的行为描述。这种将体液说扩展为气质类型学说,反映出身体特征可构成个体差异的基本类型的思想,现代科学提出的气质取决于身体的内分泌腺体和激素的学说,与古代体液说的观点比较一致。由于气质四液说对气质类型特征的描述接近事实,因而一直被现代心理学所沿用。⑤对动作的随意性和不随意性的认识。盖伦认为除了心脏、血管及其他内脏系统的不随意性外,一切运动都是随意的,都与心理因素的参与有关。

第二节　中世纪和文艺复兴时期的心理学思想

公元 476 年古罗马帝国灭亡,欧洲进入长达 1100 多年的封建社会。从 5 世纪末到 14 世纪,是西欧封建社会形成、发展和繁荣时期,史称中世纪或中古时代。由于罗马帝国衰落后,教会成为政治统治者、思想垄断者,但教会毁灭文化,破坏学校,科学停滞不前,故称黑暗的中世纪。14 世纪下半叶到 16 世纪末,是封建社会解体和资本主义萌芽、形成时期,史称文艺复兴时期。中世纪和文艺复兴时期具有代表性的心理学思想主要有三个:一是经院哲学的心理学思想;二是视觉心理学思想;三是人文主义心理学思想。

一、经院哲学的心理学思想

在中世纪,基督教神学是占统治地位的意识形态和精神支柱,一切科学和哲学都成为宗教的附庸和工具,为其服务。基督教神学在早期阶段称为教父学,后来称为经院哲学。经院哲学是教会学院讲授的基督教哲学,用推理的方式对基督教义给出分析和解释,是系统化、理论化的基督教神学。其目的是用哲学形式为宗教神学作论证,为封建教会统治作辩护。从 11 世纪至 14 世纪末,经院哲学内部出现了唯名论和唯实论的争论。唯名论主张,概念只是名称,没有实体,没有实在性,真实存在的只是个别事物(如事物的名称或空洞的声音),没有一般,倾向于思维与存在是统一的。唯实论主张,真实存在的是一般(属与种),是存在于事物之先或之中的精神实体,概念是实体即精神实体,有独立的实在性,倾向于思维与存在是分离的。两种观点都影响当时的心理学思想。因而中世纪经院哲学的心理学思想蒙上了宗教神学色彩，并以神化的官能心理学思想和反教会的感觉经验论心理学思想为主要内容。

(一)神学官能心理学思想

托马斯·阿奎那(Thomas Aquinas，约 1225—1274)，是中世纪著名的经院哲学家和神学家，经院哲学体系的完成者，神学官能心理学的主要代表。他从天命论出发，坚持君权神授说，主张教权高于王权，王权应服从教权。提出二重真理说，将神学和哲学分开。二重真理包括理性真理和神学真理，理性真理来自逻辑推论，为神学信仰找理由。神学真理是通过信仰得来，来自上帝的启示。强调一切真理最终都来源于上帝，理性真理不但不能与神学真理相违背，相反，神学真理高于理性真理。因此，神学高于一切科学，哲学、心理学等所有科学都要为神学服务。阿奎那在奥古斯丁思想的基础上，把官能心理学进一步神学化。

在身心关系问题上，阿奎那认为灵魂是纯精神的，是独立于身体的实体，是物质以外的力量，可脱离身体以封闭形式而存在。亚里士多德认为，人是身体与灵魂的统一体，灵魂是身体的形式，身体灭则灵魂也灭，两者的分离则意味着生命的结束。但阿奎那认为，灵魂并不随身体的消亡而消亡，生命虽然结束了，但仍然有人格，有个人意志、记忆和灵魂，生前是这个人，死后还是这个人，所以灵魂是不朽的。坚持灵魂不灭、轮回转世，直接维护基督教的主要信仰。

在心理功能和分类上，阿奎那从奥古斯丁的官能心理学思想出发，把各种心理活动均看作是内在的心力(神秘力量)，即灵魂的官能。他把灵魂的官能视为一个不同等级的组织系统。认为灵魂官能可分为植物性、感性和理性三种官能。植物性、感性两种官能是人和动物共有的，理性官能是人所独有的。感性官能包含"内部感觉"，如一般感觉、记忆、想象、评价，这些都离不开非物质的灵魂，不依赖身体器官。这样，各种心理活动就成为没有物质基础的神秘力量(心力)，使官能心理学更加神学化。

在各种心理过程的关系上，阿奎那主张知、情、意、行是相互依存的。他认为情绪有好、坏之分，许多情绪虽然是合理的，但情绪发作时会扰乱思想。因此，修道院的禁欲生活是最高原则，它能和上帝感通。认为知识为行动服务，行动也会促进知识。在一般情况下应强调理智的重要作用，理智高于意志,意志受理智的指导,但在特殊情况下,比如信仰上帝时,意志则不受理智支配,意志要超脱理智、支配理智。哲学要为神学服务,理智要为信仰让路。

阿奎那的神学心理学思想是中世纪经院哲学内部的正统心理学思想。他对理智的重视和抽象功能的肯定,承认知、情、意、行的相互依存,均有积极意义。但他还不能正确理解感性与理性、一般与个别和各种心理过程之间的关系,试图把心理学改造为神学的婢女具有消极影响。

(二)感觉经验论心理学思想

从13世纪到14世纪,英国经济发展很快,反教皇运动兴起,王权政治得到加强,形成复兴自然科学的思潮,出现了一批先进的思想家、哲学家。其中有三位影响较大的唯名论心理学思想家,他们是罗吉尔·培根、邓斯·司各脱和威廉·奥康。

罗吉尔·培根(Roger Bacon,约1220—1292)是英国哲学家和科学家,自然科学思潮的杰出代表。认为对笃信基督信仰而言,更精准的自然实验知识是非常有价值的。通过他的著作,使得"实验科学"一词广为人知①。在哲学上,他是亚里士多德的信徒。研究神学、哲学,对自然哲学有很深的造诣。他的研究包括飞行器、显微镜和望远镜等,做过光学、磁学实验。邓斯·司各脱(Duns Scotus,1270—1308)是英国唯名论重要代表。威廉·奥康(William of Occam,约1300—1350)是英国著名经院哲学家,唯名论者。三位思想家在继承和发扬亚里士多德心理学思想合理内核的基础上,在同经院哲学内部唯实论的心理学思想争论中,阐述了唯名论的心理学思想,由于注重感觉经验,故其思想被称为感觉经验论心理学思想。

第一,推崇科学、经验,提倡开展实验科学研究。唯实论者宣扬宗教、迷信,崇尚烦琐思辨,敌视科学思想。而唯名论者公开提出科学研究要面向自然,开展实验,注重感觉,依靠经验。罗吉尔·培根认为"权威、习惯、偏见和虚夸"是影响科学发展的四大障碍。反对按书本、权威来裁定真理,主张靠"实验来弄懂自然科学……"。认为推理和经验是获得知识的两种方法。但只有推理是不够的,还要有经验才充分。他第一次提出实验科学的概念,并认为依靠经验是实验科学的基本原则,强调"耳听到的不可信,归纳和推想出来的也不可靠,自然科学应当予以实验"。他还主张改变抽象思辨的研究

---

① 不列颠简明百科全书[M].修订版.北京:中国大百科全书出版社,2014:1308.

取向,通过经验、实验来研究心理学。

第二,强调感性知识和个别事物的真实性。反对把一般概念、普遍性和形式看作是最实在、最高的正统思想。邓斯·司各脱指出,知识是从感觉产生的,理智好像一块"白板",没有任何天赋观念。威廉·奥康也提出,一切知识都来自感觉。这些思想表明,他们已试图突破经院哲学的限制,为发展科学探索新的具体的研究道路,使心理学研究取向逐步发生改变。

第三,坚持心身统一性,反对身心二元论。罗吉尔·培根认为,形式与质料是一个物体的两个方面。灵魂是身体的形式,既无灵魂的身体,也无身体的灵魂。邓斯·司各脱也认为,灵魂本身是形式和物质的结合,心身是完全统一的。

第四,提出心理的物质基础问题。邓斯·司各脱强调,物质不仅是有形事物的基础,也是精神事物的基础。他试图用物质说明心理的决定论思想,第一次对物质具有思想的能力进行了猜测,反对心理的非物质本体观。

感觉经验论心理学思想是中世纪经院哲学内部非正统的心理学思想。重视科学、经验和实验科学的研究思路,反对烦琐思辨,坚持心理的完整统一性,否认天赋观念,提出物质具有思想能力的猜想等,均具有改革精神和新方法论启蒙的进步意义,对研究心理学产生一定影响。邓斯·司各脱的"白板"思想对洛克经验论心理学思想的形成有正面意义。

二、阿拉伯学者的视觉心理学思想

从 7 世纪到 11 世纪,阿拉伯民族在伊斯兰旗帜下建立了强大的阿拉伯帝国,包括西亚大部分地区和欧洲的西班牙、西西里。阿拉伯人在接受东西方文化的基础上,兴起了比欧洲人更发达的阿拉伯文化,如阿拉伯数字。在心理学思想研究方面较为突出的是提出了视觉心理学思想。

用光学原理解释视觉的产生。中世纪阿拉伯科学家伊本·阿尔·海塔姆(Ibn-al-Haitam,965—1039)用光学原理解释视觉的产生,推翻了古代关于视觉的粗糙理论,奠定了解释视觉的新的理论基础。古希腊时期把视觉说成是从物体发出的"流射物",或从眼睛里发出的"流射物",或两种"流射物"的结合,但外物如何作用于眼睛产生视觉的,当时无法理解这一过程。海塔姆在解决这一问题时,首先把视觉器官看作是光学装置,以光的反射规律所构成的外部客体影像作为视觉的基础。他认为视觉由两种活动构成:

一是外部光线作用所产生的直接物理效应;二是与这一效应同时发生的智力活动。由于智力活动将以往经验附加于视觉中,才能确定所看客体的相似和相异,产生有关视觉,并认为这一过程是无意识地进行的。从此,他成为无意识推理参与直接视知觉过程这一学说的远祖。海塔姆还对视觉的其他现象,如双眼视觉、色混合、对比等进行研究。他提出要全面感知物体必须有眼球的运动即视轴的移动,还把时间作为视知觉形成的重要因素。认为视觉映象产生的条件,有光线刺激的直接作用,还有保留在神经系统中过去印象的痕迹,前后联系才可形成视觉。

发现视觉外周感受器——视网膜。伊本·路西德(Ibn Rushd,1126—1198)是中世纪阿拉伯哲学家、自然科学家和医学家。他坚持亚里士多德灵魂和肉体不可分的思想,同时提出个人灵魂灭亡以及人和神相似的原理。他在视觉心理学方面有一项重要成就,就是发现视觉器官的感觉部分不是以前所认为的水晶体,而是视网膜,确认视网膜是视觉的外周感受器。

由上可知,无论是海塔姆提出的光学决定论,还是路西德发现的视觉外周感受器视网膜,都为科学解释视觉的形成提供了证据,也是解释心理现象的一种新的方法论思想。

三、文艺复兴时期的人文主义心理学思想

文艺复兴是中世纪晚期欧洲文明中的文化运动,开始于 13 世纪晚期的意大利,随后扩展到欧洲中西部其他地区,于 17 世纪初结束[①]。文艺复兴是对希腊罗马古典文化的复兴,实质是反封建的新文化的创造。文艺复兴倡导以人文主义为中心的新思想,提倡人性和个性的自由与解放,反对神权统治和封建社会的腐败。它是欧洲新兴资产阶级在政治上无力直接与封建势力对抗,打着复兴古典文化的旗帜,在意识形态领域内以世俗文化来否定宗教文化,建立反封建的资产阶级新思想、新文化的一场运动。它为近代科学的产生提供了良好的思想文化条件,为欧洲人迎来了自然科学的春天。人文主义是这一时期心理学思想的核心和基本精神,故称人文主义心理学思想,主要体现在:

首先,以人权反对神权,维护人的价值和尊严。人文主义者提倡"一切

---

① 不列颠简明百科全书[M].修订版.北京:中国大百科全书出版社,2014:1731.

为了人"，反对"一切为了神"，突破神是至高无上权威的思想枷锁，重新肯定人的价值，恢复人的尊严，尊重人、爱人，要求人的权利，弘扬人的高贵和伟大，人是一切的主宰者。

其次，以人性反对神性，维护人的自由意志和个性发展。人文主义者主张重视人性就是重视人的自然本性，即感情、意志、欲望、理性等。只有对自己的个性有独立意识，才能充分发展自己的个性，提倡自由研究的精神。

再次，以人道反对神道，维护人间快乐和现实幸福。人文主义者要求把目光从神转向人，从天堂转向尘世，抨击禁欲主义和"死后赏罚""天堂幸福"的道德说教，提倡享乐主义的道德观。认为人不应该追求死后"不朽的幸福"，人的幸福就在今生今世。人文主义从根本上重视对人的各种心理现象的研究。下面重点介绍文艺复兴时期的主要代表人物达·芬奇和特勒肖的心理学思想。

（一）达·芬奇的心理学思想

达·芬奇（Da Vinci，1452—1519）是意大利文艺复兴时期的画家、科学家，杰出人文主义者。他多才多艺，除了对绘画艺术有卓越成就外，在天文学、地理、数学、力学、解剖学、植物学、建筑学、哲学和心理学等方面多有贡献。达·芬奇推崇科学真理，重视数学和生理学对心理学的作用，反对神学和迷信，强调科学要结合实践，进行实验研究。他的心理学思想主要表现在以下几个方面：①发现脊髓对维持生命活动具有重要功能，为分清神经系统各部分的功能奠定了基础。达·芬奇指出，青蛙被切掉头，摘除心脏之后，还能活几个小时，但如果刺穿脊髓，就立即抽搐而死。②强调视觉器官及功能的重要性。达·芬奇认为眼睛是一切感官的统治者，是"灵魂之窗"，灵魂总害怕失去眼睛。如当危险物迎面而来时，人急于用手保护的不是心脏和头颅，而是眼睛。当强光刺激时，天性使它缩小瞳孔。遇到昏暗刺激时，瞳孔放大，不断调整视力。这是他对瞳孔反射的描述。人们对视觉功能的看法一直认为是从属于灵魂的，但他认为灵魂对视觉功能不起决定作用。瞳孔变化起因于外来的光，眼睛活动从属于一般自然规律。③提出影响大小知觉和距离知觉的重要线索。达·芬奇指出，大小知觉取决于距离、光线和环境的密度。在他以前没有任何人细致地描述知觉，而他在《论写生》一书中对知觉进行了仔细研究，提出的许多原理被现代心理学所采用。比如，影响距离知觉的五个因素，一直被普通心理学所延用，这五个因素分别是：线条透视(物体越远,视角越小),节目透视(物体越远,细节越模糊),空气透视(山越远越蓝),移动透视(注视近物时,该物与头同向移动;注视远物时,该物与头反向移动),双眼视差(左右眼对同一物体所见不完全相同,产生深度知觉)。④提出培养想象力的方法。达·芬奇提出,通过观察墙壁上的斑点来发挥或推动想象力的培养。墙壁上的斑点会使艺术家看出今后作品的轮廓,钟声可以使诗人从中听到他久已酝酿的名字和语言等。由于斑点、声音没有固定性,不是与特定事物联系在一起,对人的创造活动起到一种推动作用。这与以后的罗夏墨迹测验同理,斑点能使人联想情境,测验其潜在意向。⑤强调对内部动机的研究。达·芬奇认为研究动机不应只停留在外部动机上,如荣誉、金钱、地位等,外部动机不是脑力劳动的动力。应探讨人活动的内部动机,如坚信、追求等,真正的创造活动是受内部动机驱动的。⑥重视实践与实验对理论的检验作用。达·芬奇认为,求知首先在于行动,在于实践。科学从实验产生,并以清晰的实验结束。人是通过感觉经验吸取材料,加以概括提高,最后通过实验来检验理论,这也是当时的方法论。

　　(二)特勒肖的心理学思想

　　特勒肖(B. Telesio, 1509—1588)是继达·芬奇之后意大利最有影响的哲学家和自然科学家,他对心理学也有重要贡献。首先,在灵魂与物质的关系上,特勒肖认为万物都有生命,有意识,意识是物质的普遍属性。在他看来,各种物体之间能够发生相互作用,表明一切物体都具有特殊的感受能力,都具有意识。这种把感觉与意识等同虽然是错误的,但它说明感觉乃至意识是在事物之间的联系和互动中产生的。其次,特勒肖认为,人有两种灵魂,即物质灵魂和非物质灵魂。物质灵魂是由细微的精气组成,这种精气集中于脑内,由大脑通过神经分布全身,进而支配身体的动作;非物质灵魂是上帝赋予的,不会死亡的。在他看来,一切心理活动都是物质灵魂的活动,从而使心理学研究摆脱了神学的统治。此外,特勒肖还强调感觉是一切心理活动的基础,是认识的唯一源泉。他认为感觉最可靠,心理活动均从感觉经验而来,理性是由感觉经验的比较和联系而形成的。感觉过程可分为被动过程和主动过程。被动是物质过程,仅仅是外物作用于感官而不发生感觉;主动是心理过程,是物质灵魂作用于外物而产生的感觉。主观上想看就能看到,不想看则会"视而不见,听而无闻"。这说明感觉的产生并不是被动的,而是主动的,强调心理认识的能动性。特勒肖指出,感觉的强度、感觉的多次发生和历时长久,都为以后的联想和回忆创造了条件,记忆和联想是人心理活动的重要形式。由感觉到理性是逐步发展起来的。

从达·芬奇和特勒肖的思想中可以看出,心理学开始由思辨性的灵魂官能心理学向感觉经验心理学转化。到了近代,特别是英法资产阶级革命时期,经验心理学迅速发展,成为哲学心理学发展的主流。

(三)文艺复兴时期心理学思想的主要理论形式

根据有关资料,文艺复兴时期心理学思想的主要理论形式表现为三种倾向[①]:①物活论倾向。物活论是一种万物有生论,认为自然界所有物体都具有生命和精神活动的能力。古希腊时期就有这一思想的萌芽,文艺复兴时期成为心理学思想的一种理论形式。比如,特勒肖认为万物都有生命,都有特殊的感受能力,即意识。意识是物质的普遍属性。②感觉论倾向。强调感觉是认识的唯一源泉。古希腊也有此思想萌芽,但在文艺复兴时期更加明显。比如,特勒肖曾提出感觉是最可靠的,"不靠理性靠感觉"。一切均从感觉经验而来,甚至连逻辑、数学也如此。虽然感觉论不够全面、不够科学,但对中世纪神学心理学是一种反抗,对发展近代实验科学有正面意义。③机械论倾向。在描述心理活动机制时,趋向于用机械论、光学决定论、几何决定论来解释。例如,达·芬奇力求从物质原因出发,把无生命和有生命联系起来,在肯定力学决定论优点的同时,提出了"神经的自主活动"。机械论思想促进了 17 世纪一些新的心理学思想的产生,如反射学说、联想学说等。

文艺复兴时期心理学思想的各种理论形式的产生不只是单纯的古代思想的复兴,也不是偶然的,而是当时社会生产需要的产物,实践改变了人们的思想和心理学范畴。机械论思想就是由当时社会生产活动的性质所决定的,如手工业的发展、机械工作结构的推广、技术的革新等,机械决定论成了人们思维的决定因素。

---

① 车文博. 西方心理学史[M]. 杭州:浙江教育出版社,1998:72－74.

第三章　近代哲学心理学思想

　　1640 年英国爆发资产阶级革命,标志着欧洲中世纪结束、近代史开始,欧洲从古代社会进入近代社会,从封建制度进入资本主义制度。1789 年法国革命胜利,欧洲资本主义进入新的阶段,直至 19 世纪上半叶资本主义在欧洲确立。从社会发展看,自 17 世纪开始,以英国资产阶级为代表的欧洲资产阶级,为巩固政权,促进资本主义的形成与发展,特别重视和鼓励适合自身利益的哲学与科学文化,在积极开展自然科学研究的同时,也深入研究人类知识、经验的形成过程。从古代讨论世界的本原是什么的本体论问题,转变到近代讨论知识经验是怎样产生的认识论问题,成为 17 至 19 世纪近代哲学的重要特征。这一时期哲学的主要形式是经验主义和理性主义。前者推崇感觉经验,贬低理性思考的作用。后者夸大理性思维的作用,推崇数学上的演绎法,否认感觉经验的可靠性。反映在心理学思想研究方面,形成了经验主义心理学思想和理性主义心理学思想两种主要形式。两者为心理学脱离哲学母体成为独立的科学心理学,做了大量知识积累和理论概括上的准备。

第一节　近代西方哲学奠基者的心理学思想

一、弗朗西斯·培根的心理学思想

　　弗朗西斯·培根(Francis Bacon,1561—1626)是英国政治家、唯物主义哲学家和科学家,现代科学方法论之父,经验主义心理学思想的先驱。英国唯物主义和整个近代实验科学的真正始祖。培根以知识论作为自己哲学研究的中心问题,把改造人类的知识,实现科学的"伟大的复兴",建立一个能促进生产发展和技术进步的新哲学,当作自己理论活动的目的。① 他是早期的经验主义者,把经验视为知识的唯一来源,尝试把自然科学置于稳固的经验基础之上,而不是让它依赖于古老的权威文句。他的经验主义启发了19世纪英国科学哲学家,特别是倡导实验方法和经验归纳法,对近代自然科学的发展和经验主义心理学思想的形成都产生了深远的影响。

(1)发展自然科学才能给人类带来最大利益。培根认为,世界是由物质构成的,运动是物质的属性。科学的任务就在于认识自然界及其规律。"我们的目的不在于把自然归结为一些抽象,而是把它分解为许多部分……这样才更能深入到自然里面去",才能发现自然的规律。他认为,当时"知识状况既不景气,也没有很大进展",原因在于指导人们认识的方法,即经院哲学"无用"。经院哲学"只能够说,不能够生产","只富于争辩,而没有实际效果"。经院哲学家整天关在僧院和学院中,只凭为数不多的材料和极度的智慧来编制繁难的学问,把哲学和自然科学宗教化,一切都围绕基督教神学、《圣经》打转转等。这是影响和阻碍科学发展的主要障碍。他指出,只有发展自然科学才能给人类带来最大利益。因而,他大力提倡发展自然科学,认为以掌握自然界发展规律为内容的知识才是巨大的力量,即"知识就是力量"。培根是西方哲学史中第一个较全面、深刻地批判经院哲学的人,这对清除认识道路上的障碍,解放思想、解放科学、反对教会势力起到了巨大的激励和推动作用,具有革命性的意义。

(2)提倡科学实验,并对收集观察材料提出特定要求。培根认为,认识来自感官对外部世界的感觉,只要直接从感觉出发,通过循序渐进和实验过程去认识,就可把握认识对象的本质。"自然的奥秘……在技术干预之下比在其自然活动时容易表露出来。"只有把感性认识、理性认识结合起来,才可得到很多东西,而结合的具体办法就是精心设计的实验。从实验获取大量感性材料,然后利用理性思考分析整理,从中得出科学结论。对观察、收集实验材料的要求是:首先,"努力收集在数量、种类、确切性上或在某种适当方式上足够启发理智"的材料。反对听信谣传、似是而非及观察实验时的马虎作风。"如果观察是粗疏模糊的,它的报道便是骗人的、欺诈的"。其次,收集那些能反映事物之间因果联系、本质和规律的材料。只有这样,才能很

① 中国大百科全书[M].精粹本 2 版.北京:中国大百科全书出版社,2013:1094.

好地促进知识的进一步发展。培根也曾做过一些实验,虽没什么具体发现,没揭示出什么具体规律,但大力提倡科学实验,对近代以实验为手段的自然科学发展起到巨大的推动作用。

(3)提出并制定经验归纳法。培根认为知识起源于经验,要获得知识就要面对自然,面对事实,以经验和观察为依据,把经验上升为一种科学原则和一种考察方法,使之成为科学、哲学上一种不可缺少的依据。他十分重视方法问题,认为认识发展滞缓的原因,除了没有以自然界为认识对象外,另一个原因就是对感觉经验材料进行加工、整理的方法有缺陷。他指出,以往流行的归纳法,是亚里士多德制定的简单枚举归纳法,只根据简单列举进行归纳,得出的结论、公理往往不稳固。"根据少数的,且只是手边的事实来做决定",只要碰到与之相矛盾的例证就会被否定。因此,培根强调,亚里士多德的归纳法是"产生错误的根源和一切科学的祸害",必须加以抛弃。为此,培根提出了新的归纳法——经验归纳法(也称为实验归纳法、科学归纳法),即从系统观察和实验开始,通过逐级归纳,达到发现一般性真理的方法。如何操作? 他提出三表法和排斥法,在没有对经验材料进行归纳之前,先要做"适当的拒绝和排斥"工作,排除掉与所要探讨的本质、原因无关的例证,以及可能影响结论的似是而非的例证。具体操作是制定"三表":本质存在表(具有同一性质的例证表)、相似情形下的缺乏表(否定的例证表)、比较表(有程度差异的例证表)。培根的归纳法以观察和实验为基础,既提倡科学研究要立足于观察实验,还主张对收集的感性材料用理性方法加工整理。这种从感性到理性、从个别到一般的认识路线,符合人的认识过程。然而,例证总是难以穷尽的,培根的归纳法并不完善。为避免淹没在浩如烟海的材料中,必须与演绎法相结合。归纳、演绎是同一认识过程的两个不同方面,如同分析与综合,相互联系、相互补充。尽管如此,培根仍被看作是近代科学归纳法的创始人,对近代科学的建立和发展起到积极指导作用,开创了以经验为手段研究自然界的经验哲学新时代。罗素称其为"给科学研究程序进行逻辑组织化的先驱"。

培根的思想和方法,对近代自然科学和经验主义心理学思想的形成和发展产生了深远影响。经验主义心理学思想从培根的归纳科学思想中找到了根源,因此他被称为经验主义心理学思想的先驱。

二、笛卡儿的二元论心理学思想

笛卡儿(R. Descartes,1596—1650)是 17 世纪法国数学家、科学家和哲学家,近代哲学之父,解析几何的创始人。"我思故我在"是其全部认识论哲学的起点。理性主义哲学的著名代表,近代哲学心理学思想创始人之一。1644 年发表《哲学原理》,1649 年发表心理学著作《论心灵的感情》。笛卡儿和弗朗西斯·培根一样打出了新哲学的大旗,他们都认为经院哲学只是一派空谈,必须用新的正确方法建立起新的哲学原理。笛卡儿把他的体系分为三个部分:"形而上学"(认识论和本体论)、"物理学"(自然哲学)和"各门具体科学"(主要是医学、力学、伦理学)。他将这三部分依次比作为树根、树干和树枝,可见哲学地位显得尤为重要。在认识论上,他发展了一套二元论体系,认为世界有两个独立实体,即精神实体和物质实体,两者互不相关。精神的本质是思维,物质的本质是三维的广延。物质与精神、思维与存在,谁不决定谁,谁不依赖谁,二者分庭抗礼,表现出典型的二元论思想。在此基础上形成了他的二元论心理学思想。笛卡尔虽然在他的研究中保留了经验的重要地位,但从传统上看,笛卡尔被看作是理性主义者,因为他强调推理的重要性,认为推理是获得科学知识的适当方法[①]。

(1)天赋观念论。笛卡儿认为知识都是由观念构成的,观念是一种思想方式,存在于人的心灵之中。他把观念分为两种,即固有观念和派生观念。固有观念即天赋观念,是与生俱来、先天理性赋予的,不证自明,这种观念最真实。如,长度、运动、形状、逻辑规则、道德原则等。他解释道人在出世之前,上帝就把自我存在、数学公理等观念印入人的心灵之中,以后在思想高度专一时发现。派生观念包括由感官经验得来的观念,如颜色、温度、气味、声音、坚硬和滋味等外来的观念,以及心灵自造的观念,如美人鱼等内生观念。

(2)心身交感论。笛卡儿认为,人兼有两种实体,一是机械的占有空间的物质实体即身体;另一是自由而不占空间的精神实体,本质是思维,人的心灵是由精神实体构成的,这两种实体是根本不同的。这就是笛卡尔二元

---

① 韦恩 瓦伊尼,布雷特 金. 心理学史:观念与背景[M].3 版.郭本禹,等,译. 北京:世界图书出版公司北京公司,2009:156.

论的心身观。但他不是心身平行论,而是心身交感论。在理论上他不承认心灵与物质实体有内在联系,但在事实面前又无法否认生理活动与心理活动存在某种联系。比如,当人感觉痛苦时,身体就不舒服。当感觉到饥饿、口渴时,身体就需要吃或喝。心灵与身体是"高度搅混在一起""组成一个单一整体"。因此,心灵和身体既是两个完全不同的东西,又是可以相互影响、互为因果的。心身交互作用通过身体的特殊部位产生。人脑中的松果体是心身交互作用的器官,是"灵魂的所在地",它主要调节神经的分泌和生殖系统的功能。儿童期松果体遭到破坏,出现性早熟或生殖器过度发育。他认同当时的流行看法,即神经是中空的管子,管道中有两种东西:一是动物精气,像风和火那样精微的流质,储藏在脑室之中,通过神经向任何方向传导;二是遍布全身的细线。松果体位于前后脑室动物精气交流的管道上,当感官受刺激时,细线被拉动,影响松果体,心灵就有了感觉。心灵借助松果体控制精气流动方向,动物精气流向肌肉,发生动作,此即心身交感论。笛卡尔的心身交感论缺少科学依据。表现在他把制约身体发育的松果体当作心理的器官,对心身关系前后看法矛盾。当然,心身相互影响的观点对后人探讨心身关系问题有积极影响。

(3)反射和反射弧思想。笛卡儿是反射学说的创始人。他从机械决定论出发,根据力学原理和解剖实验,提出"动物是机器"和刺激反应的假设,涉及反射和反射弧的本质。笛卡儿以为,感官一端有细线,细线另一端与脑内孔道的开口相连。当外物刺激感官时,拉动细线,拉开孔道口的活塞,让灵魂精气从脑流到肌肉,发生动作。这种动作就像水和光的反射波动一样,也是一种"反射的波动"。笛卡儿的反射和反射弧思想的产生,是他把光学和力学影响下形成的模式应用于生理学上的结果。笛卡儿推测,动物和人的神经与肌肉的反应,都由感官刺激而引起,有内导和外导的特殊机制。这是第一次提出有关反射和反射弧的思想。因此,巴甫洛夫称笛卡儿是反射学说的奠基人之一。笛卡儿的反射和反射弧思想的重要价值在于排除了神秘灵魂的干预,把反射推广到有生命体与外界的相互关系和行为过程上。但这一思想比较机械,把神经活动看成钟表之类的机械运动,没有把反射推广到心理活动和行为活动上。

(4)意识是人唯一的心理活动。笛卡儿认为,意识之外,除了身体的生理过程外什么也没有,意识是人唯一的心理活动。意识对于直接感受到的心理现象的各种不同形式而言是个类概念。知觉、意志、思维、热爱、憎恨等都是意识的形式,是精神实体表现的形式。他以为意识是供人进行自我观察的封闭的内部世界,具有觉知性、内省性和综合性等特点,但把意识与自我意识相等同,尤其是把意识认为是独立的、唯一的实体,否认无意识的存在是错误的。

（5）对感觉和想象的看法。笛卡儿认为感觉很不可靠,仅凭感觉不能获得真知,还用错觉现象怀疑感觉经验的可靠性。认为感觉经常会出错,如一座塔,远看是圆的,近看却是方的。因此,只有通过理性思维才能矫正错觉,认识事物的本质。他提出唯理论原则,只承认理性思维的实在性,不承认感性经验的真实性。他把感觉划分为外感觉（包括视觉、听觉、味觉、触觉、嗅觉）和内感觉（包括欲求和情绪）。外感觉划分的种类基本与现代相同,内感觉的欲求和情绪虽是个体内在的体验和心态,但它们不属于感觉的范畴。笛卡儿认为,想象是心灵的一种思想方式,但与理性相比有局限。譬如,人可以直观地想象到三角形的三条边,但却不能想象千边形的千条边。因而,人的想象是有限的,只有靠理性才能理解。

（6）对情绪的本质、种类和机制的论述。笛卡儿认为,情绪是人的内在经验。情绪不是心灵的主动状态和功能,它与感觉一样都是被动的心理状态。但情绪与感觉的被动状态不同,因为情绪与人的心灵有关,情绪是内在的,不是直接由外物或体内变化而产生,它比感觉的被动状态更易扰乱人的心灵。他还提出有些情绪是心的作用,如阅读文学作品时的情绪感染,而有些情绪是身体对心的影响,如肉体激发的欲望。笛卡儿还把人的原始情绪划分为6种,分别是惊奇、爱悦、憎恶、欲望、欢乐、悲哀,其他情绪是这6种原始情绪的组合或分支。这些原始情绪都与一定的对象相联系。譬如,惊奇是由新异事物引起的惊讶情绪,欢乐是由对现实有益事物的享受引起的愉快情绪等。这种情绪划分法与我国古代的七情说、六情说基本一致。笛卡儿还认为,人的各种情绪总是伴随着各种表情动作,如面部活动、眼睛活动、脸色改变、发抖等。还提出心脏、血液循环与情绪有关联。

笛卡儿二元论的心理学思想在当时宗教和神学占统治地位的情况下具有进步意义,关于反射和反射弧的思想、情绪的本质和分类等都对促进心理学思想的发展有贡献。但关于天赋观念、感性认识和理性思维相分离等思想是有局限的。

第二节　经验主义心理学思想

从培根开始的经验主义心理学思想,是科学心理学的重要思想来源。经验主义重视感官经验的作用,认为知识的可靠源泉是感觉经验。观察和实验是科学研究的有效途径,但通常忽视心理的主动性和理性思维的作用。舒尔茨指出,当心理学被实证主义、经验主义和唯物主义精神渗透时,心理学才成为一门明确的实验科学。经验主义心理学思想有两种表现形式:一是英国的联想主义心理学,二是法国的感觉主义心理学。联想主义心理学是用联想来解释各种心理现象,即心理是观念的结合,简单观念可通过联想组成复杂观念,用联想原理说明心理现象的形成过程。感觉主义心理学是把一切心理现象归结为感觉的堆积,感觉是一切认识的来源。

一、联想主义心理学思想

联想主义心理学思想产生并发展于英国,其突出特点是围绕认识过程的产生和发展,对联想的本质、分类、特征和规律等进行研究,是哲学心理学通向实验心理学的桥梁。下面通过介绍 6 位代表人物心理学思想的演变来考察联想主义心理学的发展历程。

(一)霍布斯的心理学思想

霍布斯(T. Hobbes,1588—1679)是近代英国唯物主义哲学家、政治理论家,是经验心理学之父,联想主义心理学的先驱。曾任弗朗西斯·培根的秘书。他主张一切事物的变化发展都有规律性、必然性和因果制约性,并重视对人性的研究,对联想、想象、释梦等提出了自己的见解。其心理学思想主要体现在:

(1)对心理本质的理解。霍布斯反对笛卡儿的二元论和天赋观念,认为自然界是唯一的实体,心灵与身体是统一不可分的。一切精神现象都是物质运动的结果,机械运动的规律就是心理学的规律。他用神经物质运动来说明感觉的产生,认为由于外界物体的运动作用于感官,引起感官、神经和大脑的相应运动而产生感觉。他抛弃了旧的动物精气说的思想,是一种进步。但缺乏反映的概念,不了解人的反映的主观能动性。

(2)对记忆、想象、梦的研究。霍布斯认为,一切心灵活动都是以往感官经验的遗留。当外物对感官的作用停止后,在感官和神经上还有特殊的微弱运动,这种残余运动的痕迹就构成记忆、想象。记忆是感觉消退的过程。想象是逐渐消退的感觉事物本身(幻象本身)。想象分为简单想象和复合想象。梦是睡眠中的想象。人在睡眠时,只有被外界物体的作用驱动,使身体内和大脑以及其他器官有联系的部分骚动不宁而发生运动,才会使过去所形成的想象像清醒时一样出现而产生梦。身体不同状态会引起不同的梦。譬如,身体受寒会引起噩梦,身体过度受热会引起愤怒的梦、热恋的梦等。在他看来,梦境总是清醒时的想象的倒转。他把心理活动视为物质运动的一种消极被动的幻象和附带品,陷入副现象论。

(3)对联想的研究。霍布斯没有使用过"联想"这个词,而是用"思想序列"来表征这一现象。"思想序列"即联想,它是过去观念连续运动的结果。人的思想、观念的前后相连,取决于感觉的序列,受过去经验和主观愿望的制约。"思想序列"有两种:一种是无指导的、无计划的、非恒定的,如做梦;另一种是受目的、欲望控制的、恒定的。这两种正是后人所谓的自由联想、控制联想。霍布斯虽然没有使用过联想这个名词,但他对人的联想做过很好的观察,并力图用联想来解释人的想象和思维,因而被认为是联想主义心理学的先驱。

(4)对情感和意志的研究。霍布斯认为,感知觉是脑的运动传到心脏,心脏引起的运动就是情感。这说明他注意到情感与脑和内脏活动的关系,这就比笛卡儿更进了一步。在他看来,人的情感有两个基本要素,即快乐和痛苦。快乐是由有助于生命攸关的运动而产生,并引起极力向外有所追求的欲望;痛苦是由对生命起阻碍作用的运动而产生,并引起力图避免某种东西的厌恶。人的某些欲望和厌恶是与生俱来的,其余则来自经验。他认为,欲望和厌恶持续地交替为思考(或思维),思考当中直接与行动或不行动相连的最后那种欲望或厌恶就是意志。欲望或厌恶也是人的意志原因。人的意志取决于感觉、记忆、知性、理性和意见。意志不是自由的,而是被引起的。

(5)人性论观点。霍布斯是一位社会政治理论家,人性论是其社会学说的核心和出发点,也是他社会心理学思想的理论基础。他认为,人是一种"自然物体",支配人的根本力量是趋利避害、自我保存。自私自利是人类普遍永恒的"自然本性"。利己主义是社会矛盾和冲突的基础。霍布斯认为在人的本性中,发生争斗的原因主要有三个:①竞争,为了求利。如用武力掠夺他人财物、资源,将其变为己有。②猜疑,为了求安。如人都希望和平安定的生活,但总担心他人侵占自己的财产而力求保全自己。③荣誉,为了求名。如人都希望或要求他人敬畏自己,以确保自己的社会地位。他指出,求利、求安、求名是人的自然本性。人都希望享有"生而平等"的自然权利,都渴望和平与安定。所以,出于人的理性,必须要订立契约,建立国家,以维护社会的安定与和谐。霍布斯反对君权神授,重视人权和自然规律具有进步意义,但他把资本主义原始积累时期的疯狂掠夺、损人利己、贪得无厌视为普遍人性,把特殊历史范畴变成普遍的永恒范畴,这是违反历史事实、缺乏科学根据的。

(二)洛克的心理学思想

洛克(J. Locke,1632—1704)是近代英国唯物主义哲学家、政治家、经济学家和教育学家。英国经验主义心理学思想的创始人,联想主义心理学的主要倡导者。洛克的哲学心理学思想主要有:

(1)心灵"白板说"。洛克认为,心灵本是一块"白板",一切知识来源于经验。人生来心灵中一无所有,没有任何记号和观念,以后靠经验累积逐渐构成观念(心之内容)。因此,一切观念知识都来自后天获得的感觉经验。一是对外界物体的真实反映。譬如,物体的体积、形状、运动和静止等(这些被称为物体的第一性质),它们是物体固有的,与物体不可分离,当其作用于感官时,产生与它自己的原型相似的观念(真正的影像或肖像)。二是主体接受物体作用后产生的主观感受。譬如,物体的颜色、声音、滋味、气味等(这些被称为物体的第二性质)。它们不是物体本身的东西,不具有原本性,没有与之相符合的原型,只具有次起性,至多是引起感觉的诱因,完全根据主体的变化而变化,是主体接受物体后产生的一种主观感受。譬如,同样的火,离得较远我们感到温暖,靠近它则感到灼痛,刀割肉则痛等。这里的灼和痛并不反映刀和火的特性,是心灵的一种能力。如果感官不去感觉的话,这些性质也就不再存在。

洛克认为,观念来源的经验有两种:一是外部经验即感觉,它是由外界事物作用于感官而产生的。如颜色、声音、大小、形状等观念,人的大部分观念都是从感觉而来的。二是内部经验即反省,它是由心灵体察自身心理活动而产生的。如知觉、思维、怀疑、信仰等。在洛克看来,一切观念都是从感觉和反省而来的。通过这两种经验的作用,在"白板"上印下了观念的文字,因而,观念不是先天赋予的,而是后天的作用。洛克认为,感觉和反省是相互联系的,心灵的反省活动是在感觉经验基础上发生的,通过反省得来的观念要比感觉得来的观念迟些。"白板说"虽然符合反映论的原则,但把心灵接受外界影响视为机械被动,忽视了意识的主观能动性。

(2)观念的性质和种类。洛克认为,观念是人所意识到的一切心理现象。他把观念分为简单观念和复杂观念两类。简单观念是一种最单纯、明晰、不可再分的观念,具有被动性、单纯性特点。譬如,一朵百合花有香的气味和白的颜色,香味和白色就是两个简单观念。复杂观念是由简单观念组合而成的观念,需要理智的能动作用。譬如,"朋友"是一个复杂观念,它是由"人""友爱""同情""幸福"等简单观念结合产生。复杂观念可分为三种:样态观念、实体观念、关系观念。样态观念是由具有实体属性的观念组合而成。如三角形、感激等。实体观念是由代表独立存在的特殊事物的观念组合而成。如羊、羊群、军队等。关系观念是把一种观念与其他观念加以考察和比较而形成的观念。如大小、轻重、高低等。由于简单观念是消极被动的,外面强加的,是知识的原始材料,因而需要理智的能动作用将其组成复杂观念。

(3)对联想心理学的开拓性阐述。联想心理学思想虽由来已久,但在欧洲心理学史上,"联想"一词是由洛克最先提出来的,他是联想主义心理学的倡导者。他在《人类理解论》第四版专门增加了"联想"一章,此书被认为是联想主义解释心理现象的经典。洛克认为,观念的联想有自然的联合和习得的联合两种。自然的联合即自然而然地进行的。习得的联合即经常接触,习惯而成。洛克尤为重视习得的联合。他认为习惯是使观念联合的一种力量,这是以后联想律中"频因律"的开端。他还用联想解释情绪的形成及其对儿童教育的重要性。譬如,小孩通常遇到黑暗就怕有鬼,那是由于人们常对小孩说黑暗处有鬼造成的。"怕鬼"或"不怕鬼"的联想都是后天形成的条件反射。认为妖魔鬼怪的观念,也可以与光明相联合,不一定非得与黑暗相联合。应劝告父母,注意防止给孩子形成负面的联想经验。同时洛克还扩大了联想的作用,认为一切简单观念都可以通过联想活动而组成复杂观念。

(4)人的本性在于"追求幸福"。洛克认为,善、恶观念是在后天经验基础上形成的,是以对个人带来幸福还是痛苦为转移的。因为人有苦乐之感,故有善恶之分。善是"能引起或增加快乐减少痛苦的东西",恶是"能引起或增加痛苦减少快乐的东西"。这种关于善、恶道德观念是在后天经验基础上形成的观点具有进步意义。

洛克反对天赋观念论,提出白板说,以唯物主义经验论观点解析了观念和联想的本质、来源、特点、种类等问题,使欧洲心理学思想真正从灵魂思辨转向研究经验的新的历史阶段。因此,洛克对欧洲心理学思想的发展有相当大的贡献。

(三)贝克莱的心理学思想

贝克莱(G. Berkeley,1685—1753)是近代经验主义的重要代表之一,主观唯心主义哲学的鼻祖,对后世经验主义的发展起到了重要影响,英国经验论心理学思想的主要代表。他提出"存在就是被感知"的哲学论断。贝克莱的哲学心理学思想主要体现在以下几个方面:

(1)对心理本质的主观主义解析。贝克莱利用洛克唯物主义经验论心理学思想的内在矛盾和不彻底性,否认心理是客观存在的反映,主张心理是主体精神世界的产物,存在也是人心理作用的结果。人无法直接经验到物理世界,人对周围世界所能知者只是知觉。心理不是由于物体的存在而产生,而是由于心理才产生了物体的存在。不仅第二性质的观念如颜色、声音、滋味、气味等是主观的,就是第一性质的观念如体积、形状、运动、静止等也是主观的。譬如,一个苹果若去掉颜色,香甜滋味,整个苹果也就不存在了。于是提出"存在就是被感知"的著名论断,否定了物质世界的客观存在,也否定了心理的客观来源。

(2)用联想原理解释心理现象形成的机制。贝克莱认为,人的观念有三种:一是由感觉直接而来的观念;二是由内心情感和反省产生的观念;三是借助记忆和想象而形成的观念。这三种观念都是以联想为链条和中介,都是由一同出现的有关观念联结而成的。他认为复杂观念是各种感官的简单观念的复合,是由人的联想把它们结合到一起而形成的。他还认为,联想也是人辨别情感的一种手段,通过脸色、表情的联想可以了解一个人的情绪情感。在他看来,各种心理现象都不过是观念或感觉的不同结合而已。

(3)对空间知觉形成机制的探讨。贝克莱在吸取前人研究成果的基础上,从经验和联想的原则出发,主张空间知觉是视觉、触觉和动觉印象之间经验联合的结果。例如,空间知觉中的距离知觉的形成主要依据三个线索:两眼的合拢运动(现今称辐合)、物像模糊程度、眼肌紧张度。他认为这些线索都是主观的,这就否认了距离、大小、位置等空间关系的客观存在,把空间知觉归结为各种观念的主观组合。

(四)休谟的心理学思想

休谟(D. Hume,1711—1776)是近代英国不可知论哲学家、历史学家、经济学家,也是唯心主义经验论心理学思想家。其心理学思想影响了马赫主义、实证主义,对空间知觉的看法促进联想主义心理学的发展。休谟从贝克莱的主观唯心论走向不可知论,认为外部世界是否存在,我们无法解答,我只知道我的感觉,除了心理上的感受之外,有没有别的东西只好存而不论。其心理学思想主要体现在以下方面:

(1)对知觉本质和种类的剖析。休谟把世界的一切都归结为主观现象或经验,强调知觉是心理学研究的唯一对象。他指出,除了心灵的知觉或印象和观念以外,实际上没有任何东西存在于心中,外界对象只是借着它们所引起的那些知觉才被我们认识。恨、爱、思维、触、视,这一切都只是知觉。可见,这里的"知觉"类似于"意识",是人的有意识心理活动的总称。休谟根据两个不同标准对知觉进行了分类。

第一,根据知觉刺激的强度和生动性标准,把知觉分为印象和观念。①印象即当前进入心灵的最生动最强烈的知觉,包括初次出现于心灵中的一切感觉、情感和情绪,这是一切观念或思想材料的来源。认为印象有感觉印象(原始印象,不经任何先前知觉发生于心灵中的印象)和反省印象(大部分由我们的观念得来的印象)。②观念是刺激对象未在眼前时心灵中的经验,是指一切感觉、情感和情绪在思绪和推理中的微弱印象,是先前刺激印象在心中留下的复本,它是模糊的。因此,观念和印象的差别,就是知觉刺激心灵的强度和生动程度的差别。一般来说,观念是印象模糊、对象不在眼前时的经验。

第二,根据知觉结构的简繁性标准,把知觉分为简单知觉和复杂知觉。简单知觉是不能再进行区别和分析的知觉,包括简单印象(一个孤立的感觉或感情)和简单观念(简单印象的直接摹写,较模糊)。复杂知觉是由简单知觉直接组合或加工形成的知觉,包括复杂印象(一些简单印象的复合,如直接感知的一个苹果是色、香、味等感觉的复合)和复杂观念(可能是简单印象直接结合起来的复杂印象,也可能是由想象任意排列组合的结果,如幻想出的金山、火龙、飞马等玄妙离奇的观念)。在上述分类中,休谟重视印象甚于观念,重视简单知觉甚于复杂知觉。可见,休谟对心理现象的观察、研究要比前人更加细致、深入。

(2)对联想机制和法则的探讨。洛克首提联想的概念,但只描述了联想的事实。休谟对联想形成的机制和法则做了进一步探讨,认为联想具有观念联合的功能,并把联想归结为两种模式:一是由若干简单观念联结而成的复杂观念;二是由各种观念之间的吸引而联结成的复杂观念。认为吸引力是各种观念联结的纽带和动力。可见,他把联想视为一种吸引力。他还指出联想虽然需要吸引力,但吸引力并不能必然导致联想。联想的形成是有原则、有规律的。休谟最初提出联想形成有三个法则:①相似律,即在思维过程中很容易从一个观念转到另一个与它类似的观念。看到一张肖像自然会使你想到被画的那个人。②时空接近律,即同时经历的事件在想象时也一起出现。③因果律,即由一种事物观念想到与它有因果关系的另一种事物观念。后来休谟把联想律由三项改为两项,将因果律归并到接近律中,形成两个法则,即相似律和接近律。他以为因果关系无非是一种时间先后接近性关系带来的必然感觉。原因和结果经常结合在一起成了习惯,使人见了因而思果,见了果而思因,必然性其实就是接近性,故将因果律归并到接近律。这种分析有一定的合理性,但完全否认因果关系的客观性和真实性,用习惯联想否定理性思维的重要作用,就使他从怀疑论和不可知论走向主观唯心主义。

由上述可见,休谟对心理学的许多重要问题,如知觉、观念和联想的性质、机制、种类、功能等方面都提出了一些有价值的见解,对联想主义心理学的发展起到重要的促进作用。

(五)哈特莱的心理学思想

哈特莱(D. Hartley,1705—1757)是英国18世纪进步的思想家,联想主义心理学体系的创建者。其著作《对人的观察》(1749年)被看作是联想主义第一部系统的论著。哈特莱的联想主义心理学思想主要表现在:

(1)坚持唯物反映论原则。哈特莱承认感觉是认识的源泉,儿童开始生活时只有接受感觉经验的能力,随着年龄的增长,儿童的感觉经验互相联系,构成了复杂观念和哲学、宗教、道德之类的思想体系。这样,就不仅解决了洛克所提出的观念的第二个来源(反省)的问题,而且坚持了唯物反映论的原则。

(2)用神经振动和联想解释心理现象的形成。他提出神经振动说,认为神经是固体,不是中空的管子,神经传导不是动物精气的流动,而是神经的极细微的粒子振动而产生的波动,振动是神经的一种活动。感觉是由外物刺激感官引起神经振动,进而引起脑的振动而产生的。他还用神经振动解释其他心理现象,认为余振引起后象,如视觉正后像。微振(脑内细微的振动)转化为强振就使梦中产生强烈观念等。联想是两个事物同时或相继影响神经系统,在脑内产生的细微振动多次重复而联结起来的。这种对心理现象进行生理解释,被认为是生理心理学的开拓者。

(3)创建联想心理学体系。在哈特莱之前,联想研究大多局限在观念范围之内。哈特莱认为,联想的意义就是联合,不仅感觉与感觉、观念与观念之间可形成联合,而且观念与动作、动作与动作之间也可以形成联合。观念与动作联合形成意志行为,动作与动作联合形成技能、技巧,感觉、快乐或痛苦与观念的联合形成情绪等。可见,一切心理现象都是联想作用的结果。因此,他主张用联想作为解释所有心理现象的基本原则。

哈特莱把联想分为同时性联想和相继性联想两种。他指出任何像A、B、C等感觉如果彼此联系,而且联系了足够的次数,就会对其相应的a、b、c等观念产生一种作用,即单独刺激任何一个像A这样的感觉,就会引起大脑产生像b、c这样的其他观念。如果它们的印象在同一瞬间,或在靠近的连续时刻产生,那么,可以说感觉被联系在一起。因此,可以把联想区分为两种:同时性的和相继性的。[①] 这两种联想对观念的融合非常重要。通过联想的作用不仅可以组合成数量众多的复合观念,而且可以集结为具有新性质的复杂观念。哈特莱的这种心理混合说是心理化合说的先声。

(4)用神经振动说解释联想的生理机制。哈特莱认为,联想是由原来神经振动痕迹作用产生的结果。如果外物刺激在相近的时间内引起感觉A、B、C、D的脑的振动,并由此而互相发生联系,那么,这些振动变为微振后的a、b、c、d也是相互联系着的。以后感觉A的振动,就能引起与它联系的感觉

---

① [美]C 詹姆斯 古德温. 现代心理学史[M]. 2 版. 郭本禹,等,译. 北京:中国人民大学出版社,2008:51.

B、C、D 的观念 b、c、d。从观念角度讲,观念的 a 会按顺序引起观念 b、c、d。因而,观念的联系是由于观念的生理基础振动的联系,此即联想形成的生理机制。需要指出的是,哈特莱是以"振动"代替"感觉",以"轻微振动"代替"观念"的。

(5)提出接近律是联想的根本规律。哈特莱对联想的法则进行了整理,将传统的三大联想律(相似律、接近律、对比律)归结为一条接近律。在他看来,所有相似观念、对比观念必然都有共同的成分。譬如,在两个相似观念的组成部分 A、B、C、D 和 D、E、F、G 中,D 是其中共同的组成部分,与这两个相似观念的其他成分具有接近关系,因此,第一个观念 D 成分的作用就可以引起第二个观念。再如,"美"与"丑"这两个对比观念虽然是根本对立的,但却都是用以表示评价的名称,如果它们彼此毫无共同的成分就根本不可能发生对比的关系。哈特莱在联想分类中使用的同时性和继时性术语,也通常分别指的是空间接近和时间接近。所以,他提出接近律是联想的根本规律。

另外,哈特莱还提出联想的三个副律(次级律),即:①复杂观念的性质不是简单观念性质的算术和,而是具有新的性质;②由于多次重复,有意识的活动可能变成无意识的活动,即"次级的自动化活动";③有些观念的强度和生动性会因联想传染到与它相连的其他观念。以为人的同情心、怜悯心以及高尚品质往往都是由联想形成和发展起来的。

经哈特莱的努力,英国联想主义心理学形成了一套比较完整的理论体系,对 19 世纪英国联想主义和德国冯特的心理学影响甚大。

(六)布朗的心理学思想

布朗(T. Brown,1778—1820)是苏格兰学派的杰出代表。坚持心灵的统一性和主动性,吸收其他联想主义者的观点,促进了联想主义心理学的发展。他对联想主义心理学的发展主要有两大贡献:

第一,提出心理化学的见解。布朗认为,化学是研究同时联想问题的一个指南或范例。在他看来,复杂的心理状态不只是集合而是融合。它具有与构成它的成分的性质不同的一种性质。许多感觉、情绪、观念都是化合物,而且这些化合物具有它们的要素所没有的特性。这说明心理化合是具有新质特点的复杂现象,不是观念元素简单相加的总和。

第二,提出 9 条联想副律。布朗同意哈特莱把三大联想律归结为一条根本规律即接近律。但是,从霍布斯以来,联想主义心理学面临着一些亟待解决的问题,就是任何一个观念都和其他许多观念有联系,但在人的实际联想过程中,为什么一个观念会引起另一个观念而排斥其他观念呢?为什么同一个观念对不同的人或同一个人在不同时期、不同情境会引起不同的联想呢?传统的三大联想规律虽能指出联想的一般条件,但对这些问题却难以解决。为了解决这些问题,布朗从人的心灵统一性的观点出发,首次提出了9条联想副律:①持久性。感觉经历的相对时间越久,则记住的概率越大。②生动性。观念越生动,越容易形成联想。③频率。重复次数越多的观念,越容易形成联想。④新近性。越新近的经验越容易回忆起来。刚学过的东西容易记起。⑤伴随性。那些不经常或例外的事情,容易回忆。很少唱歌的人偶尔唱一首歌,大家就容易回想起他唱的那首歌,而经常爱唱歌的人,大家只知道他爱唱歌,却不容易回想起他唱的是哪首歌。⑥体质差异。天性影响,有人听觉好,有人视觉好。有人容易想起看见过的事物,不容易想起听见过的事物,而有人却完全相反。⑦情绪状态。随着人们一时情绪的变化,联想的情况也会有所不同。如生气时容易想起让人气愤的事情。⑧生理状态。身体好时容易想起愉快的事情,身体不好时容易想起悲观的事情。⑨生活与思维习惯。思想上和生活上的习惯会影响联想的内容。职业背景不同,引起联想的内容也就常常不同,"三句不离本行"。

上述9条联想副律的前5条属于制约联想的客体条件,这5条就是后来所说的强度律、显因律、频因律、近因律和不可分律,可见其在联想心理学研究中的影响力。而后4条属于主体条件,强调了生理因素、心理状态对联想的影响,具有实际应用价值。上述联想律对以后的学习理论、教学原则等领域的研究和发展产生了重要影响。

(七)穆勒父子的心理学思想

(1)詹姆斯·穆勒的心理学思想。詹姆斯·穆勒(James Mill,1773—1836)是英国机械联想主义的典型代表,联想主义心理学的重要传播者。他从经验论和联想主义的传统出发,认为一切心理现象都起源于感觉,感觉是最简单的心理元素。感觉和观念通过联想的作用形成各种复杂的心理现象。他把感觉和观念视为构成意识的基本元素。这是欧洲心理学史上元素主义的先驱。詹姆斯·穆勒认为,复杂观念不是化学的融合,而是机械的结合。无论多么复杂的观念都是由几个简单观念生成多层观念,再由几种多

层观念机械结合形成。这种"心理机械观"把联想主义的机械观发展到了
极端。

（2）约翰·穆勒的心理学思想。约翰·穆勒（John Stuart Mill，1806—
1873）是詹姆斯·穆勒的儿子，也是联想主义哲学家，联想主义心理学的发
展者。其心理学思想主要有：①强调心理主动性和主张心理化学观。这也
是他与其父亲思想的主要区别。在他看来，意识不单是一系列心理状态的
先后相继，而且是有主动成分在内的联想链。把联想视为主动的联结，突出
心理的主动性。当时正处于化学发展较快的时代，特别是他看到父亲的联
想主义使用力学观点来处理观念联合，导致产生类似"有多少观念造成了万
物这个观念"等许多疑问难以解决，主张借用化学研究的世界观和方法论来
研究心理学，反对用力学观点解释心理现象（心理机械说），将心理混合改为
心理化合，用心理化学观取代心理力学观。他以为，复杂观念是简单观念的
有机结合而不是机械联结，结合成的新观念具有与原先观念性质不同的新
性质。这种观点深刻影响着后来学者对"心理元素"的认识。②提出4条联
想律。即接近律、相似律、频因律和不可分律。③主张心理学应成为一门独
立学科。虽然当时关于心理现象的规律性知识已日渐增多，如积累了各种
不同性质感觉的知识和许多联想规律等，但心理学还属于哲学的一部分。
他提出，心理学应成为一门独立的科学。主张从心理现象本身出发研究各
种心理状态间的规律，并注意分清心理学与生理学的界限。也就是说，应该
把心理学从哲学和生理学中分离出来。这一主张反映了心理学向独立科学
发展的历史趋势，具有积极意义。

以上属英国联想主义心理学思想，其共同特点在于：从经验论出发，以
感觉和观念作为心理构成的基本元素；以联想作为解释一切心理现象的基
本原则；探讨联想法则，寻求心理发生发展的规律；从力学、化学和生理学角
度寻求对心理机制的最新解释，从而促进了生理心理学的发展。

二、感觉主义心理学思想

感觉主义心理学思想是近代经验主义心理学思想的另一表现形式。它
发源于英国，但主要在法国占据主导地位。感觉主义心理学的突出特点是，
具有明显的唯物主义立场和观点，特别强调感觉经验在认识中的作用，为科
学心理学的反映论及其方法论积累了宝贵财富。下面介绍感觉主义心理学

思想主要代表人物的理论观点。

（一）拉·美特利的心理学思想

拉·美特利（Julien Offray de la Mettrie，1709—1751）是18世纪法国唯物主义哲学家，机械唯物主义心理学思想的早期代表。他继承和发展了笛卡儿"动物是机器"的思想，认为应该把这种思想贯彻到底，提出并发表著作《人是机器》（1747年）。拉·美特利认为人是一部机器，身体各部分犹如机器的各种零件。人与动物的不同之处在于"多几条弹簧""多几个齿轮"而已，没有性质上的不同。这一思想对行为主义有直接影响，但抹杀了人的社会性和能动性，具有明显的机械唯物主义倾向。其主要观点有：

（1）心理是一定物质的属性。他指出，心灵的一切机能都是以身体为转移的。还根据自己的医学知识经验论证了心理对身体的依赖性，如体质的好坏、年龄的不同都影响人的心理活动。他认为，意识是大脑运动的一种属性，脑是意识的器官。指出"脑部受重伤时，就没有知觉，没有分辨力，没有认识"。这种把心理看作是脑运动的属性而不简单归结为物质运动的观点无疑是正确的。

（2）感觉是认识的唯一源泉。拉·美特利认为，感觉是一切知识的来源，是一切心灵活动的基础，也是我们的向导。"如果没有感觉能力，心灵就不能发挥它的任何功能"。思想只是感觉的一种机能，"没有感觉就没有思想"。把思想归结为感觉，把理性心灵等同于感性心灵，这是其感觉主义思想的极端表现。在心理学研究的方法论上，拉·美特利是一位唯物主义者，他依据自己的亲身经历和实验观察，极力反对当时的信仰权威。他认为，对于心灵本质的看法，只有医生最有发言权，只有观察和实验才能真正揭示心灵究竟是什么。

（二）爱尔维修的心理学思想

爱尔维修（Claude Adrien Helvetius，1715—1771）是法国哲学家、辩论家，唯物主义心理学思想家。他坚持一切心理活动来源于感觉的思想。认为心理活动只能来源于外部客观世界，感觉能力是高级组织的物质反映。但他又认为一切心理过程都可归结为感觉。如记忆是一种延续的、被削弱了的感觉，智慧是感觉相互比较的结果，情感是对肉体的感觉。这就片面夸大了感觉的作用。

他还指出情绪和需要的联系以及对行为的动力作用。认为需要产生欲望,人对欲望满足与否的体验则产生各种情绪。离开了人的需要和欲望,就不可能了解情绪的起源。他说:"消灭了欲望也就消灭了灵魂;人没有感情就没有行动的原则,也没有活动的动力。"这种对情绪和需要的联系、情绪的动力作用等的认识,与现代情绪理论非常接近,是值得肯定的。

爱尔维修强调环境和教育在性格形成和发展中的决定作用。他指出,手的活动和语言对心理发展有重要作用。认为没有以手的使用为前提而形成的概念、字词和语言,则人类仍"处于低下状态"。认为人生下来时根本没有任何倾向性。人们的机体构造相同,接受教育的能力相等,但人们的知识和性格各不相同,这是由于人出生后的环境不同和所受教育不同所致。人是教育的产物。这一反对先天素质决定论的思想具有进步意义。

(三)卡巴尼斯的心理学思想

卡巴尼斯(P. Cabanis,1757—1808)是 18 世纪法国资产阶级革命理论家,生理心理学开创者之一。他认为脑是感觉、意识的器官。如人被斩首后就失去感觉,没有意识,身体抽搐只是脊髓的反射活动。感觉、意识等一切心理现象都是神经系统的机能和脑的特性。为此,他提出了神经层级说,把神经系统分为三个层级:高层是脑,具有管理感觉、思想和意志的功能,其活动是有意识的;低层是脊髓,只管反射动作,是无意识的;中层处于高、低层之间,其活动是半意识(下意识)的。值得肯定的是,他把意识的不同水平放在神经系统"等级系列"的基础上进行考察,被认为是生理心理学的创始者。他还提出内部感觉说。卡巴尼斯认为,内部感觉是对人体自身的内脏、肌肉和膜等状态的感觉,即现在所说的机体感觉(内脏觉)和本体感觉。它属于神经低级部位的作用,虽不被意识到,但能起到心理背景的作用。认为有机体是一个整体,要从整体进行研究人的心理,而不是孤立地研究感觉,感觉受个人生活倾向、个体发展阶段的影响。

总之,感觉主义心理学的共同特点是:特别强调感觉在心理活动中的源泉作用;把笛卡尔"动物是机器"的思想扩大到人类,坚持唯物主义决定论原则;第一次把心理理解为神经系统的机能,是大脑运动的一种属性,为进一步理解心理与脑的关系奠定了基础。

第三节 理性主义心理学思想

17 至 19 世纪的理性主义心理学思想是近代哲学心理学思想的另一主

要理论形式,科学心理学的重要思想来源。它最先产生于法国,后来主要流行于荷兰和德国。本节重点阐述荷兰和德国哲学家的理性主义心理学思想的本质、主要内容及历史意义。

一、斯宾诺莎的心理学思想

斯宾诺莎(B. Spinoza,1632—1677)是荷兰哲学家,西方近代唯物论、无神论和唯理论的主要代表,理性主义心理学家。斯宾诺莎反对笛卡儿关于身心独立存在的二元论,将其改造为一元论。他认为世界是由实体构成的。心灵与身体不是两个独立实体,而是同一实体不可分割的两个方面或两种属性,两者互相平行。

斯宾诺莎把心灵的机能分为两类:一类是理智,这是心灵中永恒的部分,能认识事物的本质;另一类是想象力和情感,这是感性机能,是心灵中随身体可以消灭的部分。根据心灵机能的划分,他把知识分为感性知识、理性知识和直观知识。感性知识是对个别事物的感觉经验和通过语词符号得来的观念,这种知识不能让我们获得事物的本质。理性知识是从对事物正确观念的推理中得来的,也可称为推理知识。直观知识是纯粹由直接观察事物的本质而获得的。他认为理性知识虽属真知识,能揭示事物特性和一般法则,但不能说明事物为什么是这样。只有直观知识具有最大的普遍性、必然性,是最可靠最完善的知识。

斯宾诺莎还对情感和意志进行了深入研究。①认为情感与身体的欲望有密切联系,它归根结底是由外在原因决定的。他指出,"刺激我们的情感愈强烈,则所发生的欲望愈强烈。因此,这种欲望力量的大小、增长的限度,必为外在原因的力量所决定"。他把情感理解为身体的感触,身体感受、体验状态是情感的基本特征。情感的功能具有正负之分和动力作用。肯定的情感能激起和增进身体活动的力量,否定的情感则能削弱和减退身体活动的力量。②把情感分为两大类:主动情感和被动情感。主动情感是起源于正确观念和理性的情感。这种情感是出于心的主动作用,合乎理性的。被动情感是与具有某种包含否定性的东西的心灵相联系的情感。它总是基于不正确的观念,人不能清晰地感知它。如果人能将被动情感与其他观念相联系,从事物共性规律方面去看,就会对这种情感获得理解,就会摆脱情绪的控制,产生主动的情感。如某人因失去一件好事而悲痛,但若能理解这件事情发展的必然性,悲痛就可以减轻,心就会更主动。他认为人与动物的情感不同。动物的情感是无理性的情感,人的情感是具有理性的情感。③人的基本情绪有三种:欲望(人意识到的行为趋向)、快乐(欲望满足、获得成功)、痛苦(欲望未能得到满足、失败)。斯宾诺莎以为,主动情感只有与快乐和欲望情绪相联结,没有与痛苦情绪相关联。④移情由联想而产生。移情是把情感由某一对象迁移到另一对象的现象。移情时存在着相似联想的问题,即情感可以从一个对象迁移到与它已经同时经验过的或是相似的对象上。⑤意志和理智不是对立的而是统一的。重视意志的理性本质,意志不是自由的。他提出意志力是每个人基于理性的命令以保持自己存在的欲望,强调只有按照理性指导行事,才能彻底克服私欲,获得真正的自由和幸福。

二、莱布尼兹的心理学思想

莱布尼兹(G. W. Leibniz,1646—1716)是 17 世纪德国哲学家、数学家、理性心理学的开山鼻祖。他认为人具有天赋的理性能力和理性原则,感觉经验不是知识的来源,它只起到媒介作用,通过它使人觉察出先天固有的理性原则,使心中不清晰的知觉变成清晰的观念,从而产生了心理。其心理学思想主要有:

(1)"单子论"的心理本质观。莱布尼兹认为,世界万物都是由"单子"构成的。单子是无限的、不可分的、能动的客观精神实体,是建构整个世界的基础。物质是单子的外部表现,心灵是人体中最高的单子,心理的本质是精神性的。这种精神实体的单子是一个封闭的自为世界,依照其内部的规律而运作,不受任何外界影响,但具有观照外物的特性。心理不是客观事物的反映,也不是外界对象作用的结果,而是心灵自身固有的潜在观念的显现,外界只是把沉睡的观念"唤醒"而已。

(2)"预定和谐"的心身平行论。在心身关系问题上,莱布尼兹反对笛卡儿的心身交感论,提出"预定和谐"的平行论来说明。他认为灵魂和身体是两个单子,单子是独立封闭的,各自按照自己的规律活动,两者互不影响,之所以"会合一致"或协调一致是"预定的和谐"。譬如,人在愤怒时摩拳擦掌,快乐时喜笑颜开,表面看似乎心身活动互相影响,其实是上帝预先安排好的心身相应活动。如同两座钟表在同一时间同时开动,以同样方式和速率行走,一个代表心灵,一个代表身体,彼此独立运行但保持一致。

(3)微觉和统觉学说。莱布尼兹认为,心灵单子具有知觉属性,由于知觉明晰度和性质不同,心灵单子的发展有不同的连续等级。①最低级的单子只有微觉,如无生物,它观照外物的明晰度低,几乎同无知觉和无意识一样处于模糊或沉睡的状态。就像海浪中一滴水的运动。②较高一级的单子处于感性灵魂的阶段,如动物,具有比较清晰的知觉和记忆。③更高一级的单子,除了具有知觉、记忆以外,还有由许多微觉集合成的明晰度高的统觉,如人就具有统觉。统觉就是感知自身内在状态的意识或反思,也就是自我意识。统觉的主动性强,有了统觉,人就有了理性灵魂,能运用概念进行推理等思维活动。微觉虽不具意识性,但并非无足轻重,微觉积累到一定程度就会成为有意识性的统觉。如同听不见的水滴声可集合成巨浪发出雷鸣声一样,说明无意识对意识有一定影响。④最高级的单子就是上帝,是全知全能全善的化身,它既是最初创造其他单子的单子,也是连续性系列的最高顶点。莱布尼兹还用连续性说明观念的等级,认为人的观念比无机物、植物、动物的观念更有意识性。按意识性程度把人的观念也分成等级,微觉是意识性等于零或几乎等于零的观念,是最无意识性的观念;统觉是最有意识性的观念。

莱布尼兹关于心灵单子按照自身的规律活动,第一次提出统觉概念和无意识思想,以及由微觉到统觉、由无意识到意识的发展观等,对近代德国理性心理学思想研究和以后心理学思想的发展产生了深远的影响。

三、沃尔夫的心理学思想

沃尔夫(C. Wolff,1679—1754)是近代德国哲学家、数学家,莱布尼兹哲学的直接继承人和近代官能心理学的系统化者,著有《关于人类理解能力的理性思想》(1712)、《经验心理学》(1732)和《理性心理学》(1734)等。后两部是首次以“心理学”一词标著书名,具有重要的历史意义。

沃尔夫对心理学做了许多系统化工作。第一,把莱布尼兹的思想体系更加系统化。莱布尼兹认为单子的本质是精神,物质只是单子的外部表现,一切单子之间有预定的和谐。沃尔夫主张单子有两种:一种是心的单子即心灵,另一种是物质单子即物质原子。只有身体的物质单子与心有预定的和谐。将莱布尼兹一元论的心身平行论改造为二元论的心身平行论。第二,继承莱布尼兹唯理论的认识论,反对洛克的白板说和联想说。他认为人的心理不是空白的、被动的,一切心理现象都是主动的具有理性的固有观念。因而非常重视理性心理学。第三,运用理性分析的方法,将理性主义与经验主义心理学思想结合起来。他认为,任何得自于经验事实的假设都必须由相应的理性认识来补充,并接受理性认识的分析和检验。第四,建立近代官能心理学体系。他认为人的心灵具有各种官能,心灵利用其不同官能从事不同的活动。如用记忆官能去进行识记和回忆等。他按照亚里士多德的分类把人的心灵官能分为两大类:①认识官能,即"知"的官能,包括感觉、想象、记忆、注意、知性(形成、区分和判断一般概念)和理性(由纯概念推出结论)。他还特别重视注意的作用,认为注意是使人观念明白的官能,注意范围的大小与对象的明晰度成反比,注意可以帮助提高记忆力,他接受莱布尼兹的"统觉"概念,但是他给出的意义与注意相似等。②欲求官能,即"情"的官能,包括愉快与不愉快的感情和意志作用,将意志纳入情的官能之中。第五,主张心理是可以测量的。沃尔夫运用数学方法研究了许多心理学问题,因而他被看作是心理测量思想的开创者。沃尔夫的上述思想在心理学史上具有进步意义。

四、康德的心理学思想

康德(I. Kant,1724—1804)是德国古典哲学的创始人,近代二元论、先验论和不可知论的代表,"批判的"认识心理学的建立者。康德认为,统一的客观世界可分为"现象"和"物自体",二者之间存在不可逾越的鸿沟,人只能认识物的"现象",不能认识"物自体"。也就是说,人只能认识事物的表象,不能认识事物的真性。他的心理学思想主要来源于莱布尼兹、沃尔夫和休谟的思想。

(1)倡导心理活动的知、情、意三分法。按照官能心理学的标准,康德把心理活动分为认识、感情和欲望(意志)三种基本官能。在他看来,这三种官能各自独立存在,其中任何一种都不能由其他一种派生出来。这一主张通过康德"批判哲学"的3部名著得以流传。这3部著作分别是《纯粹理性批判》(1781),主要讲认识论,相当于认识活动;《判断力批判》(1790),主要讲美感,相当于情感;《实践理性批判》(1788),主要讲伦理学,相当于意志活动。

(2)创建认识心理学。康德试图将唯理论与经验论统合起来,建立一种所谓"批判的"认识心理学。其全部内容就是要在进行实际认识活动之前，对人的认识能力做一番"批判的"考察，从而确定人的认识能力的限度和方式。他认为人的认识能力有感性、知性和理性三种形式。一是感性，通过感官而获得一些零散的感觉表象的能力。认识活动始于感性，它提供具体对象的直观知识。二是知性，运用逻辑范畴对感性知识进行综合统一的思维能力。在康德看来，感性只能提供孤立的对象，它们之间没有内在联系，只有通过知性的综合整理，才能使杂乱无章的表象具有规律性。三是理性，建立最高原理的认识能力。对知性知识进行加工，并把它放到"最高统一之下"的能力。理性和知性都是思维能力，但两者有明显区别，知性以有限事物为对象，所得到的知识是相对的、有限的和表面的，而理性则要求寻根究底，超越现象和经验去认识事物的本质，把握绝对的无限总体的理念。在他看来，一切知识从感官开始，再到知性，而以理性结束。康德的认识心理学，揭示了人的感性、知性和理性三种认识形式的机制及其相互关系。

(3)提出统觉原理。为了克服经验论把心理视为被动式反映的缺点，康德特别强调意识的能动性，把统觉原理看作是"整个认识范围的最高原理"[①]，重视统觉在认识过程中的作用。他认为统觉是人的综合统一的认识能力，即"自我意识"或"我思"。统觉可分为经验统觉和先验统觉两种，经验统觉是指经验中变化不定的自我意识，是主观感知间的联结。如"天下雨，地变湿了"，这只是"知觉的判断"，没有必然性，仅具有主观效力。先验统觉是指原始不变的自我意识，是对象因果范畴之间的联结。如"下雨湿了地"，就具有普遍的客观效力。康德强调一切认识活动都是靠"先验统觉的综合统一"来实现的，如果没有它，任何认识经验都不能形成，任何科学知识都不能获得。人之所以能将许多感觉印象通过知觉、想象、概念的综合而形成一个统一的对象，完全是由于主体意识中有一种主动的统一性联结综合的结果。统觉的综合统一作用是认识活动的必需条件。虽然康德的统觉思想是先验论的，但意识的整合作用的确存在，因此，康德的统觉原理对冯特的创造性综合学说有直接影响，统觉问题至今仍然是心理学研究中值得探讨的重要问题之一。

(4)用模糊观念表征无意识。康德认为无意识是精神世界的"半个世

---

① 车文博. 西方心理学史[M]. 杭州:浙江教育出版社,1998:156.

界"。他把人的心理活动划分为意识和无意识两个领域。认为无意识更富于表达力,是思想的助产士,是精神能动性和创造性的开端。他还特别强调了无意识在艺术创作中的重要作用。康德指出,创作活动可分为四个阶段,即酝酿、潜伏、顿悟和完成,其中第一、四阶段为意识活动,第二、三阶段为无意识活动。

总之,康德的心理学思想在欧洲心理学史上有特殊贡献。他对经验心理学的批判,倡导心理活动的三分法,强调心理的主动性和统觉的整合功能,肯定无意识在精神世界和创造活动领域的特殊价值等,对后来心理物理学、意动心理学、二重心理学、完形心理学、精神分析和认知心理学等都有一定影响。但是,康德认为,科学的标准是应用数学进行精确的计算,而心理状态是不能计量的。心理生活的事实不能成为科学的题材,心理学也不能实验,于是宣称心理学不可能成为一门科学。

五、赫尔巴特的心理学思想

赫尔巴特(J. F. Herbart,1776—1841)是德国近代哲学家、心理学家,被誉为"科学教育学之父",科学心理学的理论先驱。其著作很多,有关心理学的主要有《心理学教科书》(1816)、《作为科学的心理学》(1824—1825)、《关于心理学应用于教育学的几封信》(1831)等。讲授心理学、教育学,并创办实验学校。赫尔巴特的心理学思想主要受莱布尼兹和康德思想的影响,他在心理学方面的思想和重要贡献表现在以下几个方面:

(1)最早宣称心理学是一门科学。赫尔巴特是第一个提出心理学是一门科学的哲学家。前面提及,康德以为心理现象瞬息万变,既不能用数量表示,也无法进行实验,因而心理学不能成为一门科学。赫尔巴特与此相反,认为心理学完全可以成为一门科学,主张心理学应该与哲学、生理学区别开,用特殊的方法研究自己特定的对象。他在《作为科学的心理学》一书中明确对科学心理学进行了界定。首先,任何科学都建立在经验之上,作为科学心理学应该是经验的科学。其次,心理学不同于物理学,不属于纯粹的实验科学之列,仍属于哲学性质的科学。心理学不能离开哲学,实验所获得的资料往往是"经验的散片",而哲学可以为心理学提供理性思辨,将新经验和过去经验结合起来,深入解析经验成分之间的相互关系,找出规律。再次,心理学无须涉及生理学,因而不能采取实验法,只能运用观察法和计算法。

加之科学应有数量计算,他希望采用数量分析的方法或数学方式来表达心理学知识和原理,心理学应为数学的科学,客观上推动了心理学的数学运用和发展。可见,在赫尔巴特看来,心理学是一门以经验观察、哲学和数学手段为基础的独特科学。他的思想虽然带有思辨推理的性质,但对科学心理学的理论构想,反映了当时理性主义与实验科学逐步走向融合的发展趋势,对后来创立心理物理学、数量心理学有重要启发和影响。

(2)将观念及其相互联合与冲突纳入心理学的基本内容。赫尔巴特认为,心理学研究以灵魂为核心对象,灵魂的本质是不可知的,但灵魂是由各种不同观念组成的,人的全部心理活动都不过是各种观念的活动。他接受并发展了莱布尼兹关于灵魂单子具有活动特性的观点,认为灵魂内的各种观念不是消极被动的,而是积极主动、充满活力的。新心理学必须以"观念的运动"来解释一切。认为观念之间不仅相互吸引,而且还相互排斥。如快乐是观念的和谐状态,痛苦则是观念的冲突状态。观念之间按照融合、复合两种主要方式进行联结,并整合成统一的灵魂。当两个观念不相冲突时,如果两者属于同一感官,它们将联结在一体,这叫融合。如果两者属于不同感官则可联结为一,这叫复合。如声音与颜色可复合一体。融合和复合概念以后被冯特所采用。他还指出,当两个观念互相冲突时,如果两者势力相等,则可完全互相抑制;如果两者势力不等则不能互相抑制,两者可并存呈现于意识之中。

(3)提出意识阈、统觉团的概念。为进一步揭示观念相互作用的规律,针对观念在脑中时隐时现的特性,赫尔巴特提出"意识阈"概念。他说,"一个观念若要由一个完全被抑制的状态进入一个现实观念的状态,便须跨过一道界线,这个界线便为意识阈"。两个冲突观念虽可以相互抑制但不会消失,受抑制观念因势力减弱,由现实状态退为被抑制状态。任何时候占意识中心的观念只容许与它自己和谐的观念出现于意识之中,而与它不和谐的观念就会被抑制下去,降为无意识状态。因此,意识不是全部心理生活,在意识阈限之下的称为无意识活动,就字面而言就是"无意识的意识"。他认为,意识阈不是固定不变的。观念是能动的,意识和无意识可互相转化。随时间变迁,意识阈之上的观念可以转入阈限之下而成为无意识,这种观念虽被逐出意识,但并不因此而消失,只是减弱其强度,待机而动。它(被抑制的观念)可通过有关意识观念的吸引进入意识阈之上,从无意识上升到意识。

赫尔巴特关于意识阈的思想,对现代心理学中的阈限、意识、无意识等重要术语都有启发意义,对动力心理学和精神分析有重要影响。

赫尔巴特同时指出,任何观念要进入意识之内,必须与意识中原有的观念整体相和谐,否则就会被排斥。他把这个意识观念的整体称为"统觉团",并将"统觉团"概念应用到教育教学方面。他指出,学习的意义在于让学生在原有的统觉团基础上,形成新观念的统觉团。由于学生借助过去的经验具有一定的统觉团,才能吸收有关的新观念。教学过程是一个统觉过程,是使学生在原有观念基础上掌握新观念的过程。教师在准备讲授新教材时,必须考虑学生的过去经验有没有相应的统觉团,否则只能造成"言者谆谆,听者藐藐"的教学效果。这对教育心理学、教育学和教学法有很大影响。

总之,赫尔巴特对心理学朝着独立科学方向发展、心理学在教育中的应用等方面做出了较大贡献,但反对心理学采用实验法研究心理的生理基础,表明他还没有完全摆脱纯思辨的哲学心理学的影响。

第四章　科学心理学的建立

　　哲学心理学思想为科学心理学的建立既提供了必要的理论观点和体系,也提供了一定的研究手段和方法论思想。它虽然形式上不是以完整的心理学知识形态为外观,也没有以发挥心理学知识的功能为目的,但这些观点和方法是构成科学心理学体系不可或缺的。心理学需要理论性思考,需要理论思想的支持,但要作为一门科学不能局限于哲学思辨模式,还必须有自然科学的基础,特别需要生理学、物理学为它提供心理活动的生理机制和实验研究方法等方面的知识。19世纪30年代生理学已成为一门独立的实验科学,它在感官生理和神经生理方面所取得的成就为科学心理学的独立准备了必要条件,19世纪60年代出现的心理物理学为科学心理学的建立奠定了方法基础,自然科学研究成果及其方法直接促进了心理学成为一门独立的新兴科学。19世纪70年代,冯特创建的实验心理学标志着科学心理学的建立。本章在阐述科学心理学建立的自然科学基础和社会历史背景的基础上,进一步探讨冯特与实验心理学的创立及其他心理学家对实验心理学的贡献等问题。

第一节　自然科学基础和社会历史背景

　　18世纪后期,近代自然科学进入全面发展时期,19世纪达到基本完善程度,各门自然科学从经验科学变为理论科学,自然科学的辉煌成就促进了该时代整个文化的科学化,特别是哲学的科学化。心理学要想成为独立科学,必须具有自然科学的基础。曾有人比喻,科学心理学的诞生,哲学是其父,生理学是其母,经生物学的媒介,哲学与生理学结合产生了科学心理学。在心理学发展史上,每当生理学等自然科学有新的进展时,心理学也随之有所推进。下面主要介绍19世纪生理心理学和心理物理学的研究进展及社会历史文化对科学心理学建立的影响。

一、19 世纪生理心理学的研究进展

（一）神经生理心理学研究取得的成果

（1）神经系统的基本结构与功能。19 世纪 80 年代,意大利神经解剖学家、神经组织学家和病理学家戈尔季(C. Golgi,1843—1926)发现神经元有许多短分枝(树突)与其他神经元连结,证实神经元是神经系统的基本结构单位。后来,西班牙神经组织学家和解剖学家卡哈尔(S. R. Cajal,1852—1934)经过大量的实验证实,神经元是神经系统的基本结构和功能单位,而且每个神经元都是独立的,它的轴突末端以不同的形态与其他神经元相接触,其相互接触处称为"突触",从而创立"神经元学说",成为神经科学发展史上的里程碑。1906 年二人共同获得诺贝尔生理学和医学奖。神经元具有接受信息、整合信息和传导信息的功能,是心理产生的最基本物质。其他与此并行的研究还有,如神经元的解剖、轴突的辨认、灰质与白质的差异等。这些成果为理解有机体接受刺激信息、产生心理活动提供了科学依据。

（2）感觉神经和运动神经的差异律。1807 年英国生理学家贝尔(C. Bell,1774—1842)发现了位于脊髓根部的两种神经纤维的不同功能:一是脊髓后根只有感觉神经纤维,专门传导感觉刺激;二是脊髓前根只有运动神经纤维,专门传导运动冲动。1811 年,贝尔发表并说明不同的刺激信息是由不同的神经纤维承担的,这就是感觉神经和运动神经的差异律,又称贝尔定律。1819 年,法国生理学家马戎第(F. Magendie,1783—1855)通过动物的实验也发现同样定律,故这一定律又被称为贝尔—马戎第定律。贝尔—马戎第定律的提出,为神经活动的单向传导和信息传递的精确性做出了科学解释,也为反射和反射弧概念奠定了科学基础。

（3）神经冲动的电性质和传导速度的测定。19 世纪初期,意大利生理学家伽伐尼(L. Galvani,1737—1798)用两根金属棒分别连接蛙腿神经和蛙腿,当两棒接触时便引起蛙的踢腿动作,这证明神经冲动的传导并非动物精气的运动,而是一种生物电的冲动,具有电的性质。在神经冲动传导速度问题上,当时以为跟光速差不多,无法测量。1850 年,德国物理学家、生理学家赫尔姆霍兹(H. Helmholtz,1821—1894)用筋肉测量计,以电刺激蛙神经,测量筋肉伸缩与神经长度的关系,发现蛙神经传导速率每秒不到 50 米。后来他刺激人的脚趾和膝,记录其与手的反应时间的差异,测得人的神经传导速

率为每秒50—100米。这表明心理过程可以进行实验和测量,打破了心理不能实验测量的说法,为以后实验心理学对心理活动历程的时间测量开辟了道路,从而促进了反应时的大量实验研究。反应时研究是早期实验心理学的主要研究之一,后来用于测定思维快慢、动作反应速度等。

(4)感觉神经特殊能学说。这是由德国生理学家、被誉为"生理学之父"的缪勒(J. Müller,1801—1858)提出。他认为:①感觉神经都有自己的特殊性质,感觉的性质取决于感觉神经能的性质,而不是外界刺激的性质。这里的"能"指性质,是实现某种生理机能的性质。神经特殊能,即每种感觉神经都有自己的特殊性质,它规定了感觉仅仅反映适合感觉神经自身性质的内容,而非外界事物本身。②每种感觉神经只能产生一种感觉,不能产生其他感官所具有的感觉。③同一刺激作用于不同感官可产生不同感觉,不同刺激作用于同一感官可产生相同的感觉。缪勒的学说是感觉研究史上的一个重要里程碑,对感觉心理学的科学发展具有深远影响。

(5)大脑机能的定位与整合。随着科学的发展,人们已深刻认识到大脑是心理的器官,心理是大脑的机能和属性,但大脑与心理之间的具体关系如何? 大脑的机能是定位的(分区)还是整合的? 从19世纪才开始对其进行实验研究,这一时期提出了多项重要研究成果。①颅相学。德国医生、神经生理学家加尔(F. J. Gall,1758—1828)第一个提出了脑的各个区域是心理活动的特殊器官,提出了面相学和头骨学之说,后来他的学生施普茨海姆(J. C. Spurzheim)改称颅相学。他们认为,头骨的轮廓取决于大脑特定区域的发育,颅骨的凹凸标示人的性格和心理能力,通过它可以分辨出不同的禀性和爱好。他们还将颅骨分为37个区域,标明各种不同的心能,每个区域都代表一个支撑它的器官或者皮质区,某种特别的功能就位于这些区域。认为凡颅骨部位突出者,其相应部位的功能就高于常人,并从颅骨外形分析心智、个性,凹陷则此区功能发育不全,凸起则发育超常等。颅相学在西方风行了一个世纪之久,由于缺乏科学依据,一直未被科学界承认,但认为脑是心理的器官及首倡脑机能定位的思想观点,对后人研究有促进作用,推动了大脑机能分区的实验研究。②大脑机能统一说。这一学说由法国生理学家弗洛伦斯(P. Flourens,1794—1867)研究提出。他批评加尔的颅相学粗制滥造,创建科学的脑生理学,以实验方法来证明某种特别的生理功能是否像加尔说的那样处于某个特定的大脑区域内。通过对动物的解剖实验,他把神经系统分为大脑、小脑、四叠体、延髓、脊髓和神经等 6 个单元。用刺激法和局部切除法测定脑各部分的特殊功能,发现大脑皮质是知觉、智慧和意志的中枢,小脑控制运动协调能力,中脑的各部分控制视听反射,延髓是生命中枢,脊髓控制传导等。与此同时,还发现大脑皮质各叶、小脑、四叠体若损失它们物质的一部分并不会失去它们的功能,脊髓和延髓具有直接效果,四叠体、脑叶和小脑具有交叉效果等。因此,尽管中枢神经系统各主要部分的性质、功能和效果各不相同,但它们仍然构成一个统一的整体,神经系统的机能不是分割独立的而是统一的、整体的,强调大脑机能的统一性。弗洛伦斯的大脑机能统一说是当时脑生理学的主流观点,对以后脑科学研究和心理的脑机制研究产生了很大影响。③言语运动中枢的发现。法国外科医生布洛卡(P. Broca,1824—1881),于 1861 年诊治一位在疯人院住了 30 年的病人,发现该病人发音器官正常,能听懂别人说话,也能用手势做语意表达,但自己不会说话,丧失语言能力,不久病人死亡。布洛卡对其做尸体解剖时发现,此人大脑左半球额下回后部约 1/3 处有损伤,于是认定它是造成该病人生前丧失语言能力的原因,把大脑的这一部分称为言语运动中枢,以后也称"布洛卡区"。布洛卡区的发现具有重要价值,它不仅对弗洛伦斯的大脑机能统一说提出了挑战,使人们相信大脑的机能各具有其特殊的定位,也进一步激发了对大脑机能的定位研究。④大脑皮质运动区和感觉区的发现。1870 年,德国医生弗里奇(G. Fritsch,1838—1927)在给伤兵包扎头部创伤时发现,偶然触碰裸露的大脑皮质可以引起对侧肢体的运动。与此同时,希齐格(E. Hitzig,1838—1907)采用新的研究脑的实验方法,即用弱电流刺激大脑皮质方法,发现用电流直接刺激大脑皮质某些部位可以引起眼动。此后二人合作,用电刺激狗大脑皮质进行了系统的实验研究,发现运动中枢位于中央前回(从左中脑伸向右中脑上面的一个长条形组织)。以后其他研究者也陆续发现了视觉中枢位于枕叶、听觉中枢位于颞叶、躯体感觉中枢位于中央后回等,大脑机能定位说得到许多学者的认同。总之,单纯强调特殊脑区与特殊功能的绝对联系而忽视脑机能的整体统一,以及单纯强调脑机能的整体活动而否认脑机能的局部定位,各有其合理之处但都较为极端。研究人脑活动应坚持大脑机能的整合定位观①。

---

① 车文博. 西方心理学史[M]. 杭州:浙江教育出版社,1998:183 - 184.

（6）反射活动研究。反射是有机体在中枢神经系统参与下对内外环境刺激所发生的规律性的反应活动，研究反射活动对揭示大脑活动的本质，进一步深入探讨心理活动的生理机制意义重大。反射思想最初由17世纪法国哲学家笛卡儿提出，认为动物活动都是对外界刺激的反应，如光线投射到镜子上被反射出来一样。以后反射概念成为神经系统生理学的基本概念。19世纪末，英国生理学家谢灵顿（C. S. Sherrington，1857—1952）通过研究膝跳反射，认为反射是神经系统的基本活动形式，并具有抑制和兴奋两个相互协同作用的过程。1863年，俄国生理学家谢切诺夫（I. M. Sechenov，1829—1905）出版《脑的反射》一书，将反射概念首次应用于脑的活动，认为脑的活动实质上也是反射活动，提出"人的思想实质是反射"。反射不仅是动物活动的方式，也是人类心理活动的方式，而且把意识现象看作是神经反射的特例。谢切诺夫第一次将反射概念用于心理学领域，在他的思想影响下，俄国生理学家巴甫洛夫（I. P. Pavlov，1849—1936）通过对动物和人的条件反射活动进行长期的研究，提出了经典型条件反射学说，使反射思想有了更全面的内容。神经系统通过反射活动来控制和调节机体内部的生理过程，使机体成为完整的统一体，并与外界环境保持紧密的联系和相互平衡。这对深入研究心理活动的生理机制具有极为重要的意义，也对以后科学心理学的研究产生了极大影响。

（二）感觉生理心理学的研究成果

由于神经生理学和大脑机能研究的进展，对感觉生理学研究提供了可借鉴的方法，因而19世纪的生理学家开始注意系统研究视觉和听觉等主要感觉现象，并获得了较多成果，在知识和方法上为科学心理学的诞生创造了条件。

（1）视觉"三色说"与"四色说"。视觉"三色说"是颜色视觉理论的一种，亦称"扬—赫尔姆霍兹三色说"。是由英国物理学家托马斯·扬于1801年首先提出，1852—1860年为赫尔姆霍兹进一步发展和实验证实。他们假定有三种基本色觉红、绿、蓝，与此相应在视网膜上有三种视锥细胞，分别含有三种不同的光化学物质（感光色素），其中每一种化学物质分解，都可以使神经纤维产生冲动，再传至大脑皮质的视觉中枢，产生红色、绿色或蓝色的感觉，其他色觉则是由这三种感受器同时受到不同比例的原色光的刺激而产生的。"三色说"得到现代神经生理学研究的证实，即在视网膜上确实存在三种感色的视锥细胞,在光的照射下,它们的色素分别吸收某些波长的光而反射另一些波长的光。1870 年,德国生理学家海林(E. Hering,1834—1918)提出了红、绿、黄、蓝的"四色说"。他认为色觉不能单纯用混色(色混合)的原理解释,应进一步采用补色的原理来解释。他假设在视网膜上有红—绿质、黄—蓝质和白—黑质三对视质,三对视质受刺激后分解(异化)与合成(同化)而产生各种颜色感觉。比如,红—绿质受红光刺激因异化而产生红色感觉,受绿光刺激因同化而产生绿色感觉。与三色说相比,四色说能较满意地解释颜色对比、后像和红绿色盲现象。"四色说"后来也得到实验的证实。

(2)听觉共鸣说。1863 年赫尔姆霍兹提出共鸣说这一著名的听觉理论。该理论认为耳蜗基底膜上的横纤维因对外界不同频率的声波振动发生共鸣作用而产生听觉。基底膜上较短的横纤维与高频率的声波共鸣,较长的横纤维与低频率的声波共鸣,共鸣部位的毛细胞兴奋产生冲动,经听神经传入听觉中枢,从而产生不同音高的听觉。共鸣说基本上是合理的,至今仍然通用。

这一时期感觉生理心理学研究除了上述之外,还对听觉阈限、视觉后像、明暗适应、触觉及其他感觉也有研究。关于神经系统、感觉器官等有关心理生理机制的研究成果,为科学心理学的建立准备了良好条件,表明生理学的各种研究技术和发现都支持心理学应该采用科学方法来研究心理现象。

二、19 世纪心理物理学的研究进展

19 世纪 60 年代出现的心理物理学,为实验心理学的建立产生了最为直接的影响。心理物理学先由韦伯奠定基础,后由费希纳正式建立。

(一)韦伯的研究

韦伯(E. Weber,1795—1878)是德国解剖学家、生理学家、感觉生理心理学与心理物理学的创始人之一,莱比锡大学教授,他对实验心理学的建立有两个主要贡献:

(1)用实验证明了两点阈限的概念。韦伯从 1820 年开始研究触觉,用圆规的一个尖端和两个尖端交替接触被试的各部分皮肤,然后渐渐扩大两点之间的距离,在不用视觉的情况下,让被试报告自己的感觉,测查有多大

的距离才能被人觉察为两点,从而提出两点阈限的概念,即刚刚能辨别出皮肤上两个刺激点的最小距离。它代表皮肤的敏锐度。而且认为,由于身体不同部位皮肤表层分布的神经末梢密度不同,身体不同部位的两点阈限也不同。阈限概念由赫尔巴特提出,但缺乏实验证据。韦伯第一次用实验测量并证明了两点阈限,使赫尔巴特的阈限概念得以证实,其意义深远。对两点阈限的研究,说明心理量与物理量之间的关系是可以测量的,这也是心理物理学研究的开始。

(2)提出心理学上第一个定量法则——韦伯定律。1834年,韦伯通过实验研究提出心理学上第一个定量法则,即韦伯定律,该定律是指当人刚刚能觉察出刺激有差别时,刺激的增加量与原来刺激强度之比是一个常数。用数学公式表示就是:$\triangle I/I = K$,I代表标准(原来)刺激的强度,$\triangle I$代表刚能引起感觉的刺激增量,即差别阈限,K代表常数。根据这一公式可以计算出多种感觉现象的差别阈限。韦伯定律的意义在于:①第一次对感觉与外界刺激的关系进行实验研究和定量分析,打破了对阈限的哲学思辨,超越了对感觉现象用经验检验的局限;②提出了心理学中的第一个定量法则,用数学公式表示人的差别阈限与标准刺激之间的函数关系,证实了赫尔巴特提出的意识阈、心理学是数学科学的观点,使赫尔巴特理论设想变为科学事实;③为开创心理物理学、建立实验心理学奠定了扎实基础。

(二)费希纳的研究

费希纳(G. T. Fechner,1801—1887),德国物理学家、哲学家,心理物理学的主要创建者,实验心理学的奠基者之一。他的心理物理学思想主要有:

(1)心与物的关系是可以用数学进行表达的精确数量关系。1860年,费希纳出版《心理物理学纲要》,创立了心理物理学,该书被誉为心理学脱离哲学成为科学的里程碑之一。他把心理物理学定义为"身心函数的关系或其互相依存的关系的精密科学",即心理物理学是一门研究心理量与物理量之间函数关系的科学,是介于心理学与物理学之间的独立学科。

(2)对数定律。为了具体说明心理量与物理量之间的关系,费希纳在韦伯定律基础上提出对数定律,即感觉强度与刺激强度的对数成正比。后人也称之为韦伯—费希纳定律。他认为,感觉本身虽然不能直接测量,但感觉是由一定量的刺激引起的,通过测量刺激强度就可以间接测量感觉。通过实验发现,感觉强度的增长与刺激量的增长并不是一对一的关系。感觉强度是按算术级数增加,刺激强度是按几何级数增加。譬如,一百根蜡烛再加上一根我们不会觉得更亮一些,而一根蜡烛再加上一根我们就会觉得更亮了。因此,刺激的作用不是绝对的而是相对的,它与已有的感觉强度相关。他还发现,对于每一种感觉通道,要引起感觉的一定增强,就要按照一定比例增强刺激。韦伯只是指出刺激和感觉的比例关系,没有涉及感觉强度和身心关系问题,费希纳的研究超出了韦伯发现的事实。他指出,刺激强度和感觉强度之间存在着一种对数关系。用公式表示就是:$S = K\lg R$,其中 S 代表感觉强度,K 代表常数,R 代表刺激强度,lg 代表对数。这一定律表明,感觉强度随刺激强度的对数的变化而变化。也就是刺激按几何级数增加时,感觉强度按算术级数增加。这一定律对心理学是一大贡献,它打破了康德关于心理现象和心理过程不能实验和测量的看法,第一次对人的心理进行了测量,为后人创造了研究心理量与物理量之间关系的方法。

(3)创立心理物理法。心理物理法是对物理刺激和它引起的感觉进行数量化研究的方法。费希纳在研究感觉阈限的测量时主要应用了三种测量方法,统称为心理物理法:①最小变化法。刺激按大小顺序呈现,刺激个数较多,每次呈现的刺激变化很小,故叫最小变化法,也称最小可觉差法或极限法。用于测量绝对阈限。②正误法。只用少数刺激 5—7 个,量固定不变,随即呈现,以感觉次数在该刺激呈现总次数中的比例计算阈值,也称恒定刺激法。③均差法。让被试调整比较刺激,使其与标准刺激相等,阈值围绕平均数变化,也称调整法,用于测量差别阈限。

费希纳的研究在科学心理学史上具有非常重要的作用。心理物理法是心理学研究方法上的一个重大突破,成为后来实验心理学的重要组成部分。他对心理学实证研究提供的研究程序和具体方法,使心理学实证研究的取向得以确立,为冯特创建实验心理学起到了奠基作用。舒尔兹指出:"冯特之所以能构想出实验心理学的计划,也主要是因为费希纳在心理物理学方面所做的工作。费希纳的方法已被证实可以运用于比他想象的更加广泛的心理学范围之内。最重要的是,他给了心理学那种若要成为科学就必须具备的原则,即精确和精致的测量技术。①"20 世纪五六十年代,人们在费希纳经典心理物理学的基础上创造了信号检测论这一新的心理物理学方法,由

---

① [美]杜 舒尔兹,等.现代心理学史[M].8 版.叶浩生,译.南京:江苏教育出版社,2011:69.

此可见其对现代心理物理学研究也有重要意义。美国心理学史家波林曾指出，"我们称费希纳或冯特为实验心理学的'创始者'，这是毫无疑问的"。可见，费希纳在实验心理学创建过程中的重要地位。

三、19世纪德国社会历史背景

德国是科学心理学的故乡。前面第三章谈到，经验主义和理性主义哲学心理学思想为心理学脱离哲学母体，成为独立的科学心理学，做了大量知识积累、理论概括和方法论上的准备。特别是英国的联想主义心理学和法国的感觉主义心理学，思想较为丰富，发展比较成熟。但科学心理学没有产生于英国或法国，而是诞生于19世纪70年代的德国。这不是历史的偶然，是当时德国社会发展和科学进步的历史必然性与现实可能性结合的产物。

（1）社会背景。相比于英国和法国，德国的发展要晚一些，其长期处于封建落后状态。但从19世纪开始，特别是1848年欧洲革命后，德国随着民族统一共和国的建立，资本主义生产有了较快发展。但要迅速发展生产，增强竞争力，没有科学技术是不行的，德国资产阶级迫切需要能促进生产发展的科学和技术。而要发展建立在机器技术基础上的现代工业生产，不仅需要自然科学的发展，还需要有研究人的心理行为规律的科学。哲学心理学中的内省、思辨、简单观察等方法，已经不能适应和满足科学研究和社会发展的需求，时代向心理学提出了新的挑战和机遇。科学心理学的建立正是当时德国社会发展和生产实践迫切需要的产物。实践需要比一所大学更能促进科学的发展，也说明科学心理学从一开始就表现出与社会发展的密切关系。

（2）科学发展。德国科学发展为科学心理学建立提供了直接推动力和现实可能性。德国为适应资本主义生产需要，大力发展自然科学，在大学开设自然科学课程，提倡观察和实验，加之19世纪自然科学的三大发现，即细胞学说、能量守恒与转换定律和进化论，有力地促进了德国科学的发展。德国科学家除了吸收外国的科学理论，还创造性地把科学方法运用于研究生命过程，使德国生物科学得到迅速发展，尤其是感官生理学研究在19世纪中叶达到世界科学前沿。前面讲到的缪勒、赫尔姆霍兹、海林、韦伯在感觉生理心理学方面，以及费希纳在心理物理学方面等取得的实验研究成果，对冯特建立实验心理学产生了重要启迪、借鉴和推动作用。可以说，科学心理学的实验方法直接来源于实验生理学。

此外，德国人的个性，如认真、细心、谨慎、严密、追求精确、执着等特质，也是实验心理学产生的必不可少的条件。舒尔兹指出："德国人的气质比英国人和法国人更爱好细心的分类和描述工作。英国人和法国人喜欢用演绎和数学的方法研究科学，德国人则重视对观察到的事实进行认真、彻底和谨慎的搜集，他们爱好分类和归纳的方法。"

第二节　冯特与实验心理学的创立

冯特创建的实验心理学具有划时代的意义，标志着一门新科学——科学心理学的开端。19 世纪中叶，要求心理学摆脱哲学的附庸地位，成为独立科学的呼声愈来愈强，冯特顺应了时代的要求和心理学自身发展的趋势，综合哲学心理学的思想体系和自然科学的方法技术，第一个成功建立了实验心理学体系，成为"实验心理学之父"，使心理学进入新的历史发展时期，即科学心理学时期。

一、冯特及其代表作

冯特（W. Wundt，1832—1920）是德国生理学家、心理学家、哲学家，实验心理学之父，科学心理学的创始人，构造主义心理学的奠基者。冯特出生于德国曼海姆市内卡劳镇的一个牧师家庭。1845 年入布鲁沙尔的文科中学学习。1851 年作为预科生进入杜平根大学学医，第二年转到海德堡大学继续学习医学和哲学。1855 年毕业留校任教一年生理学，对生理学研究的兴趣逐渐显露，次年前往柏林大学跟随"生理学之父"缪勒研究生理学，同年又回到海德堡大学以优异成绩取得医学博士学位。从 1857 年开始到 1864 年，一直担任海德堡大学生理学教师。1858 年担任著名生理学家赫尔姆霍兹的助手，协助训练学生做肌肉收缩及神经冲动传导的测验。此时，他开始研究生理心理学。1859 年首次在人类学专业开设一门新的课程，即今天所说的文化心理学，冯特在这门课中致力于研究个体与社会的关系，他晚年的兴趣就转回到这个主题。1862 年首次开设"自然科学的心理学"讲座，1867 年改为"生理心理学"讲座。1864 年升任副教授。在此期间，冯特开始产生以实验生理学的方法研究心理学问题的想法，试图把传统的哲学心理学改造成为独立的实验科学。随着他的一批重要著作的问世,他提出了实验心理学的主要原则。

1874 年,冯特应邀前往苏黎世大学任哲学教授,讲授心理学,这时他的学术兴趣已经由生理学转向心理学。1875 年又转任莱比锡大学的哲学教授,继续从事心理学的教学、研究和著述工作。1879 年冯特在莱比锡大学创建了世界上第一个正式的心理学实验室(德文称"心理学研究所"),这标志着心理学学科的正式独立。此后,世界各国许多青年学生慕名前来学习心理学。1881 年他创办心理学期刊《哲学研究》,专门发表心理学的实验报告,1903 年改名为《心理学研究》。1889 年冯特被任命为莱比锡大学校长。1920 年去世,享年 88 岁。

冯特学识渊博,一生著述很多,达 500 余种,涉及心理学、生理学、物理学、哲学、逻辑学、伦理学、语言学、文化人类学等诸多领域,但主要集中在心理学,最大贡献也在于此。正如他的学生铁钦纳所说"冯特的全部思想集中于心理学"。其主要心理学著作有:《对感官知觉理论的贡献》(1858—1862)、《关于人类与动物灵魂的讲演录》(1863)、《生理心理学原理》(1873—1874)、《心理学大纲》(1896)和《民族心理学》(10 卷,1900—1920)等。

《对感官知觉理论的贡献》一书第一次正式提出"实验心理学"一词,且报道了自己最初的实验,呼吁建立一门实验的和社会的心理学,表现了冯特的实验心理学思想。该书与费希纳的《心理物理学纲要》一起被视为促进新心理学(实验心理学)诞生的著作。《关于人类与动物灵魂的讲演录》记录了冯特心理学思想的形成,以及从哲学向心理学转折的历程,该书界定了心理学研究的内容,阐述了心理学与哲学的关系及确定了心理学的自然科学研究取向、对意识的基本看法等,代表了成熟时期冯特的心理学思想,是一位"生理学家的未加点缀的心理学"[1],一部初具雏形的新心理学体系的著作。在《生理心理学原理》著作中,冯特把心理学确立为有自己的研究课题与实验方法的实验科学,并系统总结了当时实验心理学的研究成果,阐述了各种心理过程和神经系统及感觉器官的生理解剖知识,构建了科学心理学的基本架构。它是心理学史上第一本系统的心理学专著,是冯特实验心理

---

① 叶浩生. 西方心理学的历史与体系[M]. 北京:人民教育出版社,1998:76.

学思想成熟的标志,曾被卡特尔推举为"心理学的独立宣言"。这里需要说明的是,"生理心理学"这个书名可能会引起误解。在那个时代,"生理的"这个词与德语中的"实验的"一词是同义的。冯特实际讲授的和撰写的都是实验心理学①。《心理学大纲》一书提出了著名的情感三度说。《民族心理学》是冯特在其生命的最后 20 年中完成的巨著,是从语言、艺术、神话、宗教、社会风尚、法律和道德等方面,研究人类高级心理过程的社会心理学专著,内涵丰富,意义重大,其重要性正越来越被人们所认识和肯定。

二、冯特心理学的体系结构和主要内容

(一)心理学的体系结构

冯特创建的心理学,主要研究意识经验的内容、结构、要素及其组合规律。因而在不同情况下人们称冯特心理学是新心理学、实验心理学、内容心理学、构造心理学、元素心理学等。冯特的目标是把心理学建成能够综合社会科学和自然科学的一门基本科学,因而冯特心理学的体系包括个体心理学和民族心理学两部分。个体心理学,以研究个体意识过程为对象,以自然科学发展方向为定向,即实验心理学。民族心理学,以研究人类共同生活为基础的高级心理过程为对象,以人文科学发展方向为定向,即社会心理学。个体心理学和民族心理学的统一体就是冯特的心理学体系。虽然冯特本人认为两种定向的心理学是同等重要的研究领域,但就冯特心理学体系及其对以后心理学发展影响的实际来看,更为重要的是以自然科学定向的个体心理学。

(二)心理学的主要内容

(1)心理学的研究对象是人的直接经验。冯特认为,一切科学都以经验为研究对象。他指出:"在自然科学和心理学内,我们所研究的经验现象只是以不同的观点来考察同一经验的现象。在自然科学内我们把经验看成是客观对象的相互联系,由于抽去了知觉者主体,它也就被看成了间接的经验;而在心理学内,我们则把经验看作是直接的和派生的。"譬如,感觉、知觉、情感、意志等意识过程是人直接经验到的,更加真切与实在,这种意识经验才是心理学研究的对象。人对外部世界的经验是通过间接

---

① [美]杜 舒尔兹,等.现代心理学史[M].8 版.叶浩生,译.南京:江苏教育出版社,2011:73.

推理而认知的,间接经验是自然科学研究的对象。也就是说,心理学和自然科学都研究经验,只不过心理学是"直接经验之科学",其他自然科学研究间接经验。

(2)主张心身平行论。冯特最初是一个生理学家,在心理学与生理学的关系方面,他认为心理学作为一门自然科学,与生理学的关系最为密切,心理学研究可直接应用生理学的研究方法,但他反对把心理现象还原为生理现象,更不能把心理学"生理学化"。尽管我们可以从神经生理解剖中获得有用的知识,可这绝非是研究心理现象的唯一途径,心理学也不是生理学的分支,心理现象有其自身的特性,我们不可能从生理活动中去发现对心理现象的详尽解释。可见,心理与生理、心与身有着复杂、微妙的关系。

冯特认为,人的心理不是大脑生理过程产生的结果,心理过程与生理过程是两个平行的系列,不存在因果关系。虽然心理过程总是伴随生理过程,但心理过程并不依赖生理过程,心理过程有其自身的规律性,不受生理过程支配。冯特的心身平行论在理论上似乎有一定的合理性,也有助于避免心理学研究的"生理学化",但在实验研究中却难以行得通。如果认定心理过程与生理过程就是平行、独立的两个系统,那么,在心理实验中对身体的刺激又如何能引起心理的反应变化?如果刺激引起的生理变化不能导致心理的变化,研究心理过程又何以采用实验的方法?因此,心身平行论难以或不能落实到心理学的实验研究中,这是冯特心理学体系中无法克服的理论与实验上的矛盾。

(3)心理学的研究方法。相比间接经验的研究,对直接的意识经验的研究有许多困难。间接经验可用科学的方法和工具对其发生的环境条件进行系统的操纵和控制,结果也可以得到评估,而对直接经验(意识过程)应采用什么样的客观观察技术来研究呢?冯特提出采用实验的自我观察方法或实验的内省法,即把被试置于标准的、可以重复的情境之中,在实验控制条件下观察自我的心理过程。他把生理学和心理物理学的实验方法引入心理学,将传统的经验内省法改造为现代的实验内省法,扩展了心理学的研究方法,增强了心理学研究的客观科学性,确立了科学心理学的地位,这也是实验心理学区别于哲学心理学的一个重要标志。但冯特也指出,实验内省法仅限于研究个人意识中的简单现象,如感知觉、联想和反应时等,不能用于研究高级复杂的心理过程,如学习、记忆、思维、语言等。由于高级心理过程主观性强,难以验证结果,故对其不能进行实验。那么,实验的心理学就不能成为一门完整的心理学。冯特在生命最后 20 年中完成的《民族心理学》,从语言、艺术、神话、宗教和社会风尚等方面研究人类高级的心理过程。认为高级心理过程与个人生活史、文化史以及社会环境密切相关,不能在实验室进行控制研究,只能通过观察、跨文化比较、历史分析及案例分析等来进行研究。民族心理学的研究给研究复杂心理过程提供了极其重要的辅助手段。通过研究社会文化历史产物,通过语言分析来理解人类思维等。因此,冯特确定心理学的研究方法主要有两类,即实验内省法和民族心理学的方法(心理产物分析法)。

(4)心理学的任务。冯特在《心理学导论》(1911)中提出"心理学的全部任务可以概括为两个问题:①意识的元素是什么?②这些元素所产生的结合以及支配这些结合的规律是什么?"心理学研究的对象是直接经验,即意识,而各种意识状态都是以复合的形式出现的。因此,心理学的任务是对意识构成的元素进行分析,并对心理复合的规律进行探讨。

(5)心理元素的分析。元素是冯特心理学中的一个重要概念,是指构成意识的最基本的、纯粹的意识状态,是不能再分的心理结构的单位,即心理元素。一切心理现象都是由心理元素构成的,心理复合体是心理元素的结合。冯特分析发现,感觉和情感是最基本的两个心理元素。感觉显示直接经验的客观内容,由作用于感官的刺激引起,不同感觉的复合构成知觉和观念。人对外在客体的感觉,总是以知觉的形式而不是以纯感觉的形式出现在意识之中,感知觉总是与客观外界相联系。他还发现一种方向错觉,即两条平行线被许多菱形分割后,看起来两条平行线显得向内弯曲的错觉,也称为冯特错觉。

另一个基本心理元素是情感,它显示直接经验的主观内容,是感觉的主观补充。譬如,当我们看、听、尝、触时所产生的主观感受,并非像感觉那样与外部世界直接发生联系,而是伴随感觉产生的,这也是情感与感觉的不同所在。冯特认为,感觉和情感都具有强度和性质两方面特性。在他看来,感觉和情感二者相互联系,简单情感伴随感觉而产生。譬如,人们吃甜点不仅感觉到甜,还会体验到愉快感。但仅用愉快和不愉快还不能有效描述情感,冯特用节拍器的节奏响声进行实验,通过内省分析情感的性质,提出著名的"情感三度说",即情感有愉快—不愉快、兴奋—沉静、紧张—松弛三对不同的性质。他认为情感就是由这三个维度来界定的,每一种特定的情感都是这三个维度以不同方式组合而成的,但三个维度又是彼此独立不同的,每个维度代表一对情感因素沿相反两极的不同程度变化。情感既可以在单一维度上发生变化,也可能在三个维度之间发生变化。譬如,搔痒最初可能是令人愉快的,但随着搔痒程度的增加,会逐渐令人感到紧张和激动,强度继续增加以至于到最后令人痛苦而承受不了。不同的情感元素结合而构成情绪,每种情绪中总有一种或几种情感元素在其中占据支配地位。譬如,在欢乐的情绪中,愉快的情感居于支配地位;而在愤怒的情绪中,不愉快和紧张的情感占据支配地位。冯特从心身平行论的观点出发,把情感既看作是心理上的主观体验,又看作是伴随有某种身体的反应,基于这种思想,他想通过实验从生理方面(脉搏、呼吸等)找到相应的曲线、指标,尽管没有成功,但对情绪生理基础的研究有推动作用。他还论述了情绪与意志的关系,认为意志是情绪作用的结果,是最复杂的情感过程。

(6)心理复合体的结构。冯特认为,任何复杂的心理现象都是心理元素结合而成的。他把由简单心理元素结合而成的产物称为心理复合体。由感觉组成的心理复合体称为观念,观念可分为两种,即忆象(或记忆表象,非直接起因于外在印象的观念)和知觉(由外在感官印象形成的观念)。冯特指出,心理复合体除了观念之外还有感动,它是由几种情感所组成的复合体。情感组成情绪,情绪导致意志,因而把情绪和意志也看作是由情感组成的复合体。冯特特别重视意志在生活中的作用,主张"意志情感说"。他认为简单意志是起源于原始情感的一种无意识的冲力,它引发冲动行为,而复杂意志引起有意行为和选择行为。情感是意志的动因和发端,是意志的决定因素。如果缺乏情感,就不可能产生意志。可见,意志与情感之间具有密切关系。

(7)心理元素结合的形式。冯特认为,由心理元素结合而成的心理复合体,其特性并不是各种心理元素固有属性的简单相加,而是表现出自身的新特性。那么它们是如何结合形成复杂的意识状态呢? 冯特指出,它们是通过联想和统觉形成的。他继承英国联想主义心理学思想,用联想来说明心理元素的结合。认为联想有4种基本形式,即融合、同化、复合(合并)、相继联想。融合是把若干心理元素结合成一个紧密的复合体,在复合体中很难再辨认出个别的心理元素。如空间知觉就是由网膜印象和眼球运动的位置及运动觉结合而产生的。同化是由当前的感觉联想到先前熟悉的印象,并将它们组合起来。当人们遇到不熟悉的事物进入意识时,总是通过联想找出与之相似的事物,然后结合起来形成一种新的意识状态。这是联想的同化机制在起作用。复合(合并)是指不同类的感觉或情感组成一个复合体。如听到枪声时,就会想到枪的形象,同时也产生恐惧。相继联想即记忆的联想,是把过去的感觉、情感回忆起来,并与现在的心理元素相结合。如再认、回忆等。

冯特认为,联想是一种被动消极的过程,是一种低水平的心理组合方式。譬如,通过联想,儿童可以流畅地背诵诗歌,但对诗歌内容并不理解。只有通过一种更为积极、主动的心理过程,使进入意识的内容得到清晰的注意,才有可能理解这一内容和意义。这种心理过程就是冯特所说的统觉。统觉是德国理性心理学中的一个重要概念,它不仅承担把心理元素积极地综合为整体的任务,还被用来解释更为高级的心理分析活动和判断活动。冯特认为,统觉是把印象提升到注意焦点或意识中心的过程,具有创造性综合的功能。只有进入注意焦点的心理内容才能获得最大程度的清晰性和显明性,才能形成复杂的意识状态,即与原来成分不同的具有新的性质的复合体。

(8)心理复合体形成的规律。冯特通过对心理元素结合形式的分析研究,认为心理复合体的形成遵循3条基本规律或原则。一是创造性综合原则,即心理复合体的组成并非原有元素的简单相加,而是它们组合产生了新的性质。冯特特别强调统觉在这一创造性综合过程中的作用,从而超越了以往心理化学主义者的观点。二是心理关系原则,即每种基本的意识状态总是在与其他意识状态所处的关系中获得自身的意义,重视意识整体的内在关系而不是元素本身。三是心理对比原则,是指两种相反或相对抗的意识状态在一定范围内可以相互加强的趋势。也可以说它是心理关系原则的特例。比如,对立情感就有相互加强的趋势,如果在不愉快之后出现了愉快,愉快的感受就显得更加明显,再如感觉对比等。

从以上论述来看,冯特虽然强调心理元素的分析,但并没有忽视意识的整体性,而且还特别强调统觉在创造性综合中的作用等,因而以往把冯特简单地看成一个元素主义者的观点有失公允。

三、冯特的主要贡献与历史局限

（一）主要贡献

冯特使心理学成为"科学的一个新领域"，这是冯特的最大贡献。他总结了哲学心理学、生理学、心理物理学等的研究成果，将哲学心理学的体系和自然科学的研究方法与心理学研究结合起来，把实验法引入心理学领域，建立了世界上第一个心理学实验室，创办了第一份心理学研究刊物，使心理学改变了附庸于哲学的状况，成为有自己独特的研究对象、方法和内容的一门实验科学，开辟了科学的一个新领域，开创了现代心理学的新纪元。

冯特既是科学心理学的建立者，也是科学心理学发展的促进者、传播者。在冯特创立心理学实验室和实验心理学的同时或稍早，詹姆斯、费希纳、赫尔姆霍兹等也建立过实验室，也为科学心理学的奠基做出了贡献，但他们的设备简陋，实验局限，缺乏系统，研究较单一等。之所以大家公认是冯特创立了科学心理学，主要原因有：①他具有明确促使心理学成为独立科学的理念。从冯特1862年首次开设"自然科学的心理学"讲座，到1867年改为"生理心理学"讲座，冯特就试图把传统的哲学心理学改造成为独立的实验科学，并为此而不断努力。②冯特为创立新的心理学，自觉地对本学科前人的成果进行整合并加以继承和发展，使科学心理学的建立具有一定的学科积淀和研究基础。③冯特实验研究的内容、规模前所未有，具有划时代意义。冯特建立的心理学实验室，在当时来看规模大、发展快，由最初的5个室，很快发展到11个、14个室，完成了100多项实验研究任务。到20世纪初，发展成为世界实验心理学研究的中心。实验研究内容范围较广，主要涉及感知觉研究、反应速度研究、注意分配和广度研究、情感研究、字词联想的分析研究等。④冯特在莱比锡大学培养了一大批来自世界各地的优秀学生，其中有许多后来成为各国心理学发展的先驱人物。如铁钦纳、屈尔佩、安吉尔、霍尔、卡特尔、别赫捷列夫等都是著名的心理学家，这些学生将实验心理学带回自己的国家，极大地推进了科学心理学在世界范围的广泛传播和发展。

冯特对心理学基本问题提出一系列独特见解，影响深远。他创立了实验的个体心理学和民族心理学的体系结构，力图把心理学建成能够综合社会科学和自然科学的一门基本科学，在重视个体心理学研究的同时还强调社会心理学的研究。他主张以实验法作为心理学研究的基本工具,把传统的内省法改造为实验内省法,使思辨、经验的心理学成为实验的心理学。他提出以分析心理元素和探索这些元素结合的方式和规律作为心理学研究的主要课题,从而首创了内容心理学。

(二)历史局限

冯特主张的实验内省法是将内省与实验相结合,尽量使实验的内省法客观化,但内省法是主要研究方法,实验法只用于研究简单心理现象,是内省法的辅助手段,这与他把直接经验看作是心理学研究的对象有关。因此,冯特实际上并没有彻底摆脱传统内省的影响,具有内省主义的倾向。正是基于这一点,他认为实验心理学只能研究感觉、知觉等低级心理过程,而高级心理过程只能用民族心理学方法进行研究。

虽然冯特心理学中也有重视心理整合的内容,如肯定创造性综合的统觉功能,但还是被认为有元素主义倾向。这主要是因为冯特强调把意识经验分解为简单元素,主张研究心理元素及其化合问题。冯特心理学是一些单个元素的板块式组合,缺乏有机统合。

第三节　德国其他心理学家对实验心理学的贡献

在科学心理学发展史上,冯特被公认为是科学心理学的建立者、组织者和系统化者,莱比锡大学是当时世界心理学的研究中心。与此同时,德国也涌现出其他一些优秀的心理学家,其中与冯特观点相近的有艾宾浩斯、格奥尔克·缪勒,他们所主张的心理学即后来所说的内容心理学。与之对立的是布伦塔诺和斯顿夫等,反对冯特研究意识的内容,主张研究意识的活动或机能,其理论体系是意动心理学或机能心理学。屈尔佩是冯特的学生,后来转向布伦塔诺的意动心理学,并把两者调和为二重心理学。上述这些学者都为实验心理学做出了一定贡献。下面主要介绍艾宾浩斯、布伦塔诺和屈尔佩等几位有代表性的思想。

一、艾宾浩斯对记忆的研究

艾宾浩斯(H. Ebbinghaus,1850—1909)是最早采用实验方法研究人类高级心理过程的德国实验心理学家,开辟了实验心理学研究的新领域,对记忆研究做出了重要贡献。

艾宾浩斯出生于德国波恩附近的巴门,17 岁开始在波恩大学学习历史学和语言学。1873 年获波恩大学哲学博士学位。1875—1878 年在英国和法国边求学边教书,在此期间,他在一家旧书店购得费希纳的《心理物理学纲要》,读后深受启发,开始用实验方法研究记忆。1880 年在柏林大学任讲师,1886 年被提为副教授,担任过德国实验心理学协会的领导人。1894 年到布雷斯劳大学任教授,1905 年任哈雷大学教授。1909 年,应邀参加美国克拉克大学成立 20 周年校庆,突患肺炎去世,享年 59 岁。主要著作有:《记忆》(1885),这是艾宾浩斯发表的实验心理学的经典著作,他是第一位对记忆进行实验研究的人。1908 年出版《心理学纲要》,在该书中写下了一句卷首语,即:"心理学虽有长期的过去,但却只有短暂的历史。"这句名言经常被后人用来说明心理学发展历史的特殊性。艾宾浩斯的心理学观点接近冯特的内容心理学,但又超越冯特心理学体系的限制,创造性地将实验法运用到研究高级心理过程中,为实验心理学做出了重大贡献。

(一)对记忆的创造性研究

(1)创造了节省法这一研究记忆的新方法。记忆是一种高级心理过程,受多种因素影响。冯特认为无法用实验法研究记忆等高级心理过程,艾宾浩斯在读了费希纳的《心理物理学纲要》后,考虑到费希纳用实验法只是研究感知觉这些简单的心理现象,于是他力图将实验法应用到研究高级的心理过程,并决心在记忆领域进行尝试。在测量记忆效果时,艾宾浩斯采用两种方法:一种是完全记忆法(无误记忆法),即根据对一份材料达到完全记忆所需的重复学习次数来计算记忆成绩。另一种是他创造的节省法(重学法),为了更好地从数量上测量每次记忆的效果,要求被试记录下从开始识记材料至达到第一次完全准确无误地背诵材料所用的重复诵读的次数和时间,隔一段时间后(通常为 24 小时)再学再背,再记录下达到完全背诵所用的次数和时间,然后对比前后两次记忆所用的时间和次数,计算出前后两次记忆所节省的时间和次数,依此代表记忆成绩,从而推知保持的数量。对同一材料的识记,再学时节省下的诵读时间或次数越多,记忆就越巩固。这种方法为记忆实验创造了一个数量化的统计标准。

(2)创造了用无意义音节作为研究记忆的实验材料。艾宾浩斯注意到记忆过程中的识记材料具有相当大的复杂性,有长有短,有生有熟,有难有易,必须加以严格控制。认为有意义的文字易于联想,且联想程度参差不齐。为了加强研究的客观性,排除旧经验对识记的影响,使识记材料处于同等难易的程度,他创造了用无意义音节作为研究记忆的实验材料,并以自己作为被试,力求做到实验时的生活情境相同,使主观条件保持一致。无意义音节是由两个辅音中间加上一个元音构成,是一个没有任何语义的音节。他用德文字母编成 2 300 个无意义音节,如 RAF、NUZ、ZUP 等,然后用几个音节合成一个组,组合成一份实验材料。规定每一个字母呈现的标准速率为 2/5 秒,尽量不改变实验情境。无意义材料既没有意义联想,也排除了知识经验的干扰,只能靠反复诵读来记忆,从而最大限度地保证了实验的客观性。

(3)研究得出的结论。艾宾浩斯经过多年细致和专注的实验研究,得到以下研究结论:①学习后经过的时间越长,保持就越少,遗忘就越多,但遗忘的速度不是均衡的。保持和遗忘与时间的关系是艾宾浩斯研究的中心问题之一。研究发现,识记后最初一段时间遗忘较快,以后逐渐减慢,稳定在一个水平上。根据著名的"艾宾浩斯遗忘曲线",遗忘在学习完后就立即开始,遗忘速度呈现先快后慢的趋势。以后的许多研究都证实了艾宾浩斯揭示的遗忘规律。②诵读次数越多,保持时间就越长久。联想主义者根据日常生活经验曾提出过"频因律",艾宾浩斯对此则以实验加以证明。③分配学习的效果优于集中学习。把一定数量的材料分配到几天之内学习,要比集中到一天内学习的效率高。④音节组长度增加,背诵次数急剧上升。⑤音节组内各项的顺序与保持有密切关系。邻近音节可以形成联系,远隔音节也可形成联系,按顺序能形成联系,反向也能形成联系,但彼此相邻音节的联系效果优于远隔和反向音节的效果。⑥无意义材料的识记与有意义材料识记之间的效果比例是 1:10,意义识记的效果远大于无意义识记。他还认为睡眠有利于记忆的保持等。艾宾浩斯的上述结论大多已被实验证实,并被当前的研究者所扩充。

(二)创设"填充测验"法

填充测验法是指将测验题中的某些地方用括号代替,要求被试填出遗漏的字、词、短语或符号图案,以考察其语义能力、观察力、注意力、记忆力、理解力以及有关知识的方法。它是测验儿童能力的最初尝试,以后被广泛应用于智力测验和学力测验。

另外,艾宾浩斯的研究还涉及社会心理学的内容,如行为、道德、宗教、艺术、理想等。对明度对比、联想错觉、色觉理论等也有论述。

综上所述,艾宾浩斯对心理学的贡献主要体现在:第一次用实验法对记忆进行研究,为实验心理学研究高级心理过程开辟了新领域,打破了冯特实验法只能用于简单低级心理过程的局限;第一次对记忆进行数量化分析,揭示了人类记忆中保持和遗忘与时间关系的一般规律,激起各国心理学家对记忆研究的兴趣,促进了记忆心理学的发展。其局限在于对记忆过程的发展只做数量分析,对记忆内容性质上的变化没有分析,实验材料是人为的无意义音节,与实际生活相距甚远。但他专注于研究的科学态度、精神和毅力值得后来者学习。

二、布伦塔诺的意动心理学

布伦塔诺(F. Brentano,1838—1917),是德国著名心理学家,最早的机能心理学家,意动心理学创始人,意向论哲学的代表。先后在柏林、慕尼黑和杜平根大学学习哲学,1864 年在杜平根大学获哲学博士学位。1874 年到维也纳大学担任哲学教授,在此一直工作了 20 年,形成了一个颇有影响的心理学派,主张研究意识的活动,故称意动心理学或奥国学派,与冯特的内容心理学相抗衡。在此期间,弗洛伊德曾听了布伦塔诺的课。1874 年出版了他影响最大的著作《从经验的观点看心理学》,主张心理学应研究心理活动而不是意识经验的内容,并称这种心理活动为意动,心理学的主要方法是观察而不是实验。该书可以说是现象学心理学的奠基之作,与冯特在同年出版的《生理心理学原理》中的观点有所不同,冯特主张的是实证心理学。布伦塔诺还著有《感觉心理学》(1907)和《论心理现象的分类》(1911)等。他的很多学生在心理学史上都是著名人物,如音乐心理学的奠基人斯顿夫、现象学创始者胡塞尔、形质学派开创者厄棱费尔、精神分析创立者弗洛伊德等。布伦塔诺是一位心理学理论家,他的心理学思想主要反映在对心理学的研究对象、心理的分类、研究方法等方面提出的独特见解。

布伦塔诺认为,心理学的研究对象不是感觉、判断等的内容,而是研究感觉、判断等的活动。他称这种活动为心理活动或意动,即没有外化的意识动作。这与冯特主张心理学研究意识内容是相对立的,因此把布伦塔诺的心理学称为意动心理学。意动与内容不同。譬如,我看见颜色,颜色是心理的内容,看见则为意动;我听一首歌,歌的印象是内容,听则为意动。所见、所闻、所思之物是内容,见、闻、思维等就是意动。内容属物理现象,是物理学研究的对象,只有意动才是心理现象,是心理学研究的对象。心理现象与物理现象的区别在于,心理现象以"内在对象性"为特征,而物理现象没有这一特征。也就是说,意动不是离开客体和内容而独立存在的,它总是指向或包含一定的对象或客体在内。看必有所见,听必有所闻,思维必有所思之对象。看若无所见,看的活动也就没有任何意义。内容心理学的根本错误就在于将物理学的研究对象当成了心理学的研究对象。布伦塔诺把意动作为心理学的研究对象具有重要意义,突出了人的心理的意向性、活动性和整体性。

在对心理的分类上,布伦塔诺主张把心理活动(意动)分为三类,即表象的意动、判断的意动和爱憎的意动。表象的意动包括感觉和想象活动等。比如,我看见、我听见、我想象等。判断的意动包括承认、拒绝、知觉和回忆等。爱憎的意动包括情感、意志、决心、希望、欲望等。其中,表象的意动是最基本的,其他两类在此基础上形成,情意活动如情感、意志和欲望等则是整个心理活动的动力。可见,布伦塔诺是把心理活动分为认知和情意两大类。

在心理学的研究方法上,由于布伦塔诺和冯特对心理学研究对象的看法不同,采用的研究方法也就不同。冯特主张研究的对象是内容,而内容可以采用实验内省法来分析,布伦塔诺则主张研究的对象是意动,意动不是静止的心理状态,而是可经验的活动过程,难以用实验法来分析研究。因此,布伦塔诺提出意动的研究方法主要有两种:一是内部知觉或反省,即对刚刚发生的在记忆中仍呈鲜活状态的心理活动及其变化的观察和体验。后来人们把这种方法称为现象学方法。它与实验内省法的根本区别在于,实验内省是在严格控制条件下的对意识经验的内部观察(内省)。二是观察法。即观察他人的言语报告、动作及其他表现,还可对儿童、动物、变态人及不同的文化进行研究。布伦塔诺不反对使用实验法,但他认为科学心理学不应该局限于一些细节的实验上,而应该着眼于对心理现象做大体的解释,这样才不致使心理学迷失于实验方法之中。

布伦塔诺的主要影响是确立了心理学的基本观点。他提出意动的思想对心理学发展产生了很大影响,开创了不同于冯特的心理学研究取向,强调心理学人文价值和意义,重视心理学的人文研究取向。当然,布伦塔诺的意动也存在明显局限,他对意动进行分类和强调表象是判断和爱憎的基础,但并没有说明它们相互间的关系,也没有揭示它们形成的规律。

三、屈尔佩的二重心理学

屈尔佩(O. Külpue,1862—1915)是德国心理学家、哲学家,深受冯特的影响。他是冯特的学生和助手,但他对冯特的内容心理学有所突破,冯特认为任何复杂的心理过程都是由感觉、情感元素组成的,实验只能用于简单的心理过程。屈尔佩认为任何复杂的心理过程都可以用实验内省法来研究。加之艾宾浩斯的记忆实验取得了一系列的成果,更坚定了他对思维这一高级心理过程进行实验研究的信心和决心。在屈尔佩的领导下,符茨堡大学心理学研究室建立了对无意象思维进行实验研究的心理学派——符兹堡学派,也称为屈尔佩学派。

无意象思维是指人在进行判断的时候,并不存在出现判断所依据的意象,只有一种模糊的、无法描述的"意识的态度"、"心向"(定势)和"决定倾向",即思维的产生并不需要意象或感觉内容的帮助。譬如,关于重量比较判断的实验,研究者让被试先后举起两个重物,判断孰轻孰重,并要求被试报告比较重量时的意识过程。结果,被试虽然通常能够做出正确的判断,但却不能根据内省发现产生判断的心理条件或依据的意象。也就是说,根本不存在有意象的比较,只是在判断过程中有一种模糊的无法描述的意识状态。这一发现打破了传统上认为人在作比较判断时是用第二个物体的印象与第一个物体的表象做比较的思维研究架构。符兹堡学派关于判断、联想和思考的实验研究表明,在思维过程中没有发现含有构造心理学所发现的感觉、意象元素的证据,人为感觉、意象并非思维的必要条件,于是提出了无意象思维。无意象思维过程的发现,也使得屈尔佩的心理学思想有所改变,力图将冯特的内容心理学和布伦塔诺的意动心理学调和起来建立"二重心理学"。他把布伦塔诺的意动改称为机能,认为内容和机能都是心理事实,都应该成为心理学的研究对象,因而提出"二重心理学"的主张,即心理学研究的对象有内容和机能两个。

屈尔佩认为,内容和机能同属心理现象,但又有明显的区别。主要表现在以下 5 个方面:①内容和机能在经验中可以分离。梦和纯感觉,只有内容而无机能。无意注意、无具体对象的期望,则只有机能而无内容。②内容和机能可以各自独立变化。当人从知觉一个客体转向知觉另一个客体时,是内容变而机能不变,而在对同一对象先感知后判断的情况下,则是机能变而内容不变。③内容和机能在性质上各不相同。内容稳定易于实验分析,机能变动不居只能用经验反省去研究,不易做实验分析。④内容和机能都有强度和性质两种属性,但彼此各不相关。强烈的声音和强烈的欲望既不相关也不能比较。⑤内容和机能各有自己的规律。内容的规律为联合、混合和对比,而机能的规律则为意识态度、定势、决定倾向等。由于屈尔佩二重心理学的目的在于把冯特的内容心理学和布伦塔诺的意动心理学调和起来,而没有把机能和内容看成是对立统一的关系,故有二重之说。

综上所述,冯特的内容心理学与布伦塔诺的意动心理学的争论,可以说是科学心理学建立后产生分歧的第一次交锋。由于方法论的局限,各执一理。所以,在新的历史条件下必将随着科学的发展和认识的深化而以新的形式继续争论下去,19 世纪末 20 世纪初美国机能心理学与构造心理学的对立就是这种争论的继续。

第五章 构造心理学与机能心理学

　　构造心理学或称构造主义,是心理学成为一门独立的实验科学后的第一个心理学派,是 19 世纪末由冯特在德国奠基、铁钦纳在美国发展起来的一种严密的心理学体系,也是铁钦纳在与机能主义者的论战中发展起来的。尽管铁钦纳继承了冯特内容心理学的基本观点和研究方法,但在研究对象、内容和任务等方面并没有包含冯特心理学的全部思想,二者存在许多差异。铁钦纳的构造心理学更加重视意识的构成元素和构成规律,更加强调心理学的最终任务是把人类经验的元素完整地描述出来。机能心理学是与构造心理学相对立的研究取向,两者有着密切的关系,故本章将它们集中在一起加以论述。

第一节　构造心理学

　　铁钦纳(E. B. Titchener,1867—1927)出生于英国南部的奇切斯特,1885年就读于牛津大学学习哲学和生理学,受到英国经验主义和联想主义的影响,并对冯特的新心理学很感兴趣。在牛津大学期间,他将冯特《生理心理学原理》第三版译成英文。1890 年去德国莱比锡大学追随冯特学习生理学和心理学,莱比锡的学术生涯影响了铁钦纳的一生。在莱比锡,他与冯特的美国学生安吉尔建立了友谊,安吉尔在结束了德国学习之后,受聘于美国康奈尔大学,并在那里建立了心理学实验室。铁钦纳于 1892 年获得哲学博士学位后不久,也受聘到康奈尔大学,接替了安吉尔的职位,主持心理实验室工作。以后 35 年,铁钦纳的教学和研究生涯都是在康奈尔大学度过。但他始终保持明显的德国冯特式的传统,他的心理学体系、研究方向、教学方式乃至举止风度都酷似冯特。他是一位性格刚毅、爱好争辩的学者,治学严谨,文章明快,其教学深受学生喜爱。他是在美国代表德国心理学传统的英国心理学家,这使他与美国的机能主义心理学者格格不入,并与之处于长期的对立和争论之中。1927 年 8 月 3 日铁钦纳逝于脑瘤,构造心理学的力量日趋衰弱,构造主义与机能主义的争论也随之烟消云散。

铁钦纳在主持康奈尔大学心理学实验室期间,全身心投入实验室扩建和大量的教学与研究工作之中,致力于发展一门纯粹的实验心理学。铁钦纳是美国心理学会(APA)发起人之一,曾担任《美国心理学杂志》主编达 30 年之久,1904 年还成立了自己的组织——“实验者”,以后改为美国当今的实验心理学会,并成为美国心理学会的一个专业分会,该学会在 20 世纪 50—60 年代成为现代认知心理学运动的中心。铁钦纳一生著述丰富,共发表 216 篇论文和评论,指导康奈尔实验室的研究报告 176 种,翻译了 7 本冯特和屈尔佩等人的著作,出版心理学著作 27 种。主要著作有《心理学纲要》(1896)、《心理学入门》(1898)、《实验心理学》(4 卷,1901—1905)、《心理学教科书》(1909—1910)、《初学者心理学》(1915)等,其中最有影响的是《实验心理学》,被屈尔佩誉为“最渊博的英文心理学著作”。

铁钦纳是构造心理学派的实际建立者,并一直领导着美国构造心理学。他的构造心理学从研究对象、性质、方法和任务等方面构建了一个完整的心理学体系。

一、心理学的对象

铁钦纳认为,心理学的研究对象是经验。他与冯特都把经验看作是一切科学的研究对象,但铁钦纳不同意冯特把经验分为直接经验和间接经验,以及主张心理学研究直接经验而物理学研究间接经验的观点。他接受了经验批判主义者阿芬那留斯(R. Avenarius,1844—1896)把经验分为“从属经验”和“独立经验”的观点,认为心理学和物理学都直接地研究经验,只不过是从不同的观点来考察人类的经验。心理学研究依赖于经验者的经验,而物理学研究不依赖于经验者的经验。譬如,对光和声的研究,物理学家是从物理过程来探究这些现象,如热是分子的跳跃、光是以太的波动、声音是空气的振动等,而心理学家则根据这些声、光现象怎样为人类观察者所经验来考察它们,只有当这些经验被认为是依赖于某个人时,才有冷热、黑白、色彩、乐音和嘶嘶声等,这才是心理学所要研究的对象。“物理学的世界是既不温也不冷,既不暗也不亮,既不雅静也不喧闹。只有当这些经验被看作是从属于一定的人时,我们才会有温和冷,黑和白,彩色和无色,乐音和嘶嘶声以及砰砰声。而这些东西都是心理学的研究对象。"(Titchener, 1921)在铁钦纳看来,物理学的观点是把经验"看作独立于经验的个体之外的",而心理学是把经验"看作从属于经验的个体的"。虽然在表述上与冯特有差异,但二人观点的本质是一致的。

铁钦纳还区分了经验、心理、心理过程和意识之间的关系,并将心理学的研究对象最终锁定在意识。在他看来,人类经验始终是进行着的过程,其中受神经系统制约的那种过程是难以把握和研究的,但可以研究心理过程中意识到的片断,即"意识"。因此,心理指的是一个人一生中发生的心理过程的总和,意识则是发生于现在或任何特定时刻的心理过程的总和,意识是心理的一个部分、一个片断。由此可见,经验、心理、心理过程和意识都是心理学研究对象的不同表现形式。铁钦纳说:"虽然心理学的对象是心理,但心理学研究的直接对象却往往是意识。"

铁钦纳关于心理学对象的观点强调人的心理的个体性和主观性,应予以肯定。因为人的心理既不是纯客观的,也不是客体向主体机械灌注的,而是由一定的个体来承担和体现的,它受到个体的知识经验、价值取向、人格特征和身体素质的影响和制约。然而人的心理也不是纯主观或主体自生的,而是客观世界在人脑中的主观映像,铁钦纳抹杀了心理世界和客观世界的差别,把客观世界融合在人的经验之中,其实质是主观唯心主义的。

二、心理学的性质

铁钦纳认为,科学有纯科学和应用科学两种。心理学不属于应用科学,而是一门纯科学。铁钦纳的目标是建立一门真正的科学心理学,而科学心理学的核心是实验室研究。因此,他所主张的心理学就是科学心理学或实验心理学。科学心理学是一门基础科学,属于自然科学的范畴,以实验室研究作为主要的资料来源。为了确保科学心理学的纯粹性,他从两个层面加以论证。

一是在研究对象上,铁钦纳主张心理学只研究心理过程或意识内容本身,不应该研究其意义或功用。他强调研究心理时要从心理学视角出发,让被试或主试观察心理活动本身,而不要观察刺激物及其意义。如果混淆了心理活动本身与刺激物的关系,就会发生刺激错误,误认刺激是感觉。譬如,做两点阈限的实验,只注意感觉自身是一点或两点即可,不要由感觉去推测是什么东西的尖端在碰着皮肤。这种主张对避免混淆主体与客体、心与物、感觉与刺激的差别,准确把握心理学对象的特点有启发意义,也为心理学成为一门纯科学提供了理论根据。

二是在反对机能心理学方面,铁钦纳认为机能心理学只是心理学的应用,是心理技术,而不是心理学本身。他强调实验心理学主要研究正常人的心理领域,既不管治疗精神病,也不管改造个人和社会,心理学的应用应该在心理学之外的其他领域发展,如教育心理学属于教育,医学心理学属于医学,法律心理学属于法律,商业心理学属于商业等。由此看来,铁钦纳并不是完全反对心理学的应用,而是反对把心理学的应用或技术与科学或实验心理学混淆在一起,这种混淆会威胁到心理学作为一门纯科学的发展。当然,铁钦纳把心理构造和心理机能割裂开的观点是有失偏颇的。由于受这种形而上学观点的束缚,构造心理学的体系越是严密,其研究范围就越窄,研究方法和研究结果也就越脱离生活实际。

三、心理学的任务

铁钦纳认为,心理学的任务就是分析和说明心理过程构成的元素以及它们相互结合的方式和规律。与其他自然科学一样,心理学必须研究和解决三个基本问题:什么、怎么样和为什么。

一是什么,即把意识经验分析为最简单的元素。当观察一个特殊的意识现象时,应一而再地分析它,一个阶段、一个过程地分析,直到不能再进一步分析为止。在心理元素的数量上,冯特主张有感觉和情感两种元素,铁钦纳研究发现有感觉、意象和情感三种最基本元素。感觉是知觉的元素,包括对声音、光线、味道等的经验,共有 40 000 余种可辨别的感觉,其中绝大多数是涉及视觉的约 30 000 余种,其次是涉及听觉的约 12 000 余种,再就是涉及其他感觉的约 20 余种。意象是观念的元素,是一种近似于感觉的基本心理过程,"这种心理过程留存于感觉刺激消失之后,或者是出现于感觉刺激未出现之际"(Titchener, 1923)。情感是情绪的元素,表现在爱、恨、忧愁等经验之中。冯特提出情感三度说,即情感有愉快—不愉快、紧张—松弛、兴奋—沉静三个向度,而铁钦纳认为情感只具有愉快和不愉快两种类别,其他均属于它们的复合体,甚至认为愉快与不愉快这对情感也可以归之为感觉。此外,在心理元素的基本属性上,铁钦纳认为除了冯特主张的具有性质和强度两种外,还有持久性、清晰性和广延性。

二是怎样,即寻求上述基本元素怎样结合成更复杂的心理过程的规律。铁钦纳反对冯特的统觉和创造性综合的观点,铁钦纳不讲统觉,用注意代替统觉这个概念,认为注意是一种心理状态,"注意的状态可以描述为心理的某种类型和配置,显现出明亮焦点和朦胧边际的类型时,在我们面前就出现了注意"(Titchener,1923)。然后再把注意还原为感觉,认为感觉的一个最显著的特征是它们的清晰性。被注意到的感觉不过是指最清晰的感觉而已。注意就是清晰的感觉,是感觉中的某个时间段。因此,在经验中发现的只是感觉的元素。铁钦纳赞成传统的联想主义,仅用联想来说明心理元素的结合,并将接近律作为联想的基本规律。通过接近联想,我们首先把两个同类元素结合在一起,然后把两个以上的同类元素结合在一起,其次再把不同类的基本心理过程结合在一起。如果几种纯音的感觉在一起发生,它们便混合起来。如果几种色觉并列着发生,它们就相互加强。所有这一切是以完全有规律的方式发生,因而我们可以写出纯音混合的规律和颜色对比的规律。

三是为什么,即用一个心理过程相应的神经过程来解释这个心理过程。铁钦纳指出,为了建立科学的心理学,我们不仅需要描述心理,还必须解释心理,回答"为什么"这个问题。描述心理学会告诉我们关于心理的很多东西,包含大量的观察事实,并类分这些事实,获得很多一般规律,但其中没有一致性和连贯性,缺乏像生物学的进化律和物理学的能量守恒律那样的单一指导原则。铁钦纳认为,既不能把一种心理过程看成是另一种心理过程的原因,也不能把神经过程看成是心理过程的原因。他从心身平行论的观点出发,主张通过与心理过程平行的神经过程来解释心理过程,找出与心理过程相对应的生理过程。他以为用生理解释心理正如用一个国家的地图解释我们旅行中片断瞥见的山冈、河流和城镇。所以,参照神经系统就可以把描述心理学所不能做到的那种一致性和连贯性引入到心理学之中。尽管神经系统不引起心理活动,但可以用来解释心理活动的一些特征。

四、心理学的方法

在心理学的研究方法上,铁钦纳继承冯特的基本思想,坚持采用实验内省法。他认为,一切科学的方法都是观察,但心理学的观察与物理学的观察不同,物理学是对外的观察(外观),而心理学是对内的观察(内观)。这种向内的对经验的观察就是内省法,重视和采用内省法是由心理学的对象决定的。意识和心理虽然有所不同,意识是此时此刻发生的经验,心理则是一个人一生经验的总和,但二者均为人的内部经验。实验是一种可以被重复、分离和变化的观察。心理学要想得到清楚的经验和准确的报告,必须求助于实验,把内省和实验结合起来,采用实验内省法。这与冯特的看法基本相同,但在实验内省法的运用上铁钦纳比冯特更加严格而复杂。

第一,应用范围扩大。铁钦纳打破了冯特的局限,由只用于研究简单心理过程如感知觉、注意等推广到用于研究思维、想象等高级的心理过程。

第二,应用过程更加严格。①要求实验者必须经过专门的内省训练,主张编制一种内省的语言和词汇,做好实验前的预备实验,坚决反对使用未受过训练的观察者。②参加实验的内省者必须在情绪良好、精神饱满和身体健康时进行自我观察。③严格控制实验条件,周围环境必须安适,无干扰。④坚持心理学的态度和视角,只研究属于经验主体的经验而不涉及外界的对象。内省者必须客观、准确地描述意识状态自身,而不是去描述刺激物,避免犯把心理过程与被观察的对象(刺激)相混淆的"刺激错误",内省者所做的最糟糕的事情就是给他们内省分析的对象命名。譬如,给观察者呈现一个苹果,任务是描述这个物体的颜色和空间特征,如果说出这是一个苹果则犯了"刺激错误"。可见,铁钦纳想要被试报告的是感觉而不是知觉,只要求报告自己的意识经验而不许涉及外部现实。因此,铁钦纳的实验内省法比冯特有更高的发展和定型化。然而到了晚年,铁钦纳对实验内省法的运用变得更宽容一些。他发现允许未经过训练的内省者简单地描述他们的现象学经验,可能是一种重要的信息来源。来自非科学的"观察者"的日常经验报告的表面价值,可能导致重要的科学发现。

从以上论述来看,铁钦纳对促进科学心理学的独立与发展做出了突出贡献。一方面,虽然冯特是构造心理学的创始人,但铁钦纳继承和发展了冯特的思想,坚持心理学的实验研究方向,并集其大成实际建立了第一个心理学派——构造心理学。在冯特时代,实验心理学作为一种思潮其影响还是有限的。铁钦纳作为冯特著作的主要英语翻译者,传播和扩大了实验心理学的影响。他的《实验心理学》成为训练心理学家的通用教材。他主持的康奈尔大学心理学实验室,为美国心理学界输送了大批实验心理学优秀人才。在康奈尔大学35年工作期间,培养了54名心理学博士,其中许多人成为美国心理学史上的知名人士。另一方面,前进的运动需要某种反作用力,特别是在发展的初期阶段。铁钦纳的构造心理学启发了机能主义、行为主义和完形主义,是美国心理学沿着新方向发展的助动力。正如舒尔兹认为的构造主义的最大贡献,也可能是它充当了批评的靶子。它所提供的相当强有力的正统体系,遭到了新发展的机能主义、完形心理学和行为主义运动的大力反对,这些较新学派的存在很大程度上归功于对构造心理学做进一步的改造。构造心理学的局限主要表现在:一是体系的狭隘性,把研究对象局限于"从属经验",使研究范围愈来愈窄,坚持心理学是一门纯科学,使研究课题和结果与实际生活愈来愈远,研究方法单一使研究领域局限且难以推行。二是对意识经验分析具有明显的元素主义和内省主义倾向,只重视元素而忽视整体,把内省法强调到了极端,附加了许多限制。

第二节 欧洲机能心理学

机能心理学是科学心理学史上一个重要的理论流派和研究取向。广义的机能心理学包括欧洲机能心理学和美国总倾向的机能心理学。机能心理学的发展和兴盛主要在美国,但思想和理论基础是由欧洲的英法心理学奠定的。因此,本节重点阐述在欧洲有代表性的机能心理学思想。

一、拉马克的进化论思想

由于机能心理学重视研究意识的机能,特别是意识在适应环境中的作用,故也被称为适应心理学。适应与生物进化有密切关系,强调生物对环境有巨大适应能力是进化论思想的核心观点,因而有关进化论的思想对英法机能心理学的形成和发展有着重要的影响。

法国生物学家拉马克(J. B. Lamark,1744—1829)首先使用"生物学"一词(1802),他提出了最早成体系的进化论思想。1809 年他出版了《动物的哲学》一书,第一次系统地提出了生物进化的观点,这是人类思想史上首次明确提出物种是通过演化而来的。1815 年他又发表《无脊椎动物学》,进一步系统阐述了物种进化的思想。一般把拉马克对生物进化的看法也称为拉马克学说或拉马克主义。其主要观点有[1]:①物种是可变的,物种是由变异

---

① 中国大百科全书[M].北京:中国大百科全书出版社,2013:729 - 730.

的个体组成的群体;②在自然界的生物中存在着由简单到复杂的一系列等级,生物本身存在着一种内在的意志力量驱动着生物由低的等级向较高的等级发展变化;③生物对环境有巨大的适应能力,环境的变化会引起生物的变化,生物会由此改进以适应,环境的多样化是生物多样化的根本原因;④环境的改变会引起动物习性的改变,习性的改变会使某些器官经常使用而得到发展,另一些器官不使用而退化,在环境影响下所发生的定向变异,即后天获得的性状能够遗传。如果环境朝一定方向改变,由于器官的用进废退和获得性遗传,微小的变异逐渐积累,终于使生物发生了进化。所以,生物是在"用进废退"和"获得性遗传"两条原则的调节下进化而来的。"用进废退"使生物的器官和组织得到进一步发展,"获得性遗传"使优势的物种得以保存而弱势的物种被淘汰。尽管拉马克学说中后天获得的特征可遗传的观点受到现代遗传学的怀疑和指责,但他的进化论思想对斯宾塞、达尔文的进化论起了奠基作用,进而影响到美国的机能心理学。

二、斯宾塞进化联想主义心理学思想

斯宾塞(H. Spencer,1820—1903),英国联想主义心理学家,是把进化论思想引入心理学的第一位学者。斯宾塞的心理学既继承了英国联想心理学,又引进了进化论思想,成为进化联想主义心理学的创始人。美国心理学史家墨菲认为,斯宾塞的进化论思想对心理学的影响比他的联想主义心理学影响更大。他的进化论思想主要反映在他于1855年出版的《心理学原理》一书中。由于该书出版于达尔文《物种起源》(1859)之前,因此斯宾塞被认为是心理学中第一个进化论者。

斯宾塞用心理进化的观点解释心理现象的本质。他认为只有通过对心理演化的观察才能理解人的心理,因而,心理学的研究对象应该是"内部现象的连续与外部现象的连续之间的连续"。这里的"内部现象"是指听觉、视觉和嗅觉等生理学所研究的对象,由于当时人们把感觉看作是生理学研究的内容,从知觉开始才是纯粹心理学的研究对象。"外部现象"是指声、色、香等物理学所研究的对象。所谓"内部现象的连续与外部现象的连续之间的连续"是指人的知觉、思想和情绪等一系列内在心理的发展变化与外部环境变化的不断适应。斯宾塞强调环境对有机体进化和心理发展的作用,把心理现象解释为适应环境变化过程的不同方式。他主张心理学应该成为一

门独立的科学,既是自然科学的一部分,又是社会科学的基础,属于生物科学和社会科学中间的学科。

斯宾塞将联想主义心理学与进化论思想相结合解释心理行为的进化。联想主义心理学认为,任何两种心理状态紧靠一起接连发生时,便会产生这样一种结果,即如果第一种状态后来重新发生,第二种状态便随之发生。而且这种倾向随着这两种状态的频繁结合而得到加强。斯宾塞以这种联想观念为基础,将心理结构的进化归结为联想的数目、丰富性和复杂程度的增加。他还将联想观念与拉马克进化学说联系起来,强调拉马克提出的获得性遗传和环境对心理进化的作用。认为由于特定环境的持续作用,有机体在适应环境过程中获得新的机能,由机能而获得构造上的变化并遗传给后代。机能对构造的这种影响,在具有高度发达的神经系统的动物中尤为重要。它是动物和人类一切本能和智能动作发展进化的途径,也是一切有机体适应能力不断提高的途径。有机体心理进化与身体构造平行发展,神经系统发展越复杂,则心理机能也越复杂,反之亦然。至于为什么人类的某些行为得以保留而另一些行为被淘汰,斯宾塞认为,人们总是倾向于重复那些有助于生存或导致愉快感受的行为,而从那些有害于生存或导致痛苦感受的行为中退却。如果一个行为反应的发生尾随着一个令人愉快的事件,则这个行为反应的可能性就增加;相反,如果尾随其后的是令人痛苦的事件,则这个行为反应的可能性就会减少。

总之,斯宾塞是将进化论思想引入心理学的第一位学者,是心理学中第一个进化论者。美国詹姆斯正是吸取了斯宾塞的心理适应思想和达尔文的进化论,才成为美国机能心理学先驱的。

三、达尔文的进化心理学思想

达尔文(C. R. Darwin,1809—1882)是 19 世纪英国生物学家,进化论奠基人,机能心理学理论先驱。1831—1836 年随英国政府派遣的"猎犬号"(也译为"贝格尔号")进行环球科学考察,观察和采集了大量动植物和地质等方面的第一手资料,经过 20 多年的长期研究,于 1859 年出版科学巨著《物种起源》,第一次提出了科学的进化论观点,创建了生物进化论,成为 19 世纪自然科学三大发现之一。达尔文的进化论用自然选择的进化观合理地说明了生物的遗传变异、多样性和适应性,实现了生物学的伟大革新,引发了一场科学革命,也使得以哲学观点解释人性的传统心理学的重心开始向科学化方向发展,对科学心理学的发展产生了巨大影响。

达尔文的进化论把心理看作是生物进化赋予人的一种机能,强调心理对环境的适应作用,为机能心理学的产生奠定了基础。生存竞争、适者生存和自然选择是达尔文进化论中的三个重要思想。对生物而言,由于食物和其他生存条件的限制,只允许一部分存活下来,其他的则会由于食品的匮乏或疾病而失去生存的机会,因而,物种要生存,就必然要竞争。"生存竞争"既存在于不同物种之间,也存在于同一物种内部。在同一物种的不同个体之间,存在着如力量、形状、偏好、速度等方面的差异,导致有些个体更能适应环境变化而存活,另一些个体则因不能适应环境变化而灭亡,即"适者生存"。达尔文充分肯定了环境对物种进化的决定作用,而"进化"的实质是自然选择的过程。在他看来,现有物种是"自然选择"的结果。环境变化导致有机体的各种变化,在有机体的变化中有些能适应环境变化而有些则不能,大自然会选择那些能适应环境变化的有机体,并让它们通过遗传的方式把有利于生存的变异留传给下一代,而那些不利于适应环境的变异则因不能维持个体生存无法传给其后代而消亡。因而,"自然选择"即"优胜劣败,适者生存"是物种起源和发展的根本原因。达尔文在1871年出版的《人类的祖先》一书中以大量证据表明,人也是从较低级的生命形态通过自然选择过程缓慢进化而来的,动物与人的生理和心理过程之间具有类似性和连续性。达尔文重视有机体适应环境过程中心理的演化及心理的适应机能,使得受进化论影响的心理学家更倾向于选择从心理机能入手研究人的心理活动,进一步了解心理如何在适应环境中发展以及在适应环境中发挥了哪些作用,从而为机能心理学取代构造心理学的研究取向产生了重要影响。

达尔文进化论提出人类与动物在心理机能发展上具有连续性的观点,直接促进了比较心理学和动物心理学研究的开展。比较心理学是研究动物行为进化的基本理论和不同进化水平动物的行为特点的心理学分支,它和动物心理学都以动物行为为研究对象,因此常被视为同一概念并替换使用。达尔文指出,人类的许多心理能力都可以在动物身上找到痕迹。譬如①,人有情感,可以体验到喜怒哀乐,而动物特别是高等哺乳动物也有类似的情感

---

① 叶浩生.心理学通史[M].北京:北京师范大学出版社,2011:158.

反应,也可以像人那样感到快乐和悲伤、幸福和苦难;人具有模仿精神,儿童的许多行为源自模仿,而动物的双亲也是通过模仿训练它们的后代;人具有好奇心和探索精神,动物也表现出好奇、惊异和对环境的探求行为;人有持久的记忆能力,动物也具备同样的能力,有时甚至超过了人;人具有想象能力,可以超越现实,动物似乎没有明确的想象力,但一些研究证明,动物也有梦境,说明动物也有想象力,只不过这种能力还处于较低级的阶段;人是具有理性的,在做出一个决定之前会权衡利弊,动物有时也会有这样的表现,它们会迟疑不决,似乎谨慎思考,然后再表现出决断的行为。达尔文指出:"人类所自夸的感觉和直觉、各种感情和心理能力,如爱、记忆、好奇、推理等等,在低于人类的动物中都处于一种萌芽状态,有时甚至还处于一种发达的状态。"因此,达尔文认为,人类和动物心理能力的发展是连续的,尽管两者之间存在差异,但差异是程度上的而非本质的。这种关于人类与动物在心理机能发展上具有连续性的观点,对比较心理学的兴起起到了直接促进作用。英国动物学家罗曼尼斯(G. J. Romannes,1848—1894)第一个运用进化论观点研究了动物与人在心理上的连续性,著有《动物智慧》(1882)一书,以大量科学观察和通俗记载的材料论证了动物与人的心理的共同之处,被视为第一部比较心理学著作。达尔文的进化论为比较心理学奠定了科学的理论基础,极大地激发了人们考察和研究动物心理的兴趣。

达尔文还对人类和动物的表情进行了深入研究,直接推动了比较心理学研究的开展。他在《人类和动物的表情》(1872)一书中,用大量资料论证了人类和动物的表情具有共同的发生根源。认为人类的情绪表现是动物情绪表现的继承形式,这些情绪表现因有利于有机体的生存而被保留下来。如动物出于生存的需要,经常使用咆哮、露出牙齿等表情动作来吓退攻击它的侵略者,使得这些表情动作总是与愤怒的情绪联系在一起。在人类社会生活中,尽管这些表情的原始功能已经退化,但它们同愤怒这一情绪之间的联结却被保留下来。现代人在攻击和防御过程中,仍然会表现出同样的表情。达尔文认为,人类的情绪表达具有普遍性,情绪表情具有先天遗传的共通性,不同文化条件下的人具有基本相同的表情特征。这些观点有一定的合理性,人类的有些面部表情似乎全世界都一样,代表着相同的意义,与个人生长的文化无关。如受伤、悲痛时都痛哭,快乐时都发笑等。但我们也应看到,人类表情的共通性仅限于一些基本的情绪表达,如果涉及更复杂的情绪,如妒忌、冷漠、尴尬等则并非如此。复杂情绪的表达更多地受到社会文化的制约。只看到人类情绪的先天遗传性,而忽视情绪社会制约性的认识是片面的。达尔文还对表情的形成过程进行研究,提出了三条基本原理:①有用的联合性习惯原理。即一个表情动作最初是有用的随意动作,但如果这个动作有利于生存便会被保留下来,逐渐形成习惯,并通过遗传留给下一代。本来具有生物学意义的表情动作,因遗传保留在人类身上也可用以表达某种情感。②对立原理。若某种情绪以某个特定表情来表现,其对立的情绪则引起相反的表情动作,如悲哀与欢乐、敌视与友爱等。③神经系统的直接作用原理。某些表情是由神经系统本身的特性决定的。如神经过度兴奋,会表现出难以控制的表情动作。基于上述三条基本原理,达尔文认为,人类的情绪和动物的情绪之间没有不可逾越的鸿沟。这种强调人类情绪生物起源的观点具有进步意义,但忽视人类情绪起源的社会历史性,以及社会生活对人类情绪表现的影响就会导致心理学的生物学化。

　　达尔文非常重视对个体心理发展的研究,并对儿童心理学和个体差异心理学等学科的建立有所贡献。他于1871年出版《人类的由来及性选择》一书,将儿童作为科学研究的一个独特部分,以及研究进化的最好的自然实验对象。达尔文的《一个婴儿的传略》(1877)是最早的儿童心理发展的观察报告之一。他采用传记法随时记录自己孩子的重要活动表现,并加以分析整理。当时用类似方法研究儿童心理的还有一些人,这些研究为儿童心理学的产生提供了重要研究资料和基础。德国心理学家普莱尔(W. T. Preyer,1842—1897)正是受达尔文进化论的影响而成为儿童心理学的创建者。普莱尔对自己的孩子从出生到3岁每天做有系统的观察,同时还进行了一些实验,然后对有关资料进行分析整理,于1882年出版了《儿童的心灵》一书,该书被认为是第一部系统地采用观察和实验方法研究儿童心理发展的科学著作。受达尔文及其进化论思想的影响,研究者们开始探索那些能够将每个人的心理差异区别开来的有效方法,从而促进了包括个体差异心理学和心理测量在内的一系列心理学分支学科的建立。总之,达尔文的进化论对心理学的发展产生了重大而深远的影响,它既为美国机能心理学提供了"灵魂",也促进了心理学研究的学科分化,为科学心理学发展注入了强大的生命活力。

四、高尔顿对差异心理学和智力的研究

高尔顿(F. Galton,1822—1911),英国科学家、探险家,差异心理学之父。出身于金融世家,从小有"神童"之誉,两岁半能阅读和写作,5 岁能阅读英文的任何书籍,7 岁可以轻松阅读莎士比亚名著。对各种新事物和新问题充满好奇心并有高度的智慧,有人曾估计高尔顿的智商能达到 200。由于强烈的好奇心,使得高尔顿一生所涉及的研究领域相当广泛。包括人类学、地理学、数学、力学、气象学、心理学和统计学等。高尔顿是达尔文的表弟(其外祖父是达尔文的祖父),达尔文的《物种起源》出版后,高尔顿深受进化论的影响,对其产生了极大兴趣,他以研究心理遗传和个体差异而著称,1883 年首创优生学,1884 年创设人类测量实验室,1904 年捐赠基金创办优生学实验室。高尔顿一生撰写了许多与心理学有关的著作,主要有《遗传的天才:其规律及其结果的研究》(1869)、《英国的科学家们:他们的秉赋和教养》(1874)、《人类才能及其发展的研究》(1883)、《自然的遗传》(1889)等。高尔顿的心理学研究主要集中在差异心理学,特别是对智力差异的研究。第一个用量化方法对智力进行测量,并对智力的个体差异成因进行探讨,是最早对个体智力差异进行系统研究的学者,激发了后来心理学家对智力的研究兴趣。

(1)高尔顿率先运用多种方法对个体差异心理学进行开创性研究。高尔顿最早采用自由联想法进行内省实验,他以自己为被试,用一张写有 75 个字的表,逐字依次进行自由联想,记下每个字呈现后到产生联想的时间,然后对这些联想进行分析。他发现,在 75 个字的自由联想中,想起的字多数属于儿童或少年时期学会的。这种联想实验后来被冯特所采纳,成为莱比锡大学心理实验室常用的方法。高尔顿还运用调查法研究"心理意象"的个体差异,他要求被试就自己的某一具体意象(如回忆餐桌上实物的意象)加以判断:意象的明亮度——表象暗淡或明亮;意象的清晰度——是否表象中的所有东西都能清晰分辨;意象的色彩——表象中各种东西的色彩是否像实际的那样明晰自然。结果发现,被试的意象有很大的个体差异:有人以视觉意象为主,有人以听觉意象为主,有人以肌肉运动觉意象为主。高尔顿认为,职业、年龄和性格与意象的个体差异有关。许多长于抽象思维的人往往缺乏视觉意象,幼儿比老人、女性比男性的意象要强一些。他还发现了

"联觉"现象,如"色—听"联觉,即听到某一声音则某种颜色也在头脑中出现。在研究智力和个体差异的过程中,高尔顿还发明了一种数学统计方法,他用"相关"和"回归"表示两个变量之间的相互关系。在《自然的遗传》一书中,他研究了"居间亲"与其成年子女身高的关系,发现两者有正相关,即父母的身高较高,其子女的身高也有较高的趋势;反之,父母的身高较矮,其子女也有较矮的趋势。他还发现子女的身高与其父母身高略有差别,呈现回归趋势,即离开其父母的身高数,而趋近一般人身高的平均数。现在心理统计中最常用的相关、回归等概念均出自高尔顿这一统计方法,因而高尔顿也被后人誉为现代心理统计和心理测量的先驱。

(2)首创智力理论,提出智力遗传决定论。高尔顿认为,智力包含有两种因素,一种是一般因素即 G 因素,代表一般能力,另一种是特殊因素即 S 因素,代表特殊能力。这一思想后来由其学生——英国心理学家斯皮尔曼(C. E. Spearman,1863—1945)正式提出为智力二因素论。因此这一智力理论思想应为高尔顿首创。高尔顿认为,智力的一般因素主要由遗传决定。在 1869 年出版的《遗传的天才:其规律及其结果的研究》一书中,高尔顿提出智力的遗传决定论观点。认为人的一切知识都是通过感觉获得的,离开感觉人无从知晓外界的一切。因而,人的智力实质上是指感觉的敏锐度。通常说一个人很聪明,实质上是说他的感觉很敏锐。而人的感觉敏锐度是天生的,它是一种自然的禀赋。因此,智力是遗传的。一个人是否聪明是由先天遗传决定的。

(3)高尔顿采用家谱调查法、双生子研究法等对智力的相关因素进行研究,以证明他的智力遗传决定论。他对 1768—1868 年间英国的首相、将军、政治家、科学家、艺术家、法官、著名医生、诗人等在内的 977 人的家谱分析发现,其中 89 个父亲、129 个儿子、114 个兄弟共 332 人也很有名望,而在一般老百姓中 4 000 人才有一个有名望的人,于是他断言天才是遗传的。从对有艺术能力的 30 个家庭调查中发现,他们子女的 64% 也有艺术能力,而在 150 家无艺术能力的家庭中,他们的子女只有 21% 有艺术能力,因此认为艺术能力也是遗传的。根据这些结果,高尔顿断定"聪明""天才""天赋"具有家庭遗传性。他随后补充道:这种遗传的智力还必须与个人的努力、兴趣、热情相结合,才能获得较高声望。高尔顿还通过双生子研究来支持他的智力遗传决定论。在 1883 年出版的《人类的才能及其发展研究》一书中,他公布了自己对 80 对双生子研究得出的结论,即同卵双生子即使分开抚养,他们在智力水平上的差异也不大,而异卵双生子即使在一起抚养,他们的智力差异仍大于同卵双生子的智力差异,说明人的智力是由遗传决定的。还用双生子比其他亲兄弟、亲姐妹在心理特点上具有更为相像的事例,来证明人的心理是完全遗传的。由此他提出了"优生学",通过鼓励那些智力水平高的人生育,阻止那些智力水平低的人生育,来改善人口整体的智力水平,倡导优生优育。高尔顿的优生学遭到达尔文的反对,批评高尔顿曲解了他的进化论。达尔文认为,除了那些天生痴呆的人外,大多数人在智力水平上没有显著差异,人与人之间的成就差异并非智力水平高低所导致,而是由于勤奋和对工作的热情程度不同而产生的。诚然,我们不能忽视和否认遗传的作用,但遗传素质只是人的心理发展的前提和基础,它不能完全决定人的心理内容和才能高低。高尔顿的优生学虽然后来还被纳粹利用作为推行种族灭绝的理论依据,但人们不会完全否认其中所蕴含的优生优育的思想。

综上所述,高尔顿是最早采用自由联想、家谱分析、双生子比较、调查法、智力测验、数学统计等方法研究心理差异的心理学家,这些方法上的创新比其心理学思想意义更大,是他第一个将问卷调查、心理测验和统计方法引入心理学的研究。高尔顿对个体差异的研究促进了机能心理学在美国的发展,个体差异心理学随后成为机能心理学的重要研究领域,并为开展应用心理学研究奠定了基础。

五、比纳的智力研究

比纳(A. Binet, 1857—1911)是法国实验心理学家和智力测验的创始人。1878 年获巴黎圣路易斯公学法学学士学位。1883 年在朋友的推荐下,比纳跟随著名催眠专家、神经症研究权威沙克学习医术。在学医过程中对心理学产生兴趣,于是开始阅读大量的心理学书籍,把全部精力放在研习心理学上。1889 年他与博尼在巴黎大学创立法国第一个心理学实验室,1892—1911 年担任该室主任。1894 年比纳获巴黎大学科学博士学位,之后在该校担任心理学教授。1895 年他与亨利创办了法国第一种心理学杂志《心理学年刊》。

比纳早年受英国联想主义心理学、斯宾塞的进化论、里博和沙克的心理病理学等的影响。他最初对变态心理学发生兴趣,在这一领域取得了一定的成就。其主要著作有《动物磁性说》(1887)、《暗示感受性》(1890)、《人格变异》(1892)等。后来他的兴趣逐渐转向普通心理学,力图发展一种测量推理能力和其他高级心理过程的实验技术,1894 年出版了《实验心理学导论》。1903 年出版了《智力的实验研究》一书,该书是他对自己的两个女儿进行实验研究的成果,为以后编制智力测验量表奠定了理论和实验基础。

　　1904 年,比纳应法国教育部之邀组织一个专门委员会,研究智力落后儿童的鉴别和教育问题。他与精神病医生西蒙一起,用了大约一年的时间制订了区分智力正常和智力落后儿童的鉴别方法,于 1905 年在《心理学年刊》上正式发表,即"1905 年量表",也称为"比纳—西蒙量表"。比纳认为,智力的核心是判断力,准确的判断、良好的理解和推理能力是智力水平高的表现。因此,可以以认知作为标准来衡量智力。"1905 年量表"包括由易到难的事物名称、比较线条的长短、填充缺字的句子、重复测验者所念的数字、对问题的理解等 30 个难度不同的测验题目,作为区分智力水平(如判断、理解、推理的能力)的指标。这 30 个题目是比纳—西蒙量表的最初形式,用于测量 3—11 岁儿童。1908 年他们对该量表进行第一次修订,修订的基本假设是:如果在某一年龄段儿童中有 75% 都能通过某个题目,则可以把这个题目与该年龄段联系在一起,用这个年龄作为他的智力年龄(或心理年龄)。譬如,5 岁的儿童能够通过 5 岁年龄段的测验题目是正常的,但如果某个 5 岁儿童仅能通过 4 岁年龄段的题目,则他属于轻度智力障碍;如果他仅能通过 3 岁年龄段题目,则属于中度智力障碍。本次修订把题目增加到 58 个,难度随年龄的增长而上升,适用范围是 3—13 岁,每一年龄段的题目数不等,不仅可用于区分正常儿童与智力障碍儿童,还可用于区分正常儿童之间的智力水平差异。1911 年,比纳和西蒙再次修订量表,把测试范围扩展至成人(3—18 岁),而且内容更加精细。量表分为 15 个年龄段,每个年龄段包含 5 个测验题目,每个题目代表 2 个月的智力年龄。譬如,如果一个 12 岁儿童通过了 12 岁年龄段的所有题目,并通过了 13 岁年龄段的 2 个题目,则这个儿童的心理年龄应该是 12.4 岁。比纳通过努力,设计并发展的比纳—西蒙智力量表,改变了过去认为智力就是感觉的敏锐性,是一种单一能力的片面观点,突出了智力是认知能力的综合,为人们了解人与人之间的智力差异提供了一种相对客观的评价标准,为教育工作者判断儿童智力发展提供了较为有效的途径,是智力领域研究的重大突破,引起世界各国心理学家的重视。

"智力年龄"是用来与个体的实际年龄相对照,从而判定其智力水平的高低。这一概念的提出对智力测验的发展是一大创举,具有重要意义。德国心理学家斯特恩在比纳工作的基础上,将智力年龄改为"心理年龄",进而提出"智力商数"的概念。斯特恩认为儿童的心理年龄是由他所通过的智力测验上的那些题目的年龄段所决定的,而用心理年龄除以实际年龄就会得到一个智力商数。后来美国心理学家推孟在前人研究的基础上,修订形成斯坦福—比纳智力量表,将智力商数乘以 100 并简化为"智商",形成今天所使用的"智商"概念。中国心理学家陆志韦于 1924、1936 年两次修订比纳—西蒙智力测验。随着智力测验研究的兴起,特别是在美国,人们更加关注对心理机能的探讨,进而促进了美国机能心理学的形成与发展。

第三节　美国机能心理学的产生

美国机能心理学有广义和狭义之分。狭义的机能心理学以芝加哥学派机能心理学为代表,在与构造心理学论战中逐步形成,主张研究心理机能而不是研究意识内容。广义的机能心理学以哥伦比亚学派为代表,主张研究心理机能,特别重视心理在适应环境中的作用及个体差异研究。以下简要阐述美国机能心理学产生的背景,以及"美国心理学之父"詹姆斯的实用主义心理学思想。

一、美国机能心理学产生的背景

(1)社会历史背景。美国自 1861 年到 1865 年的南北战争之后,由于北美新大陆的优越条件,美国获得并吸收了欧洲各国新的生产工具和工业化生产经验,还利用了大量来自亚非各地以及美国本土土著居民的廉价劳动力,因此,不到半个世纪的时间,美国就实现了资本主义工业化。在工业化过程中,尤其到 19 世纪 80 年代后,资本主义发展进入垄断阶段,经济发展急需大批讲求实效、有进取心、能适应环境的人。这一社会需求影响到包括心理学在内的其他学科的发展。曾跟随冯特学习的美国心理学家卡特尔等回国后,逐渐放弃对意识内容的研究转而以心理机能为研究对象,并注意个体心理差异的研究。他们自发地将实验心理学的实证精神与美国社会的客观需求相结合,表现出不同于德国实验心理学传统而具有机能心理学的倾向。

显然,这一新倾向符合美国本土社会要求人们具有适应环境的心理和才能,以便个人奋斗、各显神通、开拓创新。因而,科学心理学得益于美国的氛围,且得到在欧洲无法比拟的认同和稳定性。机能心理学的产生是美国社会、经济发展趋势的反映。

(2)哲学背景。实用主义是机能心理学的主要哲学基础。它是 19 世纪70 年代产生于美国的一个哲学流派,是美国社会务实精神的反映和体现,20世纪初影响较大,20 世纪 40 年代在美国占主导地位,影响各学科的研究和发展。实用主义哲学强调立足于现实生活,其根本纲领是把确定的信念、信仰作为出发点,把采取行动当作主要手段,把获得实际效果当作最高目的。实用主义尊重事实,反对盲目崇拜。有用即是真理,无用即为谬误。詹姆斯、杜威等人不仅是实用主义哲学的代表人物,而且也是机能心理学的先驱和创始人。因而他们的心理观与其哲学观必然是一致的。在这种哲学中,行动和实践具有决定性意义,反映在心理学上,他们都认为心理学要关注心理的功能和效用,研究意识的内容不如研究它的效用,应重视心理的功能而不是内容。意识的主要功能是选择,有机体正是通过选择的机制来适应环境的。因而意识是有机体适应环境的手段和工具。这就决定了机能心理学本质上是一种强调适应的心理学。

(3)科学背景。前述达尔文生物进化论是机能心理学的自然科学基础。达尔文进化论主张自然选择、优胜劣汰、适者生存的观点,这与美国社会强调适应和个人竞争的思想一致,它天然地投合了美国人的气质和需要,对机能心理学的产生起到了直接促进作用,并使机能心理学后来表现出明显的生物学倾向。进化论对机能心理学的影响主要表现在以下几个方面:第一,达尔文进化论提出动物心理与人类心理在机能发展方面具有类似性和连续性,导致出现用动物心理来类比人类心理的大量研究,如后面要介绍的桑代克的研究。第二,对适者生存观点的强调,改变了美国人的思维方式和研究方法,使得对生物适应机能及其价值的研究成为心理学研究的主要领域。凡有助于研究适应的方法,如比较法、测量法、实验法、观察法等都成为心理学的重要研究方法。第三,个体差异心理学和应用心理学成了心理学研究的主要课题。由于变异是进化的基本规律,每个有机体之间必然存在着差异,对个体差异的研究也就成了机能心理学研究的必然主题,同时发展心理学、教育心理学、比较心理学、变态心理学、心理测验等也得到较大发展。

（4）美国心理学内部发展。美国机能心理学的产生还与心理学内部发展有关。美国心理学从一开始就表现出不同于德国实验心理学传统而带有机能主义的倾向，但这并不意味着美国心理学从一开始就是自觉而明确的机能主义。美国机能主义心理学的形成是以詹姆斯、霍尔等为代表的美国心理学先驱共同努力的结果。詹姆斯主张实用主义心理学思想（后面详述），为美国心理学的理论发展奠定基础。霍尔（G. S. Hall, 1844—1924）师从詹姆斯学习心理学，后去德国柏林大学学习生理学，以后再到莱比锡大学专攻心理学，成为冯特的第一个美国学生。返美后在哈佛大学、霍普金斯大学任教，以后任克拉克大学心理学教授兼校长。霍尔是美国心理学发展的重要组织者和建设者。创建美国第一个心理学实验室（1883），创办第一个美国心理学刊物《美国心理学杂志》（1887），创建第一个美国心理学家的科学组织即美国心理学会（APA）（1892），并被推举为第一任主席。他还创办了《教育评论》（现为《发生心理学杂志》）（1891）、《应用心理学杂志》（1915）等。霍尔所教的许多学生后来成为美国著名的心理学家，如卡特尔、杜威、推孟等。霍尔虽然是冯特的学生，爱好实验心理学，但他逐渐感到实验室的工作太狭隘，更不满足于对心理现象只做内省分析，于是将兴趣集中在个体如何发展、如何适应环境的问题上。他是美国发展心理学的创始人、教育心理学的开拓者。他的最重要和最有影响的著作是1904年出版的两卷本《青少年：它的心理学及其与生理学、人类学、社会学、性、犯罪、宗教和教育的关系》（又称《青春期》），该书以达尔文进化论的观点解释了儿童身体的成长和青春期心理与其身体变化之间的关系，是系统研究青少年心理学的第一部专著。晚年又致力于人发展的最后阶段——老年期的研究，1922年出版的两卷本专著《衰老》是第一次用各种语言对老年人进行大规模的心理学性质的调查，也是对老年心理学的开创性研究成果。霍尔把发展心理学作为教育心理学的基础，对儿童心理的问卷调查是教育方法改革的依据之一。他的调查结果表明，对儿童的教育必须以实物演示来说明物与物之间的关系，否则就难以取得良好的教育效果。霍尔对美国心理学的发展在实际工作和应用方面做出了突出贡献。另外，还有担任过美国心理学会第二任主席的莱德（G. T. Ladder, 1842—1921）、美国机能主义理论心理学家鲍德温（J. M. Baldwin, 1861—1934）、美国应用心理学创始人闵斯特伯格（H. Münsterberg, 1863—1916）等，他们既是美国心理学的先驱，也是早期机能主义者,对美国机能心理学的形成和发展有着非常重要的影响。

二、詹姆斯的实用主义心理学思想

威廉·詹姆斯(William James,1842—1910)是美国机能心理学先驱,"美国心理学之父",实用主义哲学家。詹姆斯出生于美国纽约市一个富豪之家,其父知识渊博,非常重视对子女的教育,从小培养子女独立求知的精神。詹姆斯及其弟妹们先后在美国和欧洲接受过长期的和多种专业教育。优越的家庭条件和良好的教育经历使詹姆斯形成了思想活跃、善于思考、能言善辩、幽默风趣和社会经验丰富等特点。1861年詹姆斯进入哈佛大学,先后学习化学和解剖学,1864年转学医学。1867年赴德国留学,跟随赫尔姆霍兹、冯特等学习医学、生理学和心理学。1869年詹姆斯获哈佛大学医学博士学位。1872年开始在哈佛大学讲授生理学和解剖学,由于研究的神经系统生理学与心理学有关,使他逐渐转向心理学研究。1875—1876年,詹姆斯第一次开设心理学课程——生理学与心理学的关系,这是第一门由美国人开设的新心理学课程。1875年他建立了供教学演示使用的心理学实验室,1877年又建立了一个比较正式的心理学实验室。1876年任哈佛大学生理学副教授,1885年升任哲学教授,1889年转任心理学教授,1897年又再任哲学教授。詹姆斯也是美国心理学会的创始人之一,曾于1894年和1904年两次当选该学会主席。1907年辞去教职,悉心研究哲学。在心理学发展早期阶段,生理学、医学、哲学和心理学之间的学科界限并不像今天这样截然分开,许多心理学家是从生理学、医学和哲学领域"转行"而来,同样也有一些心理学家后来转向了哲学研究。詹姆斯先是一位心理学家,后来又成为实用主义哲学代表人物,其心理学思想先于他的实用主义哲学体系,但在其心理学思想中已体现出明显的实用主义倾向,因而他的心理学思想兼有机能主义和实用主义的性质。

詹姆斯最重要的心理学著作是《心理学原理》(1890),该书既是詹姆斯实用主义心理学思想和理论体系的集中体现,也是当时实验心理学研究成果的基本总结,为詹姆斯获得"美国心理学之父"的荣誉地位奠定了基础。该书被译成中、法、德、意和西班牙等国文字,出版一个多世纪以来,"它的力量尚未消减,它的识见也尚未落伍"(波林,1981)。1892年,詹姆斯把两卷本的《心理学原理》改编为《心理学简编》,成为美国大学的标准课本。此后出版的与心理学有关的著作有《对教师讲心理学和对学生讲生活理想》（1899），该书强调兴趣和行为的重要性，认为儿童是一个表现行为的有机体，教育的主要任务是形成儿童的健康习惯，并对机械背诵的迁移作用提出质疑。这些见解对美国教育心理学和美国"进步教育"的发展有一定影响。詹姆斯的哲学著作主要有：《实用主义》（1907）、《多元的宇宙》（1909）、《真理的意义》（1909）、《哲学论文集》（1909）。

（一）关于心理学的性质、对象和方法

詹姆斯主张心理学是一门自然科学，是研究生物对环境适应的科学。《心理学简编》指出，"在本书内心理学是被当作一门自然科学而加以讨论的"（郭本禹，2000）。詹姆斯认为，心理学与其他自然科学一样，也假定了某些事实的存在：①思想和情感；②与思想和情感在时空上并存着的身体世界；③思想和情感认识着身体世界。思想和情感（心理）与身体世界（生理结构和脑）的关系是一种机能或功用的关系。意识的功用在于保证有机体的生存。人的心理生活与肉体生活最终归之于一，即有机体对环境变化的不断适应。"心理和世界一起演化，多少是相互适应的"（车文博，1998）。可见，心理适应是詹姆斯机能心理学思想的核心。心理是生物进化赋予人对环境适应的一种机能，心理与外部世界同步发展和相互作用。

在《心理学原理》中，詹姆斯写道："心理学是关于心理生活的科学，涉及心理生活的现象及其条件。这些现象诸如我们称之为情感、欲望、认知、推理、决定等之类的东西。"①。后来在《心理学简编》中又界定为关于"意识状态的描述和解释"。"意识状态是指感觉、愿望、情绪、认知、推理、决心、意志，以及诸如此类的事件……包括关于它们的原因、条件和直接后果的研究。"从而大致确定了心理学研究对象的范围。

詹姆斯认为，心理学的研究方法主要有内省法、实验法和比较法。在他看来，内省法是最基本的研究方法，但他反对受过专门训练的心理学家的内省，主张内省是一个敏锐的观察者迅速无误地抓住实际印象的能力，是灵魂对内心生活的观察，是对心理生活的直接知识，或者说是对刚结束的心理活动的直接记忆，其知识含有很大成分的推想。詹姆斯还主张实验法，认为实验法对心理学相当于显微镜对解剖学，可改变心理学研究的面貌，并提供必

---

① 叶浩生.心理学通史[M].北京：北京师范大学出版社，2011：178.

要的事实,使研究结果更加丰富,这就从理论上高度评价了实验法的作用。但他对当时的实验方法极为不满,认为它是无聊的,有局限的,多数情况下很难实施。因而,他提出比较法以补充内省法、实验法的不足。比较法是指先以内省材料为依据,建立正常成人的心理模式,然后再与动物、儿童或有变态心理的成人比较,以期得到对两方面都有益的知识。所以,他鼓励采纳任何能阐明人类生活复杂性的方法,认为不应忽略任何有用的方法,任何观念、方法、哲学、宗教都应根据有用性进行取舍。①

(二)意识流和意识的基本特点

意识流是詹姆斯针对当时流行的元素主义提出来的一种关于意识的学说。他认为意识即心理活动,意识不是一些割裂的片断,而是一种整体的经验,是一种川流不息的状态,故叫"意识流""思想流"或"主观生活流"。对詹姆斯来说,人类意识的突出特点是适应性,即意识使我们适应环境。然而意识还具有其他一些特点②:①意识是私人的。我的意识仅仅是我的,是个体的,不是某个一般意识或群体心理的一部分。②意识是不断变化的。我们不断地观看、聆听、推理、向往、回忆和渴望,因此意识不是静态的,而是一种流。③意识是连续的。意识不是为了方便内省心理学家而分割成的许多小片儿或份额,它是一条不间断的流。④意识是有选择性的。在这个世界中,"各种声音、景象、触碰和疼痛可能构成了一片未经分析的繁盛混乱"。如果这种混乱状态得到分析,意识就会变得具有选择性。选择是意识的主要机能,选择的目的是为了适应环境而求得生存。

(三)对本能和习惯的研究

对本能和习惯的研究是詹姆斯机能心理学的重要组成部分。詹姆斯认为,本能是一种趋向一定目的的、自动的、无须事先经过教育就能完成的动作能力或冲动行为。他把本能分为三种,即感觉冲动(如怕冷而缩成一团)、知觉冲动(如看见许多人跑自己也跟着跑)、观念冲动(如天快下雨了赶快找地方躲藏),而且认为一个复杂的本能动作可依次激起这三种本能冲动,从而成为"最完善的先天综合"。詹姆斯强调本能受心理活动调节,受经验影

① 叶浩生.西方心理学史[M].北京:开明出版社,2012:44.
② [美]戴维·霍瑟萨尔,郭本禹.心理学史[M].4版.郭本禹,等,译.北京:人民邮电出版社,2011:301.

响而发生改变。认为本能的可变性对动物和人类的生活是不可缺少的,而且本能在个体发展的早期阶段比起晚期阶段有着更重要的作用。人的心理活动的许多原因都可以归结为本能冲动,如同情心、竞争心、好奇心等均为本能的表现。他甚至还指出,人在社会生活中所形成的许多习惯以及复杂心理都是本能的表现。这就扩大了本能的范围,夸大了本能的作用,倒向了本能决定论。

詹姆斯认为,习惯是神经系统的机能,是物质受外力作用而产生的适应性变化过程。习惯的生理基础是神经中枢之间通路的形成,神经系统具有可塑性,可以通过经验得到改变。人正是由于神经系统的反射特征才形成习惯的。神经中枢中的两个兴奋点之间建立起稳定的联系或通路的过程就是习惯形成的过程,习惯是连锁的动作。习惯的功能主要有:对个人而言,它能使达到结果所需的动作行为简单化、准确化,并减少因集中注意而带来的疲劳,有利于个体的生存。对社会而言,习惯如同庞大而稳定的制动机,能对社会稳定起到保护作用,使人们遵循社会规则和自然规律,安分守己,在社会中生存下去。由于人的大多数习惯是在早年生活过程中形成的,而且大多数人到30岁时就"像石膏一样凝固"。因此,应特别重视通过早期教育训练使人们养成良好的习惯。认为在进行教育活动时,必须将很多有用的动作训练成机械的、习惯的。这种动作要学得多、学得早,并且开始时的力量要大。养成新习惯要做到它在自己的生活中根深蒂固为止。如果只想不做,或不尽早实行,人的品行就不会真正得到改变。为了形成好的习惯,摆脱旧的恶习,詹姆斯提出了5条建议:①选择良好环境。把自己置于那种能鼓励自己进步、向上的环境中,避开使自己堕落、退步的环境。②如果打算确立一种好的习惯,就不要允许自己做任何违背意愿的行为,哪怕这种行为是微不足道的。③不要指望慢慢地形成一种好习惯或摆脱一种坏习惯,做任何事情都要干净利落,不拖泥带水。④不沉溺于形成好习惯、摆脱坏习惯的空想之中,重要的是开始做,要在实际行动中形成好习惯。没有什么比在空想和伤感中浪费生命更让人痛心了。⑤强迫自己以有利于形成好习惯的方式做出行为,即使是在开始时令人痛苦和不舒服。这些充分体现了詹姆斯提出的没有绝对真理、真理决定于实际效用的实用主义观点。我们常说,习惯决定性格,性格决定命运,好的习惯可以使个人享用终生。

那么,习惯是如何保持或记住的?詹姆斯在《心理学原理》中还专门探讨了记忆问题。他将记忆定义为"一个事件或事实的知识","之前我们曾用另外的意识思考和体验过它"。① 记忆使一个先前的事件被保存在意识中并得到恢复、再认、重现或回忆,记忆保存我们以往的一些经验。詹姆斯认为,事件或事实在大脑神经中枢之间留有路径——痕迹或轨迹。当这些路径受到刺激时,某种特定的记忆就产生了。他认为一个人的记忆力取决于大脑结构的特性———种未受经验影响的先天生理特点。再多的努力也无法提高这种天赋的记忆能力。经验的作用在于影响作为某种特定记忆基础的路径数,涉及的路径越多,记忆就越迅速、越可靠。因此,詹姆斯认为,提高记忆力可通过改进记录事件的惯常方法从而增加所涉及的路径数量来提高,也可把事实或事件系统地联系在一起。他和闵斯特伯格还指导研究生进行实验,将成对联想项目用于研究感觉通道、首因、近因和频率对记忆的影响。其中频率是最大的影响因素,干扰活动影响近因效应等。上述看法对研究记忆影响因素和改善记忆方法、提高记忆效果有启发作用。

（四）情绪理论

詹姆斯情绪理论的提出对心理学做出了重要贡献,受到心理学家们的高度评价且影响至今,当今几乎每一本普通心理学教科书都对它加以介绍。该理论最初于 1884 年发表在英国《心灵》杂志上的论文中,后又以专章编入《心理学原理》和《心理学简编》中。由于 1885 年丹麦生理学家卡尔·兰格也提出了极其相似的理论,故这一理论逐渐被称为詹姆斯—兰格情绪理论。什么是情绪? 常识性的说法是,情绪的主观体验先于有机体的生理反应,但詹姆斯认为并非如此,生理的变化直接追随着对有刺激性的事物的觉知,而对于这些生理变化的感知就是情绪。他指出:"一种心理状态不会由另一种心理状态直接引起,身体的表现应该首先干预其间。因此更合理的陈述是,我们感到伤心,因为我们哭泣;我们愤怒,因为我们攻击;我们害怕,因为我们发抖。而并非如情况显示的那样是因为我们伤心、愤怒、恐惧才哭泣、攻击或发抖。②"所以,在詹姆斯看来,情绪就是对身体或生理变化的感知。

詹姆斯进一步把情绪分为两种:一种是较粗糙的情绪,如愤怒、恐惧、

① 转引自[美]戴维·霍瑟萨尔,郭本禹.心理学史[M].4版.郭本禹,等,译.北京:人民邮电出版社,2011:344.

② 转引自[美]戴维·霍瑟萨尔,郭本禹.心理学史[M].4版.郭本禹,等,译.北京:人民邮电出版社,2011:302.

爱、恨、快乐等,这类情绪经常伴有较强烈的机体变化和内脏反应,如心跳加速、呼吸急促、消化暂时停止、身体肌肉紧张和战栗、脸色发红或发青等;另一种是较精细的情绪,如美感、道德感、理智感等,此类情绪的身体反应相对比较微弱。

詹姆斯将情绪的发生及反应表现与身体生理变化联系起来,并用生理反应说明情绪,有一定的合理性和实际应用性。合理性在于情绪发生与生理变化必然联系,身体反应或生理唤醒是衡量情绪的一项重要指标。应用性在于,通过控制生理反应的一些方法反过来可以调节控制情绪。比如,通过放松训练,使人们在面对考试和危险情境中保持放松,抑制生理反应则可以战胜紧张恐惧。现代生物反馈方法可实现对一些生理变化的适度控制。但詹姆斯将生理变化的感知视为情绪的直接来源是不妥的,忽视了情绪发生对刺激物或事件认知的直接依赖关系。尽管如此,詹姆斯在情绪理论形成和发展方面仍占有突出地位。

（五）自我理论

詹姆斯在《心理学简编》中写道:"不管我在那里思想什么,我多少总对于我自己有些知晓。所谓我自己,就是我的人格或人性的存在。"[1]由此可见,詹姆斯在相同的意义上使用"自我"和"人格"这两个概念,他的自我理论实质上也是一种人格理论。詹姆斯认为,自我就是自己所知觉、体验和思想到的自己。自我包括主体自我和客体自我,前者为"纯粹自我",后者为"经验自我"。经验自我是指个人认为属于自己的一切,即"我"(Me)或"我的"(Mine)东西的总和,也称作"被知的我""被动的我"或"客我",是作为被认识对象的我。詹姆斯又进一步把经验自我分为物质自我、社会自我和精神自我三种成分,这三者在社会生活中的作用不同,表现出一定层次和等级关系。其中精神自我最高,社会自我居中,物质自我最低。物质自我的核心是身体,没有身体就没有自我,还包括身体之外的衣物、财产、家属等,如果失去这些,个体就会感到一无所有。社会自我是指一个人从他人那里得到的关于自我的评价。精神自我是个人内在的或主观的存在,包括个人所有的能力和性格特征。詹姆斯认为,不同的自我之间充满着矛盾和张力,如果调解和处理得不好,就会给自我和人格造成损害。纯粹自我也称为"主知的

---

① 转引自叶浩生.心理学通史[M].北京:北京师范大学出版社,2011:181.

我""能动的我"或"主我"（I），是自我的认识功能的体现，是作为认识者的自我，一切意识中的主动因素，能知晓一切（包括经验自我）的那个东西。经验自我只有通过纯粹自我才能被觉察到。纯粹自我在心理生活中具有重要作用，是人的一切心理内容和品质的接受者和所有者。纯粹自我与经验自我是认识者与被认识者、主我与客我的关系。自我既是自我意识的主体，又是自我意识的客体。詹姆斯自我理论对主体自我和客体自我的划分，揭示了自我的多方面、多层次的本质，对人格心理学的发展产生了重要影响。

詹姆斯被称为美国心理学史上第一位科学心理学家和最后一位哲学心理学家，对美国心理学发展起着承前启后的作用。虽然他没有创立自己的学派，但其思想理论对美国心理学乃至世界心理学的发展都产生了重要影响。根据柯恩 1973 年的调查结果，在心理学发展的第一个十年（1879—1889），最有影响的心理学家依次是冯特、詹姆斯、赫尔姆霍兹、艾宾浩斯和费希纳；在第二个十年（1890—1899），依次是詹姆斯、冯特、杜威、铁钦纳和弗洛伊德。由此可见，詹姆斯在心理学史上的重要地位和影响力。

第四节　芝加哥学派机能心理学

美国机能心理学的发展与三所大学有密切联系。一是哈佛大学，哈佛大学的詹姆斯是美国机能心理学的先驱，为机能心理学产生和发展奠定了理论基础。二是芝加哥大学，这所大学始建于 1892 年，是一所代表当时美国文化和精神的新兴大学，在心理学研究方面美国人更愿意用进化论来指导，强调心理的适应机能，铁钦纳认为机能主义倾向的心理学是对德国正统心理学的背叛，因此展开了对机能主义心理学的批判，芝加哥大学机能心理学正是在与铁钦纳构造心理学的论战中自觉形成的一个学派，简称芝加哥学派，也称为狭义的机能主义，其主要代表人物有杜威、安吉尔和卡尔等。杜威为芝加哥机能心理学提供理论基础和基本概念，安吉尔建构了该学派的初期形式，卡尔是该学派体系的完成者和系统化者。三是哥伦比亚大学，哥伦比亚大学心理学家卡特尔、桑代克、武德沃斯等人的研究风格和思想，形成了体现美国心理学机能主义总体倾向和基本特征的哥伦比亚学派，也称为广义的机能主义。詹姆斯的机能心理学思想前已述及，下面主要阐述芝加哥学派机能心理学代表人物的思想。

一、杜威的心理学思想

杜威(J. Dewey, 1859—1952)是美国著名哲学家、教育学家和心理学家，是 20 世纪对东西方文化教育产生影响的重要人物。他在哲学上主张实用主义，教育上倡导民主教育及儿童中心，是芝加哥学派机能心理学的创始人之一。

杜威生于美国佛蒙特州的伯林顿，1879 年大学毕业后在中学执教 3 年，1882 年进霍布金斯大学师从霍尔攻读博士学位，1884 年以《康德的心理学》论文获哲学博士学位，之后在密执安大学和明尼苏达大学任教。1894—1904 年在芝加哥大学执教 10 年，任哲学系教授和系主任（当时的哲学系包含了心理学和教育学），与安吉尔共同主持该校心理实验室，使该校成为美国机能心理学的中心。同时创办实验学校，从事教育革新，成为美国"进步教育"运动的先驱。1900 年，杜威当选美国心理学会主席。1904—1930 年，杜威辞去芝加哥大学教职，加盟哥伦比亚大学，研究心理学及其在教育和哲学中的应用，创办实验学校，从事教育革新，将心理学应用于教育，宣传实用主义哲学。1930 年退休。杜威曾到过英国、苏联、日本和中国等许多国家讲学。1919—1920 年期间，他曾任北京大学哲学教授和北京高师教育学教授，其实用主义教育思想对当时中国教育改革产生了重要影响。

杜威于 1886 年出版《心理学》一书，被认为是由美国人自己编撰的第一本心理学教科书，该书在当时颇有影响力。1896 年在《心理学评论》上发表的《心理学中的反射弧概念》一文，被波林称为"美国机能主义心理学的独立宣言"，是芝加哥机能心理学诞生的标志，也是杜威对美国机能心理学的重要贡献。在这篇文章中，杜威反对把心理分析为各个元素或分解为各个部分，反对把整个动作分析为反射弧或把反射弧分析为单个的刺激和反应。认为心理活动是一个连续的整体，反射弧也是一个连续的整合活动。在他看来，一个反射活动与它前后的反射是连续的，人的动作是由一系列连续的反射构成的，前一反射的终点是后一反射的起点，不能把一个反射弧单独分离出来作为孤立的研究对象。反射弧中的刺激与反应、感觉与运动之间是有联系的，都发生在一个统一的机能整体之中，相互之间密不可分。因此，心理学要研究的是完整动作的机能，其表现经常处于一种协调之中，是一种完全的适应活动。

杜威为芝加哥机能心理学提供了基本概念和理论基础。认为心理学的研究对象是在环境中发生作用的整个有机体的适应活动。提出意识是整个有机体适应环境的工具。强调心理活动的目的性、适应性和整体性。反对心物平行论,认为心理、意识不是副现象,它能使有机体进行适应活动。他还指出,对人的研究不能离开社会,人的活动与社会是一个整体,个人与集体不能互相脱离。要使心理学摆脱构造主义"纯科学"的束缚,而与实际生活、教育改革联系起来,心理学要成为教育理论和实践的基础。杜威倡导"进步教育",认为教育应该以学生为导向,而不是以学科为导向。学校教育的目的不是为了传授知识,应该是发展学生的创造性智慧,培养学生的批判思维能力和适应社会生活的能力。反对死记硬背式的学习方式,认为学生最好的学习方式是"从做中学",而不是枯燥无味的背诵和记忆。这也体现了杜威实用主义的心理学思想。

二、安吉尔的心理学思想

安吉尔(J. R. Angell,1869—1949)是美国机能心理学的重要代表,芝加哥学派的主要建立者。他首次明确表述机能心理学思想和研究范围,扩大了心理学研究的应用领域。安吉尔生于美国佛蒙特州的伯林顿,与杜威同乡,其父曾任密执安大学校长。安吉尔早年在密执安大学读书期间,听过杜威的心理学课,被其讲课内容和教学风格所吸引。1890年大学毕业,在杜威鼓励下继续研究生学业,仅一年时间即获得硕士学位。之后进入哈佛大学师从詹姆斯,1892年获第二个硕士学位。后去德国、法国继续深造,曾在艾宾浩斯那里学习记忆的实验心理学。1894年安吉尔与杜威一起来到芝加哥大学,担任杜威助手。在杜威领导下,安吉尔与其他同事一起,共同创建芝加哥大学机能心理学。杜威离开以后,安吉尔成为芝加哥学派的主要领导人。在该校25年工作期间,安吉尔先后担任心理实验室主任、心理系主任、教务长、代理校长。在安吉尔的领导下,机能心理学正式成为与构造心理学直接对立的学派,芝加哥大学成为机能心理学的中心。1906年安吉尔当选为第十五任美国心理学会主席,1921年离开芝加哥到耶鲁大学担任校长。1937年退休。安吉尔培养了许多学生,其中包括他的继承人卡尔和行为主义的创始人华生等。

安吉尔的主要著作有:《心理学:人类意识的结构与机能的研究》

(1904)、《心理学导论》(1918)、《机能心理学的范围》(1906 年任美国心理学会主席的就职演讲,1907 年发表于《心理学评论》杂志)等。在杜威开创芝加哥学派的基础上,安吉尔建立和提出了美国机能心理学的理论体系和思想观点。

第一,系统提出机能心理学的基本主张。在《心理学:人类意识的结构与机能的研究》一书中,安吉尔认为,心理学是"关于意识的科学"。但心理学不只研究意识内容,主要研究心理操作,即心理过程是如何进行的。"意识现象只有从它与生命现象的关系考察中才能真正被理解"。意识是为了应付新环境、解决新问题而发展起来的,意识的基本机能是改善有机体的适应活动,维持有机体的生存,意识是有机体适应现实的工具。因而,心理学不仅要说明整体的意识是如何影响有机体的适应功能,还要分别考察意识的各种具体过程(如感觉、记忆、意志等)是如何产生和介入有机体与环境之间的关系,最终实现它们各自的适应功能的。可见,安吉尔是从生物学观点出发,把心理学研究对象界定为维持有机体适应环境的意识,并明确提出心理学是一门自然科学,而且是生物科学。至于研究方法,他认为心理学搜集资料的方法有两种,一是内省法(主观观察法),二是客观观察法。内省法不限于把心理现象分析为元素,还应观察心理对于主体适应环境所执行的机能。内省法所得不到的材料用物理科学的客观观察法来补充,客观观察法获得的事实也应用内省所取得的有关经验的直接知识来加以解释。

第二,明确提出机能心理学与构造心理学的主要区别。安吉尔的《机能心理学的范围》一文是对机能心理学思想和主张的第一次明确表述,故被认为是美国机能心理学的成立宣言。安吉尔从三个方面概括了机能心理学与构造心理学的主要区别。①机能心理学是研究心理活动亦称"心理操作"(operation)的心理学,与构造主义主张的元素主义的内容心理学相反。他认为构造心理学回答心理学"是什么"(或"做什么")的问题,而机能心理学在此基础上还要进一步解决"如何"和"为什么"的问题。也就是说,构造心理学主要研究意识的内容,而机能心理学不仅研究意识内容,还要研究意识活动是如何进行和为什么进行(原因、过程和目的)。前者是"心理元素心理学",后者是"心理操作心理学"。②"功用心理学"与"纯科学"的区别。机能心理学是关于意识基本功用的心理学,构造心理学是只研究心理事实的"纯科学"。安吉尔认为,意识的功用或机能是适应,心理、意识是有机体适应环境的工具。他说："如果反射和自动动作就能完全胜任地驾驭有机体的整个生活,就没有理由设想意识的出现了。"③机能心理学是研究心—物关系的心理学,而构造心理学是心物平行论的心理学。安吉尔认为心理与物理之间存在相互关系,心理与身体是同一实体的两个部分而不是两个不同性质的实体。因此,机能心理学应研究有机体的心与身以及所处环境三者之间的交互关系,对意识到的和未意识到的行为及其生理机制均应进行研究。这就将行为问题也引入到机能心理学,为以后研究行为及行为主义的兴起产生了影响,同时也扩大了心理学的研究领域。安吉尔主张开展儿童心理、动物心理、变态心理的研究,以及教学心理、工业心理、医学心理等应用心理学的研究。

安吉尔明确指出机能心理学与构造心理学的区别,标志着芝加哥学派机能心理学思想体系的形成和美国机能心理学的实际建立,体现了机能主义和实用主义精神,但也明显暴露出美国机能心理学的生物学化倾向。

三、卡尔的心理学思想

卡尔(Harvey A . Carr,1873—1954)是芝加哥学派的晚期代表和集大成者,他确定心理学的研究对象是心理活动,强调研究方法的多样性和客观性。

卡尔出生在美国印第安纳州的一个农场主家庭,在科罗拉多大学获得学士和硕士学位。1901 年到芝加哥大学师从安吉尔,1905 年获博士学位。读书期间曾担任行为主义创始人华生的助教,跟随华生一起研究比较心理学。毕业之后在德克萨斯的一所高中教书,1908 年华生离开芝加哥,卡尔返回母校接替华生的比较心理学课程,并主持华生建立的动物实验室的工作。1919 年继安吉尔之后担任芝加哥大学心理学系主任。1926 年当选美国心理学会主席。1938 年退休。卡尔的主要著作有:《心理学:心理活动的研究》(1925)、《1930 年的心理学》(1930)、《空间知觉导言》(1935)等。

在《心理学:心理活动的研究》一书中,卡尔全面而系统地阐述了美国机能心理学的基本理论,包括心理学的研究对象、方法、心理活动的性质以及心理学与其他学科的关系等。卡尔认为,心理学的研究对象是适应性的心理活动,如知觉、记忆、想象、推理、情感、判断和意志等。这些心理活动的机能则在于获得、确定、保持、组织和评估经验,并利用这些经验来指导行为。

认为对每一种心理活动都可从三个方面去加以研究：一是它的适应意义，对现实的适应作用；二是对过去经验的依赖性；三是对未来活动的潜在影响。

卡尔把心理活动指导的行为称为适应性行为，它是对具有能满足其动机条件的特定的物理环境或社会环境的反应。他认为适应性行为的构成包括三部分：①动机性刺激。如"有机体需要""内驱力"等。②感觉性刺激或激发性刺激。有机体生活于其中的全部环境。③满足动机的反应。如吃食物的反应以满足饥饿。当个体行为反应不再发生，就意味着"满足了"动机。这种重视动机因素在刺激和反应之间的驱动作用的思想，成为心理学从机能心理学向动力心理学发展的先导，从适应性心理活动到适应性行为反应也预示着由机能主义向行为主义的发展。

卡尔强调心理活动或心理动作是一种心理物理过程，具有心理物理的性质。反对心身平行论，认为心理动作和一系列生理过程相伴随而发生，它不仅能被体验到，而且是一种身体反应，是直接同感官、肌肉和神经结构有关的动作。这一思想促进了心理学向客观研究的转化，为走向行为主义抛开对心理意识的研究奠定了基础。在研究方法上，卡尔主张兼容并蓄，广泛采用多种研究方法，只要有利于获得完整的心理活动的方法都可以采用。既有主观观察法（内省法）、客观观察法（行为观察）、实验法，也有活动产品研究法（社会研究法）、心理物理学法、日常生活的观察等。多种方法相互补充是心理学研究上的很大进步。

卡尔是芝加哥学派的后期代表和集大成者。杜威和安吉尔的著作代表了芝加哥学派创建的初期形式，卡尔则代表这个学派的晚期倾向和完成形式。1927年铁钦纳去世后，机能主义与构造主义的论争结束，不再有尖锐的学派之争，机能主义也不再明显地表现为一个界限分明的心理学派的理论。卡尔甚至说，机能心理学就是美国心理学。继卡尔之后，机能主义精神一直得以延续，对美国心理学总体倾向产生了持续性影响。

第五节　哥伦比亚学派机能心理学

前述芝加哥学派代表着美国机能心理学的典型形式，哥伦比亚学派则体现着美国心理学的机能主义的总倾向，故将其归为广义的机能心理学。其代表人物有哥伦比亚大学的卡特尔、桑代克、武德沃斯等，不过他们都没有树立鲜明的机能主义学派的旗帜,而是有着广泛的研究兴趣和自由的研究方向,其中武德沃斯还否认自己属于任何派别。

哥伦比亚学派与芝加哥学派在心理学研究对象、任务、性质和方法等方面具有机能主义的共同特点,但也有自己的一些特征。①致力于个别差异研究,摆脱心理学只研究人类心理一般规律的束缚。哥伦比亚学派使用心理测验方法对个体智力和能力进行研究,促进个体对环境的适应,推动了心理测验运动的发展。②将人的整个活动作为心理学研究对象,摆脱心理学只研究意识的束缚。更加关注意识功用而不是意识本身,如果某个研究主题较少涉及意识或意识在其中并不重要时,便放弃意识而只研究活动。这样,刺激－反应之间的联结就越来越多地代替了观念之间的联结。③更加注重心理学的实际应用,摆脱心理学只是一门描述"是什么"的纯科学的束缚。主张"是什么"的研究要为"为什么"的研究服务,这样才能把心理学应用于实际生活,促进应用心理学的繁荣。④坚持方法多样性,摆脱心理学只采用实验内省法的束缚。哥伦比亚学派在研究方法上持开明态度,不再把实验内省法当作唯一或主要的研究方法,更加重视实验法、测验法、统计法等各种客观有用的方法。下面阐述哥伦比亚学派主要代表人物的心理学思想。

一、卡特尔的心理学思想

卡特尔(G. M. Cattell,1860—1944)是哥伦比亚大学机能心理学的奠基人。1880年获拉菲特学院学士学位,然后赴德国留学两年,先后在哥廷根大学和莱比锡大学分别师从洛采和冯特。回国后进入霍普金斯大学,在霍尔的心理学实验室工作,对心理测量产生浓厚兴趣。1883年又去德国莱比锡大学,自荐为冯特的研究助手,做了3年反应时间和个别差异的实验研究。1886年,卡特尔获得莱比锡大学博士学位,成为在冯特那里获得博士学位的第一位美国人。博士毕业后,曾到英国剑桥大学任教,结识高尔顿,共同商讨个别差异研究方法。

1888年,卡特尔任美国宾夕法尼亚大学心理学教授,这是世界上第一个心理学教授职位,标志着心理学专业在大学中得到正式承认,拥有了独立的学科地位(以前的心理学职位都由哲学系任命)。1890年,卡特尔发表研究成果时首次使用"心理测验"的概念。1891年,卡特尔转任哥伦比亚大学教授兼心理系主任。1895 年当选美国心理学会主席。1900 年卡特尔成为入选美国科学院的第一位心理学家。在哥伦比亚大学工作的 26 年中,卡特尔指导了 50 多位博士研究生,其中最著名的伍德沃斯和桑代克成为继卡特尔之后哥伦比亚学派的代表人物。1917 年,卡特尔因反对美国政府加入第一次世界大战而被校方开除。以后主要从事编辑和出版工作,创办和编辑了《心理学评论》《心理学专刊》《心理学公报》《科学》《美国科学家》《学校与社会》《科学月刊》等,这些杂志获得了良好的经济和社会效益。1921 年,卡特尔创办心理学公司,积极推动心理学在工商和教育等领域的应用,大大促进了美国应用心理学的发展,同时也加强了美国心理学的机能主义运动。鉴于他对心理学发展的重要贡献,1929 年卡特尔当选为第九届国际心理学会主席。

卡特尔一生没有出过专著,他所有较重要的心理学研究、演讲和论文后来被学生整理收编在《詹姆斯、麦基恩、卡特尔——科学家》(两卷本,1947)一书中。卡特尔的研究及影响主要表现在:第一,研究范围非常广泛。①对反应时间的研究。通过对不同复杂程度的感知过程进行速度测定发现,反应时间随感觉和注意的强度而发生变化,刺激越强,反应时间越短。②对联想的研究。先后进行控制联想和自由联想的实验研究,结果证明控制联想比自由联想时间短。③对知觉和阅读过程的研究。卡特尔用速示器研究被试观察物体形状颜色、字母、字句并说出其名称所需要的时间,发现所需时间随呈现物数目增加而减少,不同文字的阅读时间随对文字的熟悉程度而异等。④对心理物理学的研究。卡特尔用高尔顿的误差率和统计法改造传统的心理物理学。用平均误差的大小代替最小可觉差的大小,把感觉的变异性视为人在力求达到完善辨别时所发生的误差。⑤对等级排列法的研究。卡特尔首创了等级排列法,给被试呈现各种深浅不同的颜色卡片,要求被试根据深浅程度不同,有顺序地进行排列。并用这种方法来评定美国科学家的卓越程度,按期公布最突出的科学家的名单,《美国科学家》主要源于这个研究。⑥对个别差异的研究。在上述研究中卡特尔都以个别差异为主题,如反应时、联想、知觉、阅读等都可归结为个别差异问题。第二,卡特尔重视用心理测验方法研究个体差异。他主要对能力及其差异的外在行为表现进行研究,不单指智力测验,而且包括人的一切能力,测验内容包括联想、感知、反应时和记忆等多种能力测验,如用自己收集的数据研究被试的测验分数与学习成绩的关系等。既不重视内省和意识,也不去探究个别差异所涉及的意识内容或生理原因,这就为机能主义向行为主义过渡创造了条件。第三,从应用心理学方面推动了美国机能心理学的发展。卡特尔反对意识元素分析的"纯"科学心理学,认为科学的价值体现在对社会的功用上,脱离服务于社会这个宗旨,心理学就无法存在。主张把心理学原理应用于教育、工商业和管理等领域,在社会应用中体现心理学的学科价值。虽然他不太重视心理学的理论建设,但在个别差异、心理测验和应用心理学上推进了美国机能心理学的发展,在人才培养上为哥伦比亚机能心理学奠定了基础,也有力地加强了美国心理学的机能主义运动。

二、桑代克的心理学思想

桑代克(E. L. Thorndike,1874—1949)是美国哥伦比亚学派的主要代表,在美国本土接受教育的首批美国心理学家之一,是动物心理实验研究的首创者,科学教育心理学体系和联结主义心理学的创始人,自桑代克以后,美国心理学进入了以广义机能主义倾向为主流的历史阶段。

桑代克于 1895 年获学士学位,大学期间读了詹姆斯的《心理学原理》,开始向往心理学工作。大学毕业后到哈佛大学师从詹姆斯读研究生,开始研究动物的智慧,以对小鸡实验的研究报告于 1897 年获得硕士学位。后到哥伦比亚大学学习,继续利用猫和狗等做实验。在卡特尔的指导下,1898 年以《动物的智慧:动物联想过程的实验研究》论文获得博士学位。后在哥伦比亚大学工作了 40 年,1940 年退休。桑代克对心理学的杰出贡献带给他许多荣誉,1912 年被推选为美国心理学会主席,1917 年当选为美国科学院院士,1921 年《科学的美国人》杂志给心理学家排名,桑代克名列第一。1925年获得哥伦比亚大学巴特勒奖章,1933 年又被推选为美国科学发展学会主席。1942 年回到哈佛大学接任詹姆斯的讲座,继续从事心理学研究。

桑代克是位多产的心理学家,一生的著作和论文共有 507 种,研究领域较广泛。主要著作有:《心理学纲要》(1905)、《动物的智慧》(1911)、《教育心理学》(1903 两卷本,1913—1914 第 2 版扩展为三卷本)、《智力测验》(1927)、《人类的学习》(1931)、《需要、兴趣和态度的心理学》(1935)、《人性与社会秩序》(1940)、《联结主义心理学文选》(1949)等。桑代克对心理学的主要贡献在于对动物心理研究开辟新的道路,创立联结主义心理学和科学教育心理学体系。

（一）对动物心理的实验研究

桑代克第一个用实验法取代自然观察来研究动物心理,为动物心理研究开辟新的道路。达尔文提出人类心理与动物心理具有连续性的观点,为开展动物心理研究奠定了思想基础,研究动物心理也就成为了解人类心理的捷径。但在桑代克之前,对动物心理研究大多采用自然观察法。桑代克主张用实验法研究动物心理的发生发展,认为实验法比直接观察起码有三个优点:①可按照自己的意愿重复各种条件,以便看到动物的行为是否由于偶然的巧合。②可对许多动物做同样的实验,以便得到典型的结果。③可把动物安排在一种情境之中,使它的行为特别对我们有启示。桑代克设计和创建迷箱、迷笼等实验工具,对小鸡、猫、狗等动物进行学习行为实验。譬如,将饿猫关在迷笼里,猫看到笼外放的鱼就想出来吃,于是做出乱抓、乱跳等许多无效动作,偶然碰到开门装置就跑出来吃到食物。经过多次尝试后,猫的无效动作逐渐减少,越来越容易打开迷笼。桑代克认为这种通过尝试错误偶然获得成功的行为就是动物的学习过程,并把动物尝试的次数和时间记录下来,绘成曲线以示学习进程。

桑代克将实验法引入动物行为研究,标志着动物实验心理学的建立。动物心理研究始于达尔文的进化论,此后有罗姆尼斯用拟人观描述动物心理,摩尔根提出用低级心理说明高级心理的吝啬律,但都局限于简单的观察法,所得结果要么不精确,要么错误,研究水平较低。桑代克第一次将实验方法引入动物心理研究,以控制的实验与观察取代拟人化的类比法和简单观察法,且把焦点集中在动物行为上,使研究结果的有效性大大提高,从而促进了动物心理研究的科学化。

（二）创建联结主义心理学

桑代克在对动物实验研究中创建了联结主义心理学,这是一种关于学习过程的学习心理学理论。桑代克通过对动物学习过程的研究,认为动物的学习过程是尝试错误的过程,是不断"选择"与"联结"的过程。这个过程是渐进性的,是以动物的本能为起点。饿猫感受到饥饿的刺激和迷笼的束缚,本能行为被激发,表现为挤、抓、咬等许多动作。其中一种动作尝试成功了就会被选择出来,与情境形成联结,以后当猫遇到同样情境时,再次使用这一联结解决问题,同一联结被使用的次数越多则越稳定。桑代克认为,动物学习不存在思维和推理作用,而是在情境刺激与反应之间建立联结。"选择与联结"不仅可以解释动物的学习过程,也可以解释人的学习过程,甚至可以推广用于解释一切心理过程。

虽然人类的学习比动物学习复杂得多,但桑代克认为人类学习也同动物一样是基于本能。当学习者面临新的情境时,为了达到特定目标,学习者必须通过不断地尝试错误,从多种可能的本能反应中选择其一与情境形成联结,联结的形成就意味着学习过程的完成。根据对动物的学习实验,桑代克提出三条学习定律,即准备律、练习律和效果律。准备律是指当一个传导单位准备传导时,传导不受干扰就引起满意之感,相反还没有准备好就强行传导会引起烦恼之感。练习律即刺激与反应之间的联结因使用而加强,因不用而减弱。效果律是指联结因获得满意效果而增强,以后出现同样情境则容易引起该反应,反之,联结反应带来痛苦烦恼效果则联结的力量减弱,下次出现同样情境就不会做出该反应。桑代克发现,奖赏比惩罚更有效力。可见,桑代克的联结主义只强调刺激与反应之间的联结,贬低学习过程中观念的作用,用简单的联结解释人的复杂行为,限制意识作用,为后来行为主义否认意识的客观化研究产生了重要影响。

(三)创立教育心理学

1903年桑代克的《教育心理学》出版,标志着教育心理学作为一门新的独立学科的问世。虽然之前也有学者对教育中的心理学问题进行了研究,但桑代克明确宣称要将教育心理学建设成为一门独立学科。他认为,教育心理学旨在研究人的本性及其改变的规律,而人性的变化是通过学习进行的,不同个体的学习又是有差异的。因此,教育心理学的体系由人的本性、学习心理和个别差异三部分构成。桑代克的三卷本《教育心理学》包括"人的本性""学习心理学"和"个别差异及其原因"。①关于人的本性。桑代克把原本趋向(先天反应趋势)看作是人的本性,且特别强调本性的作用。认为当人的生命发生时,已具有无数确定的倾向,形成将来的行为。个人一生的行为和成就,是他初生时所具有的结构和出生前后所感受的一切影响的结果。原本趋向就是人先天所处的情境与反应之间的联结。教育和人类的自我控制都以这些先天的联结为起点。教育的目的在于把其中的某些联结永久保持,把某些联结消除,并把另一些加以改变。教育心理学的任务就是提供有关人在智慧、品性、才技方面的先天本性的知识,以及人被改造和学习的种种规律。桑代克把原本趋向划分为反射、本能和原始能力，三者没有明显的分隔和界定。反射的联结很牢固，情境简单，反应确定，如膝跳反射。本能的联结较易改变，但情境较复杂，反应很不确定。原始能力是对一个非常复杂的情境产生难以确定的反应，其联结的形成完全依赖训练。原本趋向可用最简便的格式 S—R 联结表示，且分析了联结的形式。桑代克认为，需要、兴趣、动机是使人从情境中获得知足和烦恼的根源，是人类本性的基础。在桑代克看来，学习是关乎人类幸福的最重要的本能。人的原本趋向存在很多缺陷，陈陋而无理，不宜于节制人类的行为，所以"每个儿童务必学习无数的新功课，放弃大部分的天赋权利"。故原本趋向的唯一价值和功用在于，它常常能使人自身变得比现在好些，学习是为了达到知足。②关于学习心理学。对于学习的价值，桑代克认为，学习对人类有重要意义。一个人所有的智慧、品德、才技都是原本趋向及其所受训练的产物。根据对动物学习实验的研究，桑代克认为，动物的学习是情境与反应的直接联结，不含有任何观念的作用和推理演绎的思维，以有用与知足而选择建立，以失用与烦恼而淘汰。对于学习的方式，桑代克认为人的学习更为复杂，其学习方式有四类：形成一般动物式的联结，形成含有观念的联结，分析和抽象，选择性思维或推理。人的学习以联想为基础。对于学习过程，桑代克认为人类与动物的学习遵循同样的规律，即准备律、练习律和效果律。③关于个性差异及其原因。桑代克认为，个性差异是由于个人本能及其内在发育成熟、生活环境、所受教育训练三种力量共同作用而形成的。性别、种族、家族、发育成熟、环境教育是影响个性差异的主要因素。本能与环境究竟何者重要，桑代克强调要慎重对待，绝不能因与天性有关，就把智慧、道德都归结为出自天性，并特别强调道德比智慧较易受环境的影响，在这一点上教育有较大优势。

（四）推进心理测验工作

桑代克继承了卡特尔的研究方向，设计了很多心理测验和教育测验，包括成就测验、能力倾向测验和人格测验等，推进了以研究个别差异为导向的心理测验运动。在他的领导下，以哥伦比亚大学为中心的心理测验工作蓬勃发展，他也成为美国心理测验运动的领袖之一。

三、武德沃斯的心理学思想

武德沃斯（又译吴伟士）（R. S. Woodworth, 1869—1962）是哥伦比亚学派的主要代表,先后受教于詹姆斯、卡特尔,是卡特尔的继承者。1895 年到哈佛大学学习哲学、历史和心理学,在詹姆斯指导下进行时间知觉研究,1896 年在哈佛大学获得第二个学士学位。1897 年获得硕士学位后留在哈佛的生理学实验室工作,之后转到哥伦比亚大学学习,1899 年在卡特尔指导下获得博士学位。1902 年去英国利物浦大学,师从著名生理学家谢灵顿学习一年。1903 年回哥伦比亚大学任教,1909 年升为专任教授,1915 年当选为美国心理学会主席,1917 年接任卡特尔职位,成为哥伦比亚大学心理学带头人,1945 年第一次退休。武德沃斯退休后实际上还继续在哥伦比亚大学从事教学和研究工作,直至 89 岁高龄第二次退休(1958)。1962 年去世。武德沃斯在美国心理学界活跃长达 70 年之久。鉴于其在心理学方面的杰出成就,武德沃斯获得美国心理学基金会颁发的第一枚金质奖章(1956)。

武德沃斯的著作有:《论运动》(1903)、《生理心理学》(1911)、《动力心理学》(1917)、《心理学》(1921)、《实验心理学》(1938)、《行为动力学》(1958)等。武德沃斯深信心理学家彼此的一致会超过分歧,并力图建立一个所有人都赞同的体系,在他的著作中总是力图兼容并蓄保持折中看法,但仍然表现出美国心理学机能主义的倾向。武德沃斯认为,如果一定要给他的心理学一个系统的名称,可以叫作"机能主义"。

武德沃斯的研究范围比较广泛,其心理学思想主要有:①心理学的研究对象是人的全部活动。包括意识和行为两个层面。在具体研究中必须从研究刺激与反应的性质开始,即从客观的外界事物开始,还应该对介于二者之间的、对行为有重要影响的有机体因素加以研究。他反对早期行为主义将行为的原因归结为刺激,认为刺激并非引起某一行为反应的全部原因,有机体自身的其他因素,如驱力状态、过去经验、身体条件等都制约着行为反应。于是,他把行为主义的 S-R 公式改造为 S-O-R,O 代表个体变量,如自身能量、经验、动机等。后又将这一公式扩展为:W-S-OW-R-W,其中 W 代表环境,S 代表来自环境中的刺激,OW 代表个体对环境的调整、定势、目的等意识因素,R 代表反应,后面的 W 代表改变了的环境。这说明个体在接受环境中的刺激时,经过个体过去经验的作用,然后对环境做出反应。武德沃斯对行为公式的扩充,对以后新行为主义提出"中介变量""需求变量""认知变量"等有重要启发作用。②对研究方法持开放多元的态度。武德沃斯认为,应根据研究对象和任务的不同而选择不同的研究方法。主张既用客观的实验和观察,也用内省法。对外部刺激和反应可采用客观的实验和观察法,对内部发生的意识活动则采用内省的方法。③提出动力心理学。武德沃斯主张研究活动产生的心理机制,提出动力心理学。他将心理动力观引入心理学,认为对活动的调节包括内驱力和机制两种心理成分。内驱力是行为的发动者,回答"为什么"的问题,即动机。机制是行为得以实现的条件或途径,回答"怎样"的问题,即行为能力。二者关系是机制有赖于内驱力的发动,内驱力只有通过机制的作用才能得以实现,而机制在内驱力多次发动后也可转化为内驱力。④关于心理与生理的关系。武德沃斯认为,心理与生理二者是同一过程的不同科学描述,各自有其描述的重点,不是两个相互平行的过程。心理学描述过程的大的方面,生理学描述它的细节,二者不能互相取代。⑤扩展实验心理学的研究范围。武德沃斯重视心理学的实验研究,1938年出版《实验心理学》一书,所涉及的课题有心理物理学、联想、情绪、知觉、学习、动机、记忆和问题解决等。较之以往冯特、铁钦纳的实验心理学只局限于认知过程而言,武德沃斯把动机、情绪的研究纳入实验心理学领域。此后20多年时间里,美国大学的心理系都把该书作为实验心理学的教科书,直至现在也被视为实验心理学领域的经典。此外,武德沃斯还对学习迁移、无意象思维和情绪稳定性测验等进行研究,与桑代克一起提出迁移的"共同要素说",以及有些思维过程不包含元素性的感觉和意象成分等。总之,武德沃斯在心理学基础研究、实验研究和应用研究等领域都留下了深刻影响。他的研究不是基于反对别人的立场,而是建立在发展、评述、综合工作的基础之上,其折中路线在一定意义上为现代心理学提供了一种解决学派纠纷的发展思路。

综上所述,机能心理学为科学心理学的发展做出了较大贡献。首先,提出了一种新的心理观。机能心理学强调人的心理的整体性、活动性和适应性,把心理视为一种有效适应环境条件的活动过程,使心理学研究重心从意识构造转移到意识与客观环境的适应关系中,从而采用多元化的研究方法进行比较开放的、动态的和客观的研究。其次,拓展了一些新的心理学分支。从动物与人、常态与变态、儿童与成人、纵向与横向等多层面开展心理机能研究,使动物心理学、儿童心理学、差异心理学、动力心理学和变态心理学等新领域得到开拓性发展。最后,促进了应用心理学的发展。美国机能心理学坚持以实用主义为哲学基础,把心理、意识看作是有机体适应环境的一种基本机能和工具,使心理学与生物的生存和人类的生活实际联系起来,把心理学广泛应用于教育、工业、临床和实际生活中,有力地推进了教育心理学、工业心理学、医学心理学、心理卫生和心理测验等应用心理学的繁荣和发展,巩固了心理学的社会地位。然而,机能心理学也有其明显的局限性:一是在强调心理学的应用价值时,忽视了自身的理论建设,缺乏系统深入的理论构建;二是具有生物学化倾向。在进化论影响下,机能心理学不仅把人的生理构造视作适应环境的结果,也把人的意识看作是适应环境的产物,意识成为人们适应环境的工具,忽视了意识的社会内容、社会制约性和认识功能,导致出现以动物的行为解释人的行为的还原论倾向。

第六章 行为主义

行为主义由美国心理学家华生于 1913 年创立,是现代心理学主要流派之一,被称为西方心理学的第一势力。行为主义从产生到 20 世纪 50 年代几乎一统天下,深刻影响了科学心理学的发展。从 1913—1930 年以华生为代表的行为主义被称为早期行为主义或第一代行为主义,主要特点是坚持放弃意识,选择行为作为心理学的研究对象,抛弃内省法改以客观法为研究方法。从 1930—1960 年间,行为主义经历了内部变革,形成了以赫尔、托尔曼、斯金纳等为代表的新行为主义,其主要特点是不排除意识经验,提出中介变量,对行为内部原因可在经验事实基础上推测,主张研究块状行为、整体行为,重视操作分析的客观方法。20 世纪 60 年代以后,新行为主义得以发展,试图在认知主义与行为主义之间走出一条折中的路子,形成了新的新行为主义,主要特点是把传统心理学中的意识、思维、认知等回归到心理学的研究中并重视其作用。

第一节 行为主义产生的背景

一、社会历史背景

行为主义产生于 20 世纪初的美国,是美国当时社会生活、工业生产、政治改良的一种要求和反映。首先,从美国社会生活来看,19 世纪后半期,美国在工业革命进程中出现了城市化运动,农民成为产业工人,农业人口逐渐成为城市人口,城市人口在总人口中的比例由原来的 1/4 增加到 1/2 以上。这些人要适应生活环境变化,必须要学会新的生活方式和生活技能,国家也必须加强对这些人的训练,使其尽快形成适应社会的行为。这一社会变化促使心理学家从对意识的研究转向对适应性行为的研究。其次,工业生产需要通过提高人的行为效率来提高生产效率。工业革命完成,机械技术使生产效率有了很大提高,若想再提高生产效率,必须深入了解人的行为规律,通过提高工人行为效率来实现。正如华生所言"心理学家要帮助和鼓励工业去解决这个问题,在工人总体的活动效果上加以研究"。华生倡导行为主义心理学的社会目的就是最大限度地提高工作量和工作效率。再次,开始于19世纪90年代的美国政治生活中的进步主义运动,是一场广泛的政治革新运动,试图运用科学管理进行社会治理。对革新者来说,通过行为技术的社会控制是一种最有力的革新思想,行为主义似乎提供了能够合理有效管理社会的科学工具,美国社会发展为行为主义的产生提供了条件。

二、哲学背景

行为主义深受机械唯物主义、实证主义和实用主义哲学的影响。一是机械唯物主义。18世纪欧洲工业革命以来,自然科学发展较快,力学脱颖而出在当时自然科学中占统治地位,作为当时自然科学成果总结的哲学就是机械唯物主义。笛卡尔根据力学原理提出"动物是机器",法国唯物主义者拉·美特利继承了笛卡尔的机械论,提出"人也是机器",只不过比动物多了几个齿轮、多了几条弹簧而已等。这些思想为华生行为主义机械论铺平了道路。二是作为美国官方哲学的实用主义,强调行为、实践、生活的哲学,主张"真理就是有用","真理只是有效的工具"。实用主义的基本要点是立足于现实生活,把确定信念当作出发点,把采取行为当作主要手段,把获得效果当作最高目的。华生把人的活动简化为刺激—反应的行为模式,把有效控制人的行为作为心理学的根本目的,是实用主义哲学在心理学中的具体体现。三是实证主义。它是19世纪中叶法国哲学家孔德首创的一种科学哲学,从其发展历程来看,可分新老三代实证主义。第一代是以孔德为代表的激进实证主义。认为实证主义的本质属性都概括在实证这个词中,并把实证解释为具有实在、有用、确定、证实等意义,这也是实证精神的要素。孔德主张研究实在、有用的知识,即关于现象范围之间的知识,至于原因、本质、因果联系、规律性是什么,不属于实证知识范围。他还指出,科学以及一切符合实证哲学精神的认识都只是叙述事实,只重视现象间的外部联系。孔德的激进实证主义影响了华生等人的激进行为主义。第二代是马赫主义,即经验实证主义,19世纪70年代产生。主张宇宙结构是一元的、统一的,世界的真正要素不是物,而是感觉、经验。第三代是逻辑实证主义,20世纪二三十年代产生,以维也纳学派为代表的哲学思想。逻辑实证主义的证实原则是能用逻辑分析方法证明的命题,则是有逻辑意义的,能用经验证实则具有经验意义,否则,两者都不能证实就是无意义的命题。逻辑实证主义者还强调,科学理论是由有意义的命题组成的。逻辑实证主义介绍到美国心理学界颇受欢迎,以托尔曼、赫尔等人为代表的新行为主义,正是受这一方法论的启发,打破早期行为主义因有机体内部因素不能直接被观察证实而不予研究的局限,使得意识问题可以得到不同程度的解释,于是不可直接观察的中介变量被引入行为主义研究,介入到刺激—反应之间。实证主义从激进实证主义到经验实证主义再到逻辑实证主义,都坚持可观察证实的原则,但也发展了间接观察证实的原则,即不能被直接观察证实的命题,若能通过间接观察或逻辑推理证实,也是可以接受的。

三、自然科学背景

行为主义与自然科学中的生理学关系密切,特别是与俄国谢切诺夫、巴甫洛夫和别赫切列夫的生理学思想更为直接。1863 年,俄国"生理学之父"谢切诺夫(I. M. Sechenov)出版了《大脑的反射》一书,认为人的思维、语言都是反射,都可用生理学的反射来解释,人的行为只不过是在大脑的控制下,对环境刺激反射的过程。巴甫洛夫(I. P. Pavlov)主要从事有关消化腺、大脑高级神经中枢等的研究,1904 年他在消化腺课题研究上获得诺贝尔奖。巴甫洛夫提出的条件反射思想和实验技术对行为主义产生了非常重要的影响,华生从巴甫洛夫用生理学术语描述高级神经活动所表现的心理现象中受到启发,用肌肉运动、腺体分泌、肢体反应等生理学名词代替传统心理学中的思维、情绪等概念,根据条件反射概念建立 S－R 公式,把条件反射作为一种具体的实验技术在研究中加以采用等,巴甫洛夫的条件反射理论和方法为华生行为主义奠定了自然科学基础。别赫切列夫(V. M. Bekhterev)提出客观心理学思想,认为不仅应把心理理解为主观的东西,而且还要理解为客观的东西,理解为脑的物质过程,强调心理学要研究脑参与的由外部刺激引起的所有反射。认为心理过程是伴随着行为动作产生的,可把心理学解释为行为的科学。以上三位生理学家的思想观点在华生行为主义体系中都有所反映,成为行为主义的生理学基础和对行为主义的重要支持。

四、心理学背景

行为主义的产生也受心理学自身发展的影响。一是机能心理学发展的必然结果。华生认为："行为主义是唯一彻底而合乎逻辑的机能主义。"华生是安吉尔的学生,深受机能心理学影响。机能心理学把心理、意识作为适应环境的工具,降低意识的独特性,忽略人在意识指导下的行为与动物本能行为之间的本质差异,为华生提出行为主义基本原则做了必要的理论准备。安吉尔曾预见,意识这个词就像灵魂一词一样,很可能从心理学中消失。如果取消意识范畴的存在,代之以客观描述动物和人的行为,这对心理学十分有益。因而,华生宣布取消意识、反对内省,是机能心理学发展的必然结果。二是动物心理学发展为行为主义产生提供了重要前提。1910年美国有哈佛等8所大学建立动物心理学实验室,行为主义与动物心理学有密切的内在联系。华生认为,他的行为主义是动物心理学研究的直接结果,动物心理学研究中的"吝啬律"对行为主义有直接影响。摩尔根提出只要能用较低级的心灵作用来解释的活动,就绝对不用较高级的心灵作用来解释它。桑代克在研究动物行为时力图贯彻摩尔根的吝啬律,但还不够彻底,其效果率仍是假定动物能够感受满足和烦恼。华生在芝加哥大学长期从事动物心理研究中形成了一种观念,既然能对动物行为进行纯粹客观的观察和解释,也就能对人的行为进行纯粹客观的观察和解释。沿袭和发展这一研究取向,华生不仅消除对动物行为的一切主观解释,甚至否认人的意识的存在,最终走上行为主义道路。三是意识心理学的危机。科学心理学建立之初,一直以意识为研究对象故称为意识心理学。但在关于什么是意识、如何研究意识等问题上心理学家存在分歧,形成了学派纷争的局面。这些学派的争论使人们对意识能否成为心理学的研究对象、心理学能否成为一门科学产生了怀疑,造成了意识心理学的危机。20世纪初期,美国心理学界几乎都对意识心理学不满。如武德沃斯指出,越来越多的人偏爱于把心理学界定为行为科学,而不试图去描述意识。麦独孤(McDougall)于1905年提出心理学是研究行为的实证科学等。可见心理学从研究意识转向研究行为,似乎是当时时代精神的要求,华生正是顺应了心理学发展的这一潮流,树起了行为主义的旗帜。

第二节　早期行为主义

一、华生的行为主义心理学思想

行为主义创始人华生(J. B. Watson, 1878—1958)，坚持心理学等同于自然科学，主张心理学的研究对象是人和动物的行为，研究要采用客观法，反对使用内省法。华生出生于美国南卡罗来纳州的格林维尔，1894 年进入格林维尔的福尔曼大学学习哲学，21 岁获哲学硕士学位。1900 年进入芝加哥大学研究哲学与心理学，师从于杜威、安吉尔、神经生理学家唐纳尔森和动物学家洛布。1903 年，华生以论文《动物的教育：白鼠的心理发展》获得了芝加哥大学心理学博士学位，之后留校任教，讲授心理学。1908 年，他来到霍普金斯大学，担任心理学教授和心理学实验室主任，在这里度过了他学术生涯最辉煌的岁月，一直到 1920 年。

1913 年华生在《心理学评论》杂志发表题为《行为主义者所看到的心理学》一文，正式宣告行为主义的诞生，标志着行为主义革命的开始。华生明确指出，就行为主义者的观点来看，心理学是自然科学的一个客观实验分支，其理论目标在于预测和控制行为。1914 年华生出版了第一本系统阐述行为主义体系的专著《行为：比较心理学导论》。上述文章的发表和专著的出版在美国心理学界产生了重大影响，特别是得到了广大青年心理学家的响应。1915 年，华生被推举为美国心理学会主席，他发表了题为《条件反射及其在心理学中的地位》的就职演说，将巴甫洛夫的条件反射概念和技术引入心理学，为心理学研究提供了一种客观分析行为的方法。1919 年出版第二本专著《行为主义的心理学》，这是华生对其行为主义思想的一次更为全面、系统的表述。1920 年的离婚风波迫使华生辞去了霍普金斯大学的教授职位，中断了红极一时的学术经历。1921 年华生进入商界，他利用各种途径和机会宣传和普及行为主义心理学。1925 年他的《行为主义》出版，这本书是华生行为主义的通俗表述，主要由他所做的一些演讲汇编而成。1928 年华生又出版《行为主义的方法》一书。1930 年重新修订了《行为主义》一书，这是华生对行为主义观点的最后阐述。1945 年华生从商界退休。为表彰华生在心理学中的卓越成就，美国心理学会于 1957 年授予他金质奖章。1958

年华生去世。华生的心理学思想主要反映在以下几个方面：

（一）心理学的性质和对象

华生在《行为主义者所看到的心理学》一文中开宗明义地指出："由行为主义者看来的心理学纯粹是自然科学的一个客观实验分支。它的理论目标就是对行为的预测和控制。"①"心理学必须放弃所有提到意识的地方；心理学没有必要设想把心理状态当作观察的对象再去欺骗自己。"②因而，在华生看来，要想使心理学成为真正的科学，必须放弃研究主观的心理或意识，把观察到的客观行为作为研究的对象。所谓行为是指可观察的反应，其实质是对环境的适应。华生指出，行为是有机体用以适应环境的反应系统，这一系统无论是简单还是复杂，其构成单位总是刺激（S）与反应（R）的联结。刺激是引起有机体行为的外部和内部的变化，而反应是构成行为最基本成分的肌肉收缩和腺体分泌。无论引发行为的原因多么复杂，但最后都可归结为物理和化学的变化。也就是说，全部行为包括身体活动，也包括通常所说的心理活动，不外乎是一些物理化学的变化引起另一些物理化学的变化。"反应"一词从生理学转借而来，但心理学扩大了反应的用法，把简单生理反应组合成复杂的反应，如把肌肉动作联结视为一种行为方式，它比反射复杂。华生认为，反应有内隐或外显、遗传或习惯之分，可分为四类：外显的习惯反应，如游泳、开门锁、打球、与人谈话、交往等。内隐的习惯反应，如腺体分泌、无声言语或思维活动等，把思维这一复杂的心理活动归入反应和行为范畴，这就消除了心理或意识的存在。外显的遗传反应，即可观察的本能和情绪反应，如抓握、打喷嚏、眨眼等。内隐的遗传反应，如内分泌系统、循环系统的各种变化。上述反应都由特定刺激引起，刺激可以简单如光波，也可以是复杂情境。一定的刺激必然引起一定的反应，而一定的反应也必然由一定的刺激引起。心理学研究行为的任务就在于确定刺激与反应之间的规律性关系，即根据刺激预测反应，根据反应推知刺激，从而预测和控制人的行为，实现行为主义心理学的理论目标。

（二）心理学的研究方法

华生认为，一个人除了能对自己进行内省观察外，决不能对他人进行内

---

① 西方心理学家文选[M].张述祖,等,审校.北京：人民教育出版社,1984：152.

② 西方心理学家文选[M].张述祖,等,审校.北京：人民教育出版社,1984：157.

省观察,而且在对自己进行内省时缺乏一致标准,即使经过严格训练的被试,也不能取得一致意见。因而内省法会夸大差异性,忽略共同性,只会给心理学带来混乱分歧,无法提供客观有效的研究资料,故应放弃内省而采用客观方法。客观方法主要有4种:一是观察法,这是科学研究的最基本方法,包括不需要借助仪器控制的自然观察法和需要借助仪器控制的实验观察法。自然观察法可以了解引起反应的刺激、反应和动作的性质,但此法不借助仪器控制,只能做粗略的了解。实验法是借助仪器控制的观察,能够更精确地进行研究。二是条件反射法。这是巴甫洛夫最先采用的方法,但运用到心理学应归功于华生,这也是行为主义特有的方法。此法的核心在于用一个条件刺激取代另一个无条件刺激从而形成条件反射。华生把条件反射法分为两类,即用来获得分泌条件反射的方法和用来获得运动条件反射的方法。前者用于腺体分泌反应,后者用于肌肉动作反应。华生认为,当研究对象是动物、婴儿、聋哑人或某些病人,无法采用言语报告方法时,条件反射法有独到的效用。他还亲自应用此法对儿童的情绪进行系统的实验研究,取得了有价值的成果。条件反射法还可以与言语报告法结合使用,以检验言语报告的真伪。三是言语报告法。它是由正常人报告其身体组织的变化,主要报告自己机体内部变化而不是心理和意识活动的报告,故区别于内省法。此法是技术条件不得已时的权宜之法。一般来说,言语能力是正常人所具有的,是人所特有的一种行为反应。听取别人在接受刺激后的言语反应,并不违反行为主义的客观原则,但言语报告的结果有待于仪器的验证。四是测验法。华生认为,测验不仅是心理学中纯粹应用性的技术方法,而且也是行为主义的一种研究方法。已有的测验法存在一个较大的缺陷,就是大多数都依赖人们的言语行为,这就无法对有言语缺陷的人进行测验。因此,他主张设计和运用不一定需要语言的有明显外部表现的行为测验。华生强调,测验的目的并不是度量智力和人格,而是测量被试对测验情境的反应。

(三)本能论

华生起初认为本能是一种遗传的类型反应,是一系列连续反射,主要作用在于引发有机体的学习活动。但后来否认遗传和本能对行为的作用,主张在心理学中应取消本能的概念,因为本能根本就不存在。"现在习惯上称为本能的一切动作,大概都是训练的结果——属于人类所有学习行为之中的。"认为身体构造上的差异及幼年时期训练上的差异足以说明后来行为上的差异,而人在结构上的差异是有限的,要发生大的变化、要发展,只有依靠环境和教育的影响,控制环境因素即可改造人的行为。他突出强调环境和教育的作用,从而提出极为著名的言论:"给我一打健全的婴儿和我可用以培育他们的特殊世界,我就可以保证随机选出任何一个不问他的才能、倾向、本能和他的父母的职业及种族如何,我都可以把他训练成我所选定的任何类型的特殊人物,如医生、律师、艺术家、大商人或者甚至于乞丐。"华生重视环境和教育的作用有积极意义,但完全否认遗传和本能,主张环境决定论和教育万能论是极端片面的。

（四）情绪理论

华生认为,情绪是一种遗传的模式反应,包括整个身体机制的深刻变化,特别是内脏和腺体系统的深刻变化。也就是说,情绪是遗传的、原初的,其反应是模式化、类型化的,反应的各个细节表现出经常性、规则性及顺序性等特点。认为情绪和本能都是遗传的模式反应,但两者有一定区别。情绪活动于体内,是内隐的,而本能则表现于外以适应环境。情绪可以离开外显的本能动作而发生,但本能动作基本上总有情绪相伴随。根据对婴孩的研究,华生认为人的原始情绪有三种反应状态:恐惧、愤怒和爱。它们各有其发生的主要情境和典型表现。恐惧是由高声和突然失去支持引起,愤怒由身体运动受阻引起,爱是由抚摸皮肤、摇动和轻拍引起。华生通过对10个月的男孩阿尔伯特建立恐惧条件反射及恐惧消除的实验研究表明,条件化是使情绪复杂化和发展的机制。人的各种复杂情绪是通过条件作用逐渐形成的。男孩开始对小白鼠及一些带毛的东西毫不惧怕并表现出好奇,然后用重击铁轨的高声作条件反射实验。数次之后,即使没有高声,孩子也开始表现出对白鼠的恐惧。以后则泛化到兔子、鸽子等多种有皮毛的动物,甚至表现出对毛皮上衣、头发和圣诞老人的连鬓胡须也产生恐惧。华生认为,由条件反射形成的情绪反应具有扩散或迁移的作用。但在适应的条件下,也可形成分化条件情绪反应。除条件刺激白鼠外,其他刺激单独使用时不以敲击声来强化则扩散消失,他只对白鼠保留反应。因此,不良情绪反应也可通过重行条件作用或解除条件作用加以消除。

（五）言语和思维理论

华生认为言语是一连串的刺激—反应,思维是无声的言语,也是一连串刺激—反应。他将"言语"和"思维"都归结为"语言的习惯"。进而提出语言习惯有外显的和内隐的两种:一种是外显的、完备的和供社会之用的即言语;另一种是内隐的、无声的和供个人之用的即思维。两种语言习惯在本质上是等值的,都是感觉运动的行为。言语是大声的思维,思维是无声的谈话。思维和言语是一样的,二者的关系是,内隐的语言习惯是由外显的语言习惯逐渐演变而来的。儿童开始时是独自对自己讲话,以后在大人与社会的要求下,逐渐变为小声的讲话,最后又变为只在嘴唇之内出现,说明言语与思维在发生上具有联系。华生认为,人类的思维形式有两种:语言形式的思维即用语词进行的思维;非语言形式的思维如聋哑人用肢体运动代替词汇,他们的言语和思维都以同样的肢体反应来进行,甚至正常人也并非总是用语词来进行思维。当一个人在思维时,他既发生着潜伏的语言活动,又发生着潜伏的肢体和脏腑活动,当后面两种活动占优势时,就发生了没有语言形式的思维。华生将思维分为三类:①问答式思维,将已经习惯了的字的行为无声地应用起来。②习惯性的无声思维,已经养成的语言习惯被刺激或被情境所引起而无声地动作起来的,这种习惯在其发生时需要增加"学习"或"再学习"的因素。③计划性思维,这种思维需要学习。他还认为,各种思维的创造物不过是玩弄词的反应的结果。人们将词的反应变来变去,最后得到一种新的反应模型,这便是各种思维的产物。这是华生对思维创造作用的解释。

(六)人格理论

在对待人格问题上,华生抛弃以往的人格概念,改用行为主义的人格概念,即用动作、反应等来代替对人的心理特征的说明。他认为,人格是一切动作的总和,而动作是习惯的总和,因而人格是个体各种习惯系统的最终产物。人在生活中形成的习惯系统很多,如公开讲演系统、沉思系统、恐惧系统、爱怜系统等,而在这些系统中必然有一些是占优势的,对人格进行分类和对个体人格的判断,应以占优势的习惯系统为依据。华生指出,人的行为始终是连续的,是川流不息的动作流。一个人的动作流在某一年龄时的横切面就是该人在这个年龄时所具有的人格。在人的一生中,幼年和少年时期是各种习惯系统的形成时期,也是人格变化发展最快的时期。随着年龄的增长,新的习惯系统不断形成,旧的习惯逐渐消退。一般来说,到十三四岁以后其习惯系统基本确立,除非发生新的强烈的刺激,否则其人格很难有所改变。然而,由于人格是在环境影响下形成的,因而人格也是可以改变的。华生认为改变人格的唯一途径或方式就是改变一个人的环境。在新环境下,人不得不改变旧的习惯系统,养成新的习惯系统,环境改变的程度越高,人格改变的程度也越高。华生对这种人格改造方式持乐观态度,曾设想办一些医院来改造人格,并相信通过重新安排生活的办法达到对整个社会的改造。但由于把人看成是环境的消极被动的产物,所以,难以找到改造社会和人格的真正途径。

对华生创立的行为主义心理学的评价是毁誉参半。誉之者认为,华生主张以严格的客观方法研究行为,对心理学清除传统哲学思辨式的玄想、主观性、神秘性和烦琐性具有极大的积极意义,使心理学研究由主观范式转向客观范式,增强了心理学的科学性和客观性,同时也拓展了心理学的研究领域,以及深化了心理学的实际应用。心理学家科恩曾对每10年有影响的心理学家进行排座次,从1910到1919年华生居首位,1920到1929年弗洛伊德居首位,华生次之。可见华生的影响与地位出类拔萃,其行为主义也被称为西方心理学的第一势力,是心理学中的一场革命。毁之者认为,华生的行为主义只重外显行为而否定内在历程,窄化了心理学,丧失了心理学研究人性本质的意义,存在着生物主义、客观主义、机械主义和还原论的局限。

二、其他早期行为主义者的思想

华生作为行为主义的旗手,是当时行为主义最有影响的人物,到了20世纪20年代,行为主义在美国风行起来。梅耶、魏斯、霍尔特、拉什利等心理学家的观点与华生的主张大致相似,但又不完全一致,通常被称为早期行为主义者,以下简要阐述他们的心理学思想。

(一)梅耶的生理行为主义

梅耶(M. Mayer,1873—1967)出生于德国,早年就读于柏林大学,先师从艾宾浩斯学习心理学,后又在斯顿夫的指导下获得博士学位。执教于美国密苏里大学30年,专攻音乐和听觉心理。在1911年出版《人类行为的基本规律》一书,其观点接近行为主义,此后便被人们划归于行为主义阵营。他比华生早两年就在专著中论及了心理学的客观方法。1922年他出版了第二本专著《他人心理学》。梅耶认为心理学的研究对象是"他人"而非自己,如果研究者关心自己的行为,就容易对观察的结果产生偏见。

梅耶的行为主义观点与华生的主张有较大区别。梅耶强调方法论的行为主义，而不是形而上学的行为主义。他认为心灵、意识不是科学研究的合法对象，心理学既不必否定心灵、意识的存在，也不要贬低大脑和神经系统在行为中的作用。研究方法是集行为观察和思辨性神经学于一体。既要重视可观察的资料，也要思考发生在大脑中的不可观察到的活动，故称生理行为主义。在梅耶看来，心理学的任务是研究公开的资料，当意识在公开的情况下也能进行科学的研究。

（二）魏斯的社会生物行为主义

魏斯（A. P. Weiss，1879—1931）出生于德国，幼年时随家庭移居到美国。1916 年在梅耶的指导下获得博士学位，之后一直在俄亥俄州立大学执教，从事儿童心理学的研究。其代表作是《人类行为的理论基础》（1925—1929）。魏斯是一位激进的行为主义者，主张心理学是一门严格的自然科学。他排斥一切有关意识的描述及内省的方法，用客观的自然科学的方法不能观察的所有现象都应该清除出心理学。他认为，通过内省所得到的心理现象在心理学中就不能存在。心理学只能研究由物理学家界定的对象，力图把意识、人格等都分解为物理、化学要素，还原为电子和质子的运动。

魏斯的激进行为主义立场源于他的极端的还原主义。他提出人的行为、意识及人格都和世界上的万事万物一样具有物理的、生物的、社会的特性，最终都能分解为物理的、化学的要素，甚至以电子的、质子的运动来加以解释和说明。他强调行为的生物要素，但又不能回避人的行为具有社会性的事实，因而主张人是生物因素和社会因素两种力量的产物，用"生物—社会"一词去说明人的行为的特点。在他看来，人的行为是随有机体的成熟和发展，并在社会影响和人们互动作用下形成和改变的。心理学不能仅局限于生理的研究，还必须研究这种影响和社会关系。心理学的任务就是追求和研究人的行为形成的生物和社会化过程。

（三）霍尔特的非正统行为主义

霍尔特（E. B. Holt，1873—1946）出生于美国马萨诸塞州，于 1901 年在哈佛大学获得哲学博士学位，之后在哈佛大学和普林斯顿大学度过他的整个学术生涯。主要著作有：《意识的概念》（1914）、《弗洛伊德的愿望及其在伦理学中的地位》（1945）、《动物驱力与学习历程》（1931）等。

霍尔特坚持心理学应当研究行为，并主张中枢神经系统只有传递功能而没有任何加工作用的外周论。他认为意识包含于行为之中,行为就是意识,研究行为就是研究意识,也只有通过研究行为,才能理解意识。因此,他不像华生那样排斥意识。但他所谓的意识不过只是人的特定反应所规定的环境事物。环境事物具有多面性,人所意识到的就是事物本身所具有的某个或某些方面。意识的内容就是意识的客体。他反对把行为归结为"刺激—反应",认为行为是"特殊的反应关系",行为是整体性的动作,是有目的的。任何反应动作都是为了完成有某种目标的整体行为,而不是简单的刺激—反应联结。行为动机既有来自外部刺激又有内部驱力如饥、渴等。在他看来,行为通过两条途径形成和发展,一是学习(习得),这是基本途径。学习的动机是内驱力,遗传对人类行为的形成所起的作用并不重要,否认遗传的决定作用。二是童年行为模式的保持。

霍尔特的主要影响是为行为主义提供了一个哲学的框架。波林指出,可能由于霍尔特一半是哲学家,一半又是优越的实验家,所以他被认为是一位非正统的行为主义者。

(四)拉什利的大脑机能整体论

拉什利(K. Lashley,1890—1958)是美国杰出的神经心理学家,生理心理学的先驱,以对动物脑切除研究闻名于世。他是华生在霍普金斯大学的学生、研究助理。1915年获该校哲学博士学位。先后在明尼苏达、芝加哥和哈佛大学任教授。主要著作有:《意识的行为解释》(1923)、《脑机制与智能》(1929)。1929年当选美国心理学会主席。

拉什利的心理学思想主要有:①心理学应研究客观行为,不应研究意识。人们所经验到的只是作为意识内容的客观事物本身,而不是意识,意识是不可被经验到的。他把行为分为意识行为和无意识行为,两者只有程度差异而无质的区别。语言反应和身体的其他反应也无性质上的区别,只不过是一些肌肉群的收缩而已。客观事物与主观映象、心理活动与身体活动也没有区别等,以此否认意识是作为不同于行为的东西而存在。他也反对内省法,把内省理解为通过内部感官对自己身体内部的变化所进行的观察。②脑在学习过程中的作用是整体的。拉什利对华生提出的"大脑是一个无法研究的神秘黑箱"倍感兴趣,决心根据当时已发现的大脑功能分区理论,研究条件反射学习的神经生理机制。也就是当动物学到某种特定的条件反射之后,神经系统中的各部分究竟发生了什么变化?是分区还是整体?多次实验之后,并未发现所学行为与大脑特殊部位有何密切关系。于是,他通过对白鼠及其他动物进行脑切除实验研究,提出了大脑皮层功能活动的两条原则:第一,整体活动原则。切除大脑皮层对学习效率影响的程度以切除量的多少为转移,切除量越多,影响愈大。而且所受影响的大小还以所学活动的复杂程度而异,活动愈复杂,受影响愈大,但与切除的部位无关。第二,均势原则(等功原则)。大脑皮层的一定部位从其对任务的功效来说,本质上是与另一部位相等的。因此,切除大脑皮层的不同部位,对动物的学习效率并不发生不同的影响。③脑在学习过程中的作用是复杂的。根据上述研究,拉什利进一步得出结论,大脑皮层不存在具有确定定位点的感觉装置与运动装置之间的联结,脑的作用也不局限于把内导的感觉神经冲动转换为外导的运动神经冲动,脑在学习中的作用更复杂、更积极。他认为脑整合的复杂性超出反射学说所允许的限制。他不同意华生把反射只看作是点对点的简单联结、复杂行为是许多简单反射组合而成的观点。因此,拉什利与华生的分歧主要表现在对具体问题的看法上,在行为主义的基本观点上他们还是一致的。

第三节　新行为主义

新行为主义是对早期行为主义在不改变基本理论前提下的修正、完善和发展。新行为主义仍坚持和捍卫早期行为主义研究行为的基本立场,但又与早期行为主义有许多不同。一是比较重视对动机、认知等的研究,不回避使用传统心理学的概念,克服了早期行为主义忽视对有机体内部条件的研究。二是对行为的理解更多采用块状概念,把行为看作整体,而非华生那样只重视行为的分子概念和把行为看成肌肉运动的组合。三是重视操作分析的客观方法和逻辑实证主义。操作主义是美国物理学家、自然哲学家布里奇曼创立,强调用"操作分析"方法探讨科学概念的精确定义。认为科学概念并不是对客观实在的反映,而是科学家自身的操作活动。概念就是一组操作的同义语,若概念命题不能用可观察的操作来描述证实则是虚假的、客观上不存在的,也就不具有科学意义。新行为主义受操作主义影响,认为如果意识等内在因素可用操作定义来表达就要接受它,否则,就是不存在的。逻辑实证主义在坚持可观察、证实的基本原则之外,发展了可间接观察证实的原则,即一个不能被直接观察证实的命题,如能以逻辑推理的方式予以证实,也是有意义的。新行为主义受此启发,打破了早期行为主义因有机体内部因素不能直接被观察证实而不予研究的局限,开始关注对动机和认知机制的研究。新行为主义有代表性的思想包括托尔曼的目的行为主义、赫尔的假设－演绎体系(逻辑行为主义)和斯金纳的操作行为主义等,以下重点阐述托尔曼和斯金纳的心理学思想。

一、托尔曼的目的行为主义

托尔曼(E. C. Tolman,1886—1959)是新行为主义的代表,目的行为主义的创始人,也是认知心理学的先驱。他先在麻省理工学院学工程,后入哈佛大学从师霍尔特学心理学,1915 年获哲学博士学位。期间曾专程赴德国学习,结识完形心理学创始人考夫卡,受其思想影响较深。数年后任加州大学比较心理学教授,从事教学研究达 30 余年。1937 年任美国心理学会主席,1957 年获美国心理学会杰出科学贡献奖,并曾任第 14 届国际心理科学联合会主席。

托尔曼的主要著作有:《动物和人的目的性行为》(1932)、《机体与环境的原因结构》(1933)、《战争的内驱力》(1942)、《行为的和心理的人》(1951)、《托尔曼自传》(1952),以及他的学生们编辑出版的《托尔曼论文集》(1951)等。托尔曼的思想代表了行为主义的转变,他从整体取向上继承了华生的心理学科学化传统,反对内省法,只研究行为,以确保研究结果的客观性和验证性。但在具体观点上与华生有所不同,如提出中介变量,弥补华生 S－R 的缺项,为新行为主义提供理论和实践基础。托尔曼对其他各派心理学理论既兼收并蓄又持严肃批判态度,在其长期动物学习实验的基础上,建立了目的行为主义,后来改为符号学习论或符号完形论,以强调其理论的认知性质,故也被称为认知行为主义。

(一)有目的的整体行为

托尔曼认为,心理学应研究行为,但他所说的行为与华生的不同。托尔曼把行为分为分子行为和整体行为。分子行为是指以简单的声、光等物理刺激引起的肌肉收缩和腺体分泌的反应,这是华生等人所界定的行为。整体行为是在复杂情境中表现的大单元行为或整体性行为,如动物跑迷津,儿童上学、打球、说话、写字等行为。他认为"行为是一种整体现象",整体行为具有自身的特性,它不是肌肉收缩、腺体分泌所能代替的,"只有行为——动作的整体性才应该是心理学家感兴趣的对象"。托尔曼认为整体行为有4个主要特征:①目的性。有机体的行为总是为了获得或避开某些事物(目标),这是整体行为的重要特征。②认知性。有机体总是以对影响行为的各种障碍、工具、途径的认知为条件,选择一定的方法和手段来实现目的。③选择性。优先选择短近的、易于达到目的的活动,然后是长远的、困难的活动。托尔曼把这称为先易后难的"最小努力原则"。④可教育性。整体行为是通过尝试错误、学习形成的,可通过教育来改善,不像脊髓反射那样机械、固定。因此,心理学应该研究有目的的整体行为而不是分子行为,从而突破了华生只研究外显行为的传统。

(二)中介变量

中介变量是托尔曼在1932年提出的,它是指介于环境刺激与可观察反应之间的认知过程[①]。为了把行为的最初原因和行为本身加以规定,托尔曼提出自变量和因变量的概念,并用下面的公式表示了二者之间的函数关系。$B = fx(S、P、H、T、A)$,其中B代表行为,S代表环境刺激或情境,P代表生理内驱力,H代表遗传,T代表过去经验或训练,A代表年龄。B为因变量,S、P、H、T、A均为自变量。公式的含义为行为是环境刺激、生理内驱力、遗传、过去经验或训练、年龄等的函数,即有机体的行为随着这些自变量的变化而变化。

然而,自变量为什么会引起行为的改变? 托尔曼认为是有机体内部发生了变化,在行为和自变量之间还有中介变量,它是行为的直接决定者,是引起反应的关键。于是他把S–R理解为S–O–R,中介变量就是在O(有机体)内正在进行的活动,虽然不能被直接观察到,但可从环境变化和行为表现上推断出来。托尔曼起初认为有两类中介变量影响动物和人的行为:一是需求变量,实际上就是指动机,包括性欲、饥饿、安全、休息等要求。二是认知变量,即对客体的知觉、动作、技能等,是决定行为的知识和能力。后来他把这两类中介变量改为三种范畴:①需要系统,即有机体当时的生理需要或内驱力情况。②信念价值动机,即选择某种目的物的欲望强度和这些目的物在满足需要中的相对力量。③行为空间,即行为是在个体的行为空

① 郭本禹.西方心理学史[M].北京:人民卫生出版社,2013:101.

间(生活空间)中发生的。可见,托尔曼用中介变量代替了传统心理学中的心理过程,避免了华生刺激反应模式的片面性,深入到个体内部过程,重视内部因素,对行为主义心理学的发展有重大贡献。

(三)符号学习理论

符号学习理论在托尔曼的理论体系中占有重要地位,也被称为早期认知学习理论。托尔曼认为,学习就是习得符号及其意义。习得符号即对完成有目的行为时所遇到的各种环境条件的认知,符号的意义即关于刺激物周围环境、目标位置及达到目标的手段和途径的知识。因此,学习者是在学习达到目的的符号及其所代表的意义,建立一种"符号格式塔"模式或"认知地图",以达到对整个情境的认知,而不是学习简单、机械的运动反应。托尔曼符号学习理论中有三个重要概念,即期待、认知地图和潜伏学习。①期待。托尔曼根据一系列动物实验的结果,证明动物在迷津中的行为是受一定目的指导,并表现出有所期待的状态。因此,期待可以理解为对目标物意义的知识或信念。它既可以是当前习得的,也可以是过去习得的。托尔曼以埃利厄特的实验来证明这一点。埃利厄特以一群饥渴的白鼠为被试,安排它们走迷津。在最初的 9 天都将水放在迷津出口处作为目标,第 10 天安排饿着(而不是渴着)的白鼠走迷津,将迷津出口处的水换成食物,这时发现白鼠走迷津的错误和花费的时间都显著上升,次日又恢复了先前的水平。表明白鼠对"水"这一特定目标有一种预先的认知或期待,换上食物则立即导致行为的紊乱;又因为新近产生的对"食物"的期待,使得次日的行为又恢复到先前的水平。②认知地图。在过去经验基础上产生于头脑中的类似于现场地图的模型。托尔曼把白鼠学习迷津的行为看作是认知学习。通过对情境的认知,获得迷津通路的整体概念,形成完整的认知地图,然后根据认知地图来行动。③潜伏学习。即未表现在外显行为上的学习,学习活动处于潜伏状态。托尔曼认为,强化对学习有促进作用,但并非学习的必要条件。在没有强化的条件下,学习也会发生,只是结果不甚明显,是"潜伏"的。一旦受到强化,如食物奖励,具备操作的动机,这种结果就会明显表现出来。托尔曼等人通过潜伏学习实验证明了这一点。他们把白鼠分为三组:甲组为无食物奖励,乙组为有食物奖励,丙组为实验组,前 10 天不给食物,第 11天开始给食物奖励。实验结果表明,在学习迷津的过程中,乙组有食物奖励,逐渐减少错误比甲组快,但实验组从给食物奖励后,错误率下降比乙组更快。托尔曼得出结论,丙组虽然在前 10 天没有得到食物强化,但它们依然习得了迷津的空间关系,形成了认知地图,只不过未表现出来而已。因此断定强化并不影响行为的习得,而是影响行为的表现。托尔曼认为,人的日常经验中充满潜在学习。如每天上下班走同一条路就有学习,但只有当某一天要寻找这条路上的某商店时,才显示出原来是学习过的。

托尔曼的目的行为主义提出行为的整体性、目的性、中介变量等概念,为认知的行为研究开辟了道路,也推动了行为主义向认知主义的发展。关于认知地图、潜伏学习以及承认动机、内驱力等作用的观点,极大地丰富了学习理论,对学习心理学发展有重要促进作用。但托尔曼以动物实验结果和结论推论人的行为,显然忽视了人与动物的本质差异。

二、斯金纳的操作行为主义

斯金纳(B. F. Skinner,1904—1990)是美国著名心理学家,新行为主义主要代表,操作条件作用学习理论的创始人和行为矫正术的开创者。他坚持华生的 S－R 公式,研究可观察测量的外显行为,创制了斯金纳箱,发明了著名的教学机器。斯金纳自幼爱好读书,喜欢学校生活,每天早晨第一个到校,中学毕业成绩第一。1922 年进纽约哈密尔顿学院主修文学,毕业后再入哈佛大学专攻心理学,成为著名心理学家波林的学生。华生、巴甫洛夫的著作对他影响甚大,尤其被华生的心理学观点所吸引,从而开始了对人类和动物行为的研究。1930 年和 1931 年分别获心理学硕士学位和哲学博士学位,此后留任哈佛大学从事研究工作。1936—1944 年任明尼苏达大学讲师、副教授。二战期间,斯金纳曾参与美军秘密作战计划,采用操作条件作用原理和方法训练鸽子,用以控制飞弹和鱼雷。1945 年任印第安纳大学心理学系主任,1948 年重返哈佛大学担任心理学终身教授,直至 1970 年退休。斯金纳退休后仍继续研究,他对心理学的发展具有高度的热情和使命感,一生获多项重大荣誉奖。1958 年荣获美国心理学会杰出科学贡献奖,1968 年美国政府授予他最高科学奖——国家科学奖,1971 年美国心理学基金会赠给他一枚金质奖章,1990 年荣获美国心理学终身贡献奖,被认为是当代最著名的心理学家之一。

斯金纳在心理学理论和应用方面贡献很大,其主要著作有:《有机体的行为:一种实验分析》(1938),该书为操作性条件作用原理奠定了基础,出版

50年后被誉为"改变现代心理学历史的书"。《科学与人类行为》(1953),重点探讨思维、自我和社会化等问题。还有《言语行为》(1957)、《强化程序》(1957)、《教学技术》(1968)、《超越自由和尊严》(1971)、《关于行为主义》(1974)等。斯金纳深受实证主义哲学和巴甫洛夫条件反射学说的影响,把物理学的操作主义和生物学的进化论结合起来,构建一种与华生思想更为密切而又不同于托尔曼认知行为主义、赫尔逻辑行为主义的理论体系,即以排除内在心理历程、只研究可观察测量的外显行为为特征的操作行为主义,又称为描述行为主义。

（一）心理学是直接描述行为的科学

斯金纳认为,心理学应是一门直接描述行为的科学。以往心理学家总是以行为错综复杂难以直接描述为借口,采取间接研究方式,假定行为的一切特性存在于有机体内部,而这个内部实体又仿佛是一个不证自明的东西,结果将心理学研究引入歧途。斯金纳用行为的外部关系来阐明行为的自身规律,将研究锁定在直接描述行为而不是解释行为,其概念是按直接观察确定,而不是由局部的或生理学赋予的。斯金纳认为,要研究行为,只需观察和研究行为本身,一切假设都是多余的。

心理学要直接描述行为,必须把握行为的特征。斯金纳认为行为具有三个特征:①由特定情境引起。有机体在不同环境中其行为有所不同。②别人可观察得到。观察不到的意识不在研究范围之内,摒弃一切主观性东西,代之以客观的表达方式。③刺激与反应间的关系不需要中介变量。要了解反应只看到刺激就行,不需要假设性的解释和演绎。意识、动机、情感、态度等都是不可观察到的"伪造的说明",其结果只能导致从行为之外寻找证据,证明那些所谓心理的东西,最终只能提供有关行为原因的可能解释,无法预测和控制行为,况且那些假设本身还需加以说明。可见,斯金纳关注的是能观察到的、可以直接描述的外显行为,而不是行为的内部机制,故他也被称为直接行为主义者。

（二）客观的实验研究方法

斯金纳继承了华生强调的科学、客观、控制等传统,要用客观方法对行为进行实验分析。认为研究任务是确定实验者控制的刺激情境与后继行为反应之间的函数关系。他把华生的S-R公式改用 $R = f(S \cdot A)$ 来表示,其中R代表行为反应,S代表情境刺激,A代表影响反应强度的其他条件,是研究者控制的实验变量或第三变量,如"剥夺"或提供强化物等,这不同于托尔曼的中介变量,因强化物、强化程序等都在有机体之外,尽力将隐蔽的东西客观化。斯金纳指出,确定这三者关系的最好方法就是实验。他设计了"斯金纳箱"的实验装置,进行白鼠压杠杆实验。研究目的是印证动物在所面临的环境中,如何从自发活动开始,依据操作性条件作用自主地解决适应和存活问题。斯金纳通过实验提出了操作性条件作用原理,揭示了行为产生的原因。

(三)操作条件作用理论

斯金纳根据自己创制的斯金纳箱研究动物行为的结果,提出操作条件作用的理论。

(1)行为有两种不同模式,即应答性行为和操作性行为。一是应答性行为,是指某种特定的、可观察的刺激引起的行为。它属于巴甫洛夫研究的行为。二是操作性行为,在没有任何能观察的外部刺激的情境下的行为,是有机体操作其环境的行为。前者由刺激所控制,是被动的。后者是自发的、主动的,代表着有机体对环境的主动适应,人类的行为大部分是操作性行为,其机制是操作性条件作用原理,即在特定情况下自发做出某种行为,因得到强化而提高该行为在这种情况下发生的概率。譬如,一只饿鼠进入箱内,开始有些胆怯,经反复探索,偶然做出按压杠杆的动作,食物掉入盘中,若干次后,就形成饿鼠按压杠杆取得食物的条件反射,斯金纳称此为操作性条件反射。因它是以有机体的操作行为作为获得奖赏和逃避的手段或工具,故称操作条件作用或工具条件作用。斯金纳力图从对操作性条件反射的研究中总结出学习规律。

(2)学习的实质。学习是形成操作性行为的过程,即在特定情境中,对有机体自发做出的预期行为立即强化,再出现,再强化,使该行为出现概率增加,最终形成特定情境中的特定行为。如幼儿入园第一周,可能有许多行为,随着老师对某种行为的满意的微笑,该行为就出现得更为频繁,幼儿的行为规范就由此形成。斯金纳认为,从操作行为形成的学习过程来看,关键是强化。虽然练习是重要的,但练习只是提供了得到强化的机会,因而应重点研究强化问题。

(3)强化的类型和程式。强化是指利用强化物使某一操作反应概率增加的过程,由强化引起的变化即强化作用。强化物是指凡能增加反应概率的刺激物或事件。斯金纳特别强调,强化的作用巨大,它能促进个体行为成长,保持和完善技能,对强化的控制就是对行为的控制。但值得指出的是,强化是针对反应而不是针对有机体。"我们奖励人,但强化行为。"强化物并不一定都是令人愉快的刺激,此种情境中起强化作用的刺激,在彼种情境中并不一定起强化作用,对某个人可以而对另一人则不一定,没有任何一种刺激能构成适合于所有情境中的所有人的强化物。因而,界定刺激物是否强化物,必须对其有效性加以证明,看其对行为反应的结果如何。斯金纳认为,强化作用是通过强化物来实现的,强化的类型则取决于强化物的类型。从强化物来源看,可分为一级强化物和二级强化物,相应地也就有一级强化和二级强化。一级强化物是指能满足人类基本生理需要的强化物。如食物、温饱、休息等。二级强化物是指任何一个中性刺激与一级强化物或与其他已经建立起来的二级强化物反复联系,进而获得自身的强化价值。二级强化物可分为社会强化物,如特权、社会地位、权力、财富、名誉等。活动强化物,如玩玩具、做游戏、旅游等有趣的活动。纸币强化物,用来换取其他强化物的符号性强化物,如小红花、分数、金钱等。从强化物性质看,可分为正强化物、负强化物。正强化物是指通过给予某些东西或提供愉快情境来增加行为反应概率的强化物。如表扬、奖励等。负强化物是指通过终止不愉快情境来增加行为反应概率的强化物。相应地强化也分为正强化和负强化,通过呈现愉快刺激来增强反应概率的过程是正强化,通过消除或终止厌恶的、不愉快的刺激来增强反应概率的过程即为负强化。负强化与惩罚有本质区别,惩罚是抑制、减弱行为发生的概率。在应用强化时,既要注意强化物的选择,又要注意强化的具体安排,即强化程式,就是按照正确反应次数和各次强化时距的适当组合而做出的各种强化安排。斯金纳认为,强化程序的安排对学习行为有很大影响,它不仅是实验室操作技术问题,也是一个具有广泛社会意义的实践问题。他把强化程式分为连续式和间隔式。连续式即对每一次或每一阶段的正确反应都给予及时强化。它固然有效但生活中难以实现,初期效果好以后未必。间隔式有间距式和比率式之分,间距式是根据时间间隔决定,有固定时距强化、变动时距强化。比率式是根据反应次数与强化之间的比例进行,有固定比率强化如计件工资制,还有变动比率强化如博弈。斯金纳认为,强化技术适用范围广,对社会控制也提供了希望。

（四）操作强化原理的应用

（1）程序教学思想。斯金纳根据操作强化原理提出了程序教学思想，为机器教学提供理论基础。他认为学习就是行为，任何学习甚至最复杂的学习都可以分解和编制成为详细的行为目录，采取连续渐进法施教。斯金纳提出的程序教学原则有：把教材分成有逻辑联系的"小步子"；让学生做出积极反应；对学生的反应及时强化；自定步调，不强求一律；尽量使学生每次能做出正确反应，使错误率降到最低程度。其优点是扩大教学范围，不局限于班级授课中的少数人，教师可把主要精力投放在教材编著上，对开发机器教学、学习机器、计算机辅助教学等有指导意义。

（2）行为矫正术。根据行为控制规律，斯金纳创造出一套行为矫正术，广泛应用于各种社会机构，特别是学校、精神病院、弱智儿童教养所、工业管理等方面的心理矫治，成效显著。随着研究范围的扩大和思想的发展，斯金纳甚至谋求建立一个完善的教育过程，并设想计划一个更好的社会结构。在小说《沃登第二》（1948）里，他详细勾画了这一社会结构的轮廓。它是有一千个成员的乡村公社，成员从出生之日起，生活的每个方面都由积极的强化作用所控制，试图形成一种以积极控制的方法加以管理的理想社会。他把这种设计称为行为工程学。这种依据他的操作行为论的可控制性原理所构建的"理想社会"，是斯金纳的哲学幻想或最高理想，这一思想在美国有一定影响。

斯金纳克服了华生、巴甫洛夫、桑代克理论对行为学习现象解释的局限，丰富和发展了行为主义理论和方法，特别对强化类型、强化程式的精细研究，加强了对行为学习机制的理解，对指导教育教学、改善行为有应用价值。但他取消中介变量，忽视对有机体内部过程的研究，还有其极端实证主义和操作倾向对复杂行为学习难以进行解释，人的行为学习只靠外部条件作用和直接经验的方式进行是很不实际的。人有观察、判断、思维等能力，在人际互动中人仍然可以获得学习。所以，到了20世纪60年代，出现了新行为主义的发展，特别是社会学习理论。

第四节　新行为主义的发展

20世纪60年代初，现代认知心理学兴起，认知研究得到空前重视，新行为主义面临许多质疑,其中一部分新行为主义者在坚持行为主义基本精神的前提下,以趋向认知、整合吸收和突出社会内涵为主要特征,介入认知心理学研究,强调自我调节作用和行为与认知的结合等,在行为主义和认知心理学之间开辟了一条独特而折中的路子,促进了新行为主义的发展,产生了新的新行为主义。主要理论有:以斯彭斯(K. W. Spence,1907—1967)为代表的新赫尔派的诱因动机理论,以波利斯(R. C. Bolles,1928—)、宾德拉(O. Bindra,1922—)为代表的新托尔曼派的行为认知理论,以多拉德(J. Dollard,1900—1980)、米契尔(W. Mischel,1930—)、班杜拉(A. Bandura,1925—)等为代表的社会认知理论,其中影响较大的是班杜拉的现代社会学习理论。社会学习理论是解释人在社会环境中学习的行为主义理论,是在华生、赫尔、斯金纳等人的学习理论,特别是刺激—反应的接近性原理和强化原理的基础上发展起来的,着重阐明人如何在社会环境中进行学习,进而形成和发展其人格特征的理论。班杜拉是美国当代著名心理学家,社会认知理论奠基人,他于20世纪60年代创立了现代社会学习理论。下面重点阐述班杜拉的社会学习理论。

班杜拉出生于加拿大,1949年毕业于温哥华市的不列颠哥伦比亚大学,之后赴美国衣阿华大学师从斯彭斯,分别于1951和1952年获硕士和博士学位。从1953年开始在美国斯坦福大学从事教学和研究工作,担任过教授和系主任。1974年当选美国心理学会主席。1980年获得美国心理学会杰出科学贡献奖等多项重大荣誉奖。主要著作有:《青少年的攻击》(与沃尔特斯合著,1959)、《社会学习与人格发展》(与沃尔特斯合著,1963)、《行为矫正原理》(1969)、《心理学的示范作用:冲突的理论》(1971)、《攻击:社会学习的分析》(1973)、《社会学习理论》(1977)、《思想与行动的社会基础:一种社会认知理论》(1986)、《社会变革中的自我效能》(主编,1995)、《自我效能:控制的实施》(1997)。

一、以社会行为习得为研究取向

社会行为即个体在社会情境中的行为,如竞争行为、合作行为、攻击行为等,它对个人和社会发展影响极大。班杜拉认为,儿童是通过观察他们生活中的重要人物的行为而习得社会行为的。如模仿父母、邻里大人的言行等。他认为斯金纳强调强化对行为形成的影响,在很大程度上忽略了模仿和替代性经验。人类大部分学习不是强化的塑造过程,而是直接学习榜样的过程,即仿效他人行为,从他人成败中进行学习。通过下面的几个实验,班杜拉提出了观察学习是人类学习的最重要形式。实验一,让儿童分别观察实际的、电影中的、卡通画中的成人对玩偶的攻击行为,然后提供类似情境,观察儿童的行为表现。结果表明,三组儿童都发生了类似的攻击行为,都通过观察习得了榜样行为。实验二,将4—6岁儿童分两组,一组观看电影中成人对玩偶的攻击行为受到奖励,另一组观看电影中发生攻击行为的成人受到惩罚。然后将两组被试带到类似情境中,观察儿童的行为表现。结果表明,观察到成人攻击行为受奖励的一组更多地表现出攻击行为,观察到成人攻击行为受惩罚的一组则较少。那么,当鼓励观看受惩罚组儿童模仿出电影中成人的攻击行为时,其模仿的正确性与前一组没有差异。实验说明,在成人榜样受到惩罚的情况下,儿童同样学会了这种反应,只不过没有表现出来。可见,成人攻击行为所得到的不同结果,只是影响儿童对这种行为的表现,并没有影响他们对这种行为的学习。因此,他得出强化只是影响行为的表现,并不影响行为的学习的结论。在这些实验的基础上,班杜拉形成了以观察学习为核心的社会学习理论。

二、观察学习理论

班杜拉认为,来源于直接经验的一切学习现象实际上都可以依赖观察学习而发生。观察学习是指个人通过观察他人的行为及其强化结果而习得某些新的反应,或使他已经具有的某种行为反应特征得到矫正。它是通过观察他人行为而进行的间接经验的学习,是人类行为的最主要来源。由于个体只以旁观者的身份观察别人的行为表现,自己不必实际参与活动,根据观察别人直接经验的后果学到某种行为,因而,这种学习也叫间接学习或替代学习。观察学习意义重大,建立在替代基础上的间接学习可以使人避免反复尝试错误带来的危险,避免走前人走过的弯路,尤其是网络技术发达的信息社会为间接学习创造了优越的技术条件,可充分发挥观察学习的优势。

（1）观察学习的过程。班杜拉对观察学习进行了分析,提出观察学习有4个过程:①注意过程,即对榜样的知觉。影响因素有:榜样的特征,如性别、年龄、职业、社会地位、社会声望等。观察者本身的特征,如知觉能力、定势、唤醒水平、偏爱等。②保持过程。经注意后,将榜样信息转换成表象或言语的符号形式保存在记忆中。班杜拉认为,保持主要依存于两个系统,表象系统和言语编码系统。儿童早期缺乏言语技能,表象系统起非常重要的作用,但支配人行为的大多数认知过程是语言的而不是映像的,通过言语编码系统可以掌握大量的信息,保持长久的记忆。③再现过程。把以符号形式编码的榜样信息转换成适当行为,尽力使自己的行为与榜样的行为保持一致。学习评价主要在此进行。④动机过程。从观察到行为表现的过程。观察学习的行为可以在学习者的行动中表现出来,也可以不表现。行为的习得与行为的操作是有距离的。学习者之所以表现出榜样行为,是因为他们相信这样做会增加被强化的机会,强化是影响学习者对榜样行为表现的关键所在。班杜拉对强化的新解释是提出了外部强化、替代强化和自我强化三种强化形式。外部强化是根据他人、社会评价调整自己的行为,这是传统的强化。替代强化是通过对他人行为受到奖惩的观察而相应地调整自己的行为。自我强化是根据自己设立的行为标准,以自我奖惩的方式对自己的行为进行调节和控制。

(2)观察学习的特点。从观察学习的过程来看,其实质是通过对他人的行为及其结果的观察,形成新的行为反应。其特点有:①观察学习不一定有外显的行为反应。②不依赖直接强化,不需要亲自体验强化,而是替代强化。③观察学习不等同于模仿,模仿只是简单的复制,观察学习主要是从他人的行为及其结果中获取信息,包含复杂的心理过程。④具有认知性,观察学习不是简单的机械式反应,而是在接受榜样信息和表现行为中存在复杂的认知过程,这些中介认知过程在观察学习中扮演重要角色,对个体的社会化、各种社会规则的学习起着重要作用。

三、自我效能感理论

班杜拉于1986年在《思想与行动的社会基础——社会认知论》一书中系统阐述了自我效能感理论。他指出:"对实际行为表现而言,自我效能感是一个相对独立行为技能的重要决定因素。"自我效能感是一个与能力有关的概念,体现个体应对或处理环境事件的有效性。作为自我的一个方面,它是个体以自身为对象的思维的一种形式,是个体对自己能否在一定水平上完成某一活动所具有的能力判断、信念或主体自我把握与感受。班杜拉使用了自我效能感、自我效能信念、自我效能预期等不同的概念来阐释效能这种自我现象。自我效能预期是指个体自己对能否成功地实施产生一定结果的预期。自我效能感指的是个体对整合各种技能的自我生成能力，或对成功地实施达成某个既定目标所需行动过程的能力知觉。自我效能感深化到价值系统就成为自我效能信念。因此，自我效能感是个体对成功完成某种活动所需能力的预期、感知、信念，而不是行为或能力本身。20世纪80年代中后期，班杜拉又将自我效能从个体领域扩展到了集体领域，提出了集体效能的概念。集体效能是指团体成员对团体能力的判断或对完成即将到来的工作的集体能力的评价。自我效能感理论和集体效能理论有着广泛的应用价值，在学校教育、职业指导、临床心理学、体育运动等领域都有应用。

自我效能感是如何形成的？班杜拉认为，个体在活动中是通过4个方面的信息来获得或形成自我效能感的。①成败经验。成功的经验可以提高自我效能感，使个体对自己的能力充满信心。反之，多次的失败会降低对自己能力的评估，使人丧失信心。②替代性经验。当一个人看到或者想象与自己能力水平差不多的他人获得成功时，能够提高其自我效能判断，相信自己处于类似情境时也能获得同样的成功，反之亦然。③言语劝导。接受他人认为自己具有执行某一任务的能力的言语鼓励而相信自己的效能。包括他人的说服性鼓励、告诫、建议、劝告和其他言语暗示等，言语劝导信息的效能价值取决于它是否切合实际及劝导者的威信。④情绪的唤起。班杜拉认为，情绪和生理状态也影响自我效能感的形成。在充满紧张、危险的场合或负荷较大的情绪和紧张的生理状态会妨碍行为操作，降低对成功的预期水准。焦虑水平高的人往往低估自己的能力，烦恼、疲劳则会使人感到难以胜任所承担的任务。此外，还有情境条件，不同环境所提供给人们的信息是大不一样的，某些情境比其他情境使人更难以适应与控制。当一个人进入陌生而易引起焦虑的情境时，会降低自我效能感的水平与强度。班杜拉指出，自我效能感并不是个体人格内部的一个静态的固有属性，而是人格的一个发展指标，是人与环境发生相互作用过程中通过各种效能信息做出的主体自我判断。

四、三元交互决定论

以往对影响行为的因素有三种不同的观点，一是个人决定论，如精神分析理论、特质理论等提出的本能、需要、特质和认知结构等决定人的行为。

二是环境决定论,如华生、斯金纳的行为主义理论,人是环境的产物,控制了环境就控制了人的行为。三是互动决定论,将环境和个人看成彼此独立的实体,两者相互作用决定人的行为。班杜拉反对上述观点,认为它们都不能完满地解释人的行为,于是提出三元交互决定伦,主张行为(主要指行为的结果,如成功、失败、奖赏、批评等来自内外的影响)、环境(如时间、地点、人物、语言、文化背景等)、个人内在因素(如潜能、信仰、自我知觉、期待、情感等)三者相对独立,同时又相互作用、交互决定,构成三元互动关系。三因素交互作用,每二者之间都具有双向的互动和决定关系,而不是两因素的结合或单向作用。

　　班杜拉认为,三元交互决定论并不意味着构成交互决定系统的三个因素具有同等的交互影响力,其间交互作用的模式也不是固定不变的。三者之间相对的交互影响力在不同条件下对不同人而言是大不相同的,有时是环境的影响,有时是个体行为或个体认知因素在交互决定中起关键作用。班杜拉特别重视个人因素,他把个人因素概括为自我系统,它在三元交互中起重要作用。班杜拉的三元交互决定论真实地体现了人与环境之间的关系,理论上具有更大的合理性,为心理学如何理解人提供了一个新的视角,在行为主义和认知主义之间起到桥梁作用。

第七章 格式塔心理学

格式塔(Gestalt),德文音译,意即完形、整体,格式塔心理学也称完形心理学,20 世纪初产生于德国。以韦特海默 1912 年发表的《关于运动知觉的实验研究》为标志,它以知觉研究为基础,进而研究思维等高级复杂的心理过程,与华生行为主义完全排斥意识截然相反。格式塔心理学主张从整体视角研究心理活动,既研究意识,也研究行为,意识和行为都是心理学研究的对象,这与现代心理学研究心理和行为的观点相似。虽然格式塔心理学提出了许多重要思想理论,但由于多种原因而未能在当时受到重视。如时值行为主义鼎盛期,较少受到关注;著作成果多为德文,不易传播;只局限于大学内部,学术场地先天不足;研究规模较小等。然而,格式塔学派对科学心理学发展的影响仍较深远。20 世纪 60 年代,现代认知心理学用行为学派客观实证的方法和格式塔学派认知的思想来研究高级认知活动,可以说是行为主义与格式塔学派思想方法融合的结果。因此,对格式塔心理学思想的研究和学习有重要价值。

第一节 格式塔心理学产生的背景

一、社会历史背景

20 世纪初,由于种种原因使得科学心理学研究的重心由欧洲开始移向美国,但格式塔心理学却土生土长在欧洲的德国,这在很大程度上归咎于当时德国的社会历史背景。德国自 1871 年实现国家统一之后,资本主义经济发展迅速,到 20 世纪初一跃成为欧洲乃至世界强国,在这种社会历史条件下,德国整个社会的意识形态便是强调统一,强调积极的主观能动。譬如,在军事上力图征服欧洲,称霸世界,使全世界归属于德意志帝国的版图中,进而发动第一次世界大战。当时的德国政治、经济、文化、科学等领域也都受这种意识形态的影响,倾向于整体研究。从文化上看,德国当时的文化强烈反对英法传统哲学的联想主义、原子主义和机械主义,年轻的德国学者寄望于整体和超越,并将此发展视为摆脱德国文化危机的出路,心理学自然也不例外。德国心理学家提出从经验和行为的整体出发研究心理学,从整体角度研究人格,反对元素心理学。格式塔心理学创始人之一的考夫卡提出"心理学是意识的科学、心的科学、行为的科学"。意识和行为都是心理学的研究对象。格式塔心理学就是在适应这一社会历史发展的条件下产生的。

二、哲学思想背景

(一)古代整体论思想

格式塔心理学在心理学史上最明显的特点是强调研究心理现象的整体性。整体性思想的核心是,整体要大于各部分单纯相加之和。整体论思想最早在古希腊就已出现,恩培多克勒提出的"四根说"属于整体观点,认为万物的本原都由"四根"即火、水、土、气等4种元素形成的,人体也是由"四根"构成的。虽然人的整体是由许多部分构成,但在整体被形成之前或者被分解之后,那些部分都不具备整体的性质。柏拉图提出并论证了整体和部分的关系、整体包含着部分,各部分也是一个有机整体。亚里士多德认为,整体中的部分也有关键和次要之分,关键部分一旦失掉就会引起整体的变化,而次要部分的丧失则不影响整体性。格式塔学派对于知觉整体性的理解,与整体论思想有一定联系。

(二)康德的先验论

康德的先验论哲学思想对格式塔心理学影响甚大。康德认为,存在的客观世界可以分为"现象"和"物自体"两个世界,人只能认识"现象"而不能认识"物自体",而对"现象"的认识则必须借助于人的先验范畴。空间、时间、因果性、自然规律等范畴都不是来自于经验,并不是自然界本身的特性,而是以一种先天的形式天赋的存在于心理之中的,是先于经验的,并认为它们是一切经验的条件。康德指出,人的经验是一种整体的现象,不能分析为简单的各种元素,心理对材料的知觉是在赋予材料一定形式的基础之上并以组织的方式来进行。"格式塔"的含义脱胎于这种"先验范畴"的思想,知识和观念来自大脑先天的解释机制,格式塔心理学用这种观点解释心理的机制,如同型论中心理过程与生理过程具有相同的格式塔。

（三）胡塞尔的现象学

胡塞尔的现象学是格式塔心理学的主要哲学基础。胡塞尔认为,现象学是关于意识和知识纯粹原理的科学,是包罗万象的方法学。现象学以"意识本身"为对象,用"直接认识"去描述意识活动及其本质结构,要求按照经验现象完整的本来面目去观察和描述纯粹的意识结构。现象是呈现在人的意识中的一切东西,是完整的直接经验,现象即本质。在胡塞尔看来,现象学方法就是观察者要摆脱一切预先的假设,在此基础上对观察到的东西作如实描述,从而使观察对象的本质展现出来,凭直觉来发现本质。现象学对于心理学的意义在于,它支持对意识的研究和内省方法的使用,它是一种非实证主义的观点,为心理学以非自然科学模式建设自己提供了哲学基础,它在心理学方法论上提倡整体描述、问题中心、非还原论。胡塞尔主张本质还原、现象还原,而不是还原论中把较高层次的还原为低层次的[①]。格式塔学派就是将现象学作为其方法论基础,并对现象学的方法进行了改造,主张用直观方法去研究直接经验,对这些经验进行如实和整体的描述。

三、自然科学背景

19世纪末20世纪初,物理学中提出的"场论"思想对格式塔学派影响很大。科学家们把"场"定义为是一个限定的域,是一种整体存在,其中每个部分的性质都由场的整体决定,而场的整体性质又不是各部分性质的简单相加。物理学中的场动力概念可以用磁场来演示,如在一张纸上面撒些铁屑,纸下放有磁铁移动,磁铁周围形成的磁力场影响铁屑移动的方向,并使铁屑排列成特殊的形状而形成全新结构。1875年,马克斯韦尔(C. Maxwell)提出了电磁场理论,认为场不是个别物质分子引力和斥力的总和,而是一个全新的结构,如果不参照整个场力,就无法确定个别物质分子活动的结果。这种场的思想被格式塔心理学家所接受和利用,希望借助于场的理论来对心理现象及其机制做出一个全新的解释。格式塔心理学家苛勒在《静止和固定状态中的物理格式塔》(1920)一书中采用了物理学场论的思想,认为脑也是具有场的特性的物理系统,场是完形或格式塔。考夫卡也在其理论中提出了一系列的新名词,如"行为场""环境场""物理场""心理场""心理物理

---

① 叶浩生.试论现象学的特征及其对心理学中人文主义的影响[J].心理学探新,1999(2).

场"等概念。格式塔心理学家们尝试运用场论来解释心理现象及其机制。

四、心理学背景

德国心理学关于形式和形质问题的探讨为格式塔学派奠定了基础。马赫(E. Mach)的形式论、厄棱费尔(C. von Ehrenfels)的形质学说对格式塔心理学产生了直接影响。马赫认为,形式即空间、时间等的存在形式,是可以离开属性而独立存在的一种经验。如圆形的大小、颜色可以改变,但其形式不变,再如知觉恒常性等。厄棱费尔在《论形质》中认为,形质不是感觉的简单组合,是存在于大脑之中,独立于感觉之外的一种组织形式的新的特质,它是整体所具有,而整体的部分所不具有的形式和性质。它是可以直接经验到的,具有移位不变的特性。如构成正方形的基本形体不变。它由四条边按比例组合而成,它不依赖于四条边中的任一条边,而是按比例组合的形体,如此正方形的知觉才能得以实现。形式说和形质说强调经验的整体性和整体对部分的决定作用,侧重知觉问题研究,对格式塔学派有较大影响。

第二节　格式塔心理学的主要代表人物

格式塔心理学由德国的韦特海默、苛勒和考夫卡等三位心理学家创立,他们在研究上密切合作,奠定了格式塔心理学的基本原则和理论。

一、韦特海默

韦特海默(M. Wertheimer, 1880—1943)是格式塔心理学创始人,带领苛勒、考夫卡从事似动实验,将格式塔心理学原理应用于人类创造性思维的研究,并倡导在教育过程中培养学生的创造性思维。

韦特海默出生在布拉格,是一位犹太人。1898年进入布拉格大学学习法律专业,在此期间成为厄棱费尔的学生。1901年转到柏林大学师从斯顿夫。1904年于符兹堡大学在导师屈尔佩指导下获得哲学博士学位。1910年韦特海默在法兰克福大学任教,指导过格式塔心理学的另外两位代表人物苛勒和考夫卡,也从这时开始,他主持对运动知觉即似动现象的实验研究。1912年,韦特海默发表《关于运动知觉的实验研究》,提出格式塔心理学的基本观点,被看作是格式塔学派诞生的标志,韦特海默成为格式塔心理学派的创始人。1916年韦特海默在柏林大学任教,13年后又回到法兰克福大学。1933年,不堪纳粹迫害,举家移居美国。

韦特海默在格式塔心理学的三个领袖人物中著作较少但影响很大,其主要著作有:《关于运动知觉的实验研究》(1912)、《创造性思维》(1945)。1988年10月,德国心理学会追授其最高荣誉——冯特奖章,韦特海默的实验探索、理论贡献等得到高度肯定和社会承认。

二、苛勒

苛勒(W. Kohler,1887—1967),格式塔心理学的主要代表,他运用格式塔心理学原理,设计黑猩猩实验,研究顿悟学习,并把完形心理学理论系统化。

苛勒出生于爱沙尼亚的里弗,先后求学于杜平根大学、波恩大学和柏林大学。1909年在斯顿夫的指导下获得柏林大学的哲学博士学位,以后到法兰克福大学工作。一年后当韦特海默、考夫卡都来到法兰克福大学时,三人真正开始了一场格式塔心理学运动。1913年,苛勒应普鲁士科学院邀请到西班牙附属地特纳里夫岛的类人猿基地进行黑猩猩研究,由于第一次世界大战爆发,他在那里待了7年,直到战争结束。这段时间成就了苛勒一生的辉煌,成为世界闻名的心理学家。在对猩猩进行实验研究的基础上,他提出了著名的顿悟学习理论,完成了格式塔心理学经典著作之一——《人猿的智慧》。此书被认为是格式塔心理学的经典之作,对后来的学习心理学产生了重要影响。

苛勒是一位多产而富有创造力的代表人物,主要著作有:《人猿的智慧》(1917)、《静止状态中的物理格式塔》(1920)、《格式塔心理学》(1929)、《心理学的动力学》(1940)、《图形后效》(1944)、《格式塔心理学的任务》(1969)等,其中《格式塔心理学》一书全面论述了格式塔学派的心理学思想。

三、考夫卡

考夫卡(K. Koffka,1886—1941),格式塔心理学创始人之一。出生于德国柏林。1903—1904年就读于爱丁堡大学,1905年转入柏林大学,师从斯顿夫研究心理学,1909年获柏林大学哲学博士学位。1910年到法兰克福大学,开始与韦特海默和苛勒合作。第一次世界大战期间,他在精神病医院从事脑损伤和失语病人的研究。战后,美国心理学界才意识到正在德国兴起的格式塔心理学派。1922 年,考夫卡为美国《心理学公报》撰写题为《知觉:格式塔理论导言》论文,根据许多研究成果提出了一些基本概念,引起强烈反响。1924 年后移居美国,1927 年任美国史密斯学院教授,主要从事视知觉的实验研究。考夫卡最早向美国心理学界详细介绍了格式塔心理学的对象和方法等,并使格式塔心理学理论系统化。

考夫卡的主要著作有《心理的发展》(1921),该书被德国和美国的发展心理学界誉为成功之作,对改变机械学习和提倡顿悟学习产生促进作用。《格式塔心理学原理》(1935),该书是格式塔心理学的集大成之作。

第三节　格式塔心理学的理论观点

一、格式塔心理学的研究对象和方法

（一）研究对象

考夫卡指出:"心理学是意识的科学、心的科学、行为的科学。"而这些都是以直接经验为出发点的,因此,心理学既研究意识也研究行为。

(1)直接经验。格式塔心理学家认为,心理学应该研究意识,但为了使自己的心理学与之前的构造心理学有所区别,在实际应用过程中他们尽量不用"意识"一词,而是把心理学的研究对象定名为直接经验。苛勒认为,直接经验就是个人当时直接感受到或体验到的一切。直接经验的范围很大,既包括客观世界,也包括主观世界。客观世界能直接经验即客观经验,它同物理世界有时相符有时不符,而主观世界也能直接经验即主观经验。所以,格式塔心理学研究既包括客观经验,也包括主观经验,既需要客观研究和量的测定,还应进行质的分析与推测。

(2)行为是格式塔心理学的另一研究对象。考夫卡认为"从行为出发比较容易找到意识和心灵的地位",但这种行为与华生所指的肌肉收缩、腺体分泌的行为有所区别。考夫卡把行为分为显明行为和细微行为。前者类似于托尔曼的整体行为,是有目的、有意义的行为,是一种环境中的活动。后者类似于分子行为,是有机体内部的活动。显明行为和细微行为具有不同的生存空间。考夫卡指出,心理学研究的行为应是显明行为或整体行为。他还从行为属性上将行为分为三类:一是真正的行为,即客观世界的物理行为,如物体的运动等。二是外显行为,即个体在他人行为环境中的行为。三是现象行为,即个体在自身行为环境中的行为。第三种行为是格式塔心理学的主要研究对象。显明行为、整体行为、现象行为属同一类行为。考夫卡重点研究环境对人的显明行为的影响。他把环境分为地理环境和行为环境,地理环境是真实存在的客观环境,行为环境是个体头脑中意识到的环境,是心目中或臆想中的环境。两种环境对行为都有影响,但主要是行为环境的影响和制约。考夫卡引用德国传说中的例子来说明其观点:在一个冬日的傍晚,风雪交加,铺天盖地的大雪覆盖了一切道路和路标,有一男子骑马来到一家客栈,店主诧异地到门口迎接这位陌生人,并问客从何来。男子直接指客栈外面的方向,店主闻后很吃惊,"你是否知道你已经骑马穿过了康斯坦斯湖?"闻及此事,男子当即倒毙在店主脚下。如果他早先知道路经的是一片湖,他还敢从这片湖骑过吗? 答案是否定的。所以,头脑中或意识中的行为环境很重要,它决定着当前行为的进行。格式塔心理学将经验和行为同时纳入自己的研究范围,这种更为全面的对象观,是把人看作一个整体,在很大程度上克服了以往心理学研究的缺陷。

(二)研究方法

格式塔心理学强调采用现象学方法对直接经验和行为进行研究。现象学方法是指,对在特定时间内主体所观察到的经验材料进行如实详尽地描述。它要求:对直接经验进行自然观察;对经验进行朴素而如实的描述,不作任何推测和解释;对经验进行质的分析,反对盲目照搬先进的自然科学的量的间接的方法,因为经验很难用数量来计算,质的分析和量的分析可以相互补充;既反对构造主义元素分析的内省法,也反对行为主义刺激—反应式的实验法,应将整体性原则应用到心理学研究中。

在现象学方法论指导下,格式塔心理学以新的观点看待和使用内省法和实验法。强调内省只能用作观察,不能用作分析。实验法主要是实验现象学,它不同于一般量化实证研究的实验法。实验现象学的主要特点是:①它是一种以归纳为主要手段的实验,主要通过对现象的直观描述,进而发现其意义结构。②不追求变量间的因果关系,而在于建构现象场并发现现象场的意义。③主要以文字描述反映实验,而不是以数量关系反映实验,只从整体上对直接经验做质的分析。④实验中主试必须悬置自己的先知先见,做一个现象场的创立者,只对经验进行朴素而如实的描述,不作任何推论或解释。⑤实验过程中主试并不严格操控被试,实验对象在一定程度是一个真正意义上的实验者,甚至是一个真切的现象学家。在实验中,实验对象不仅具有工具的意义,同时也具有生活的意义。

二、同型论

同型论是格式塔心理学在心身问题上的观点,是对调节知觉过程的潜在大脑活动的解释,也是格式塔理论中最脆弱、最难以理解的部分。同型论是韦特海默为了进一步解释似动现象而提出的观点,他声称:"我们发现许多过程,从其动力形式看,不管它们的元素材料特性如何变化,都是相同的。当一个人胆怯、害怕或精神饱满、高兴或悲伤时,时常表示出他的身体过程的进程和这些心理过程的进程是完全相同的格式塔。"①格式塔心理学家认为,在人的每一个知觉过程中,人脑都会产生一种与物理刺激结构对应的皮质"图画",心理历程与大脑生理历程在功能上是完全等同的,有必然的对应性,彼此"同型",心理过程与生理过程具有相同的格式塔,这就是同型论。由于人所经验到的似动与真动是相同的,那么实现似动和真动的大脑皮层过程必然也是类似的。可见,同型论是为了说明心和物都具有同样格式塔的性质,都是一个相关的有组织的整体。格式塔心理学关于心身关系的同型论不乏独到见解,但带有浓厚的思辨色彩,其本质是身心平行论的翻版。

三、知觉组织原则

知觉研究是格式塔心理学理论的核心内容,其最大特点是强调知觉具有主动性和组织性。人在进行知觉时,总是按照一定的形式把经验素材组织成有意义的整体。格式塔心理学家提出了许多知觉组织原则,主要描述了我们怎样组织、构建或解释所看到的刺激。

(1)图形与背景的关系。人们看事物时,总是只有部分内容凸现出来,这部分就形成图形,余则为背景,二者区别越大,图形越容易成为知觉对象。另外,由于主体经验或注意力指向不同,图形与背景二者也可相互转换。

(2)接近原则。在空间或时间上相接近的部分,容易被感知为一个整体。

---

① 转引自叶浩生.西方心理学史[M].北京:开明出版社,2012:168.

（3）相似原则。形状、大小、颜色、结构等方面相似的部分倾向于被人看作是一组或一个整体。

（4）闭合原则。知觉对不完满的图形有一种使其完满的倾向。

（5）完形趋向原则。个体在知觉图形时，总是趋向于从整体、匀称、简单、稳定和有意义等方面把图形看成一种良好的、完美的图形。把不完全的图形看作是一个完全的图形，把无意义的图形看作是一个有意义的图形。

（6）连续性原则。如果一个实际连续而不连接的图形被看作是连接在一起的，这些部分就容易被知觉为一个整体。

（7）共向原则。如果对象中的一部分都向共同的方向移动，这些共同移动的部分就被知觉为一个新的整体，而未动的部分组成另一个整体。

（8）简单性原则。当人对一个复杂对象进行知觉时，只要没有特定的要求，总是倾向于把对象看作是有组织的简单的规则图形。

上述原则中，最为重要的是完形趋向原则，其他原则可以说是这一总原则的不同表现形式。这些原则也适用于学习和记忆。

四、学习理论

（一）顿悟学习

尽管格式塔心理学的主要贡献是对知觉的研究，但在心理学中谈到学习理论时一定会提到苛勒的顿悟说。苛勒通过对黑猩猩进行实验，于1917年发表专著《人猿的智慧》，由此格式塔心理学的研究从知觉领域深入到了学习领域。下面简要介绍他对黑猩猩解决复杂问题时所做的实验。

（1）迂回实验。实验者从窗口将香蕉扔到外面场地，关上窗子。结果发现，猩猩顺利地从大门走出去，绕向场地获得香蕉。

（2）利用现成工具实验。把黑猩猩关进栅栏内，目的物放在笼外够不到的地方，但靠近栅栏处放着几根手杖。观察发现，猩猩能借助手杖获得目的物，它们把本来无关的手杖与情境联系起来了。

（3）制造工具实验。情境与前面实验一样，但没有手杖，有一棵砍倒的枯树。此时少数猩猩通过一番踌躇之后，能径直走向枯树折下一根细长的枝条，奔向栅栏，取得目的物。最聪明的一个猩猩还能将两根短竹竿连接成长竹竿，取得一根竹竿无法够到的目的物。如图7-1所示。

图 7 - 1 制造工具实验

图 7 - 2 叠木箱实验

(4)建筑实验。如叠木箱实验,猩猩不仅要利用现成的木箱,还要把两个或两个以上的木箱叠加起来以增加高度,取得高高悬挂的目的物,如图 7-2 所示。此实验考察猩猩理解建立两箱的稳固结构与获得目的物之间的关系。实验表明,只有几只猩猩在实验者多次帮助下,才解决了这一难题。

苛勒通过实验提出顿悟说,认为顿悟就是突然领悟到自己的动作和情境、目的物之间的关系。苛勒把动物的学习与人的学习联系起来,提出顿悟学习理论的观点:一是学习的本质是顿悟,是一种突然领悟到事物之间关系的过程。人和类人猿的学习不是对个别刺激做出个别反应,而是对情境中各事物关系的理解而构成"格式塔"来实现的。即领悟到自己的动作与情境的关系,形成目标物与自己活动之间关系的格式塔。二是学习是一种智慧行为。当学习者理解了情境之后,会产生突然的、迅速的领悟。顿悟形式的智慧行为,需要有理解、领会与思维等认知活动的参与。三是影响学习的因素有情境的复杂程度和学习者大脑的先天组织结构。

在格式塔心理学家看来,学习需要理解和领会并发现情境中各部分之间的关系,学习不是尝试错误的过程,反对桑代克的学习理论。顿悟学习的特点有:①学习者在问题解决前有一个困惑和沉静的时期,表现为迟疑不决,长时间停顿。②顿悟对情境的依赖性强,只有能理解课题条件各部分之间的关系时顿悟才会出现。③顿悟是一种突发性的质变过程,无须量的积累。④顿悟是可以迁移的,特别是在类似课题情境中顿悟可以高度迁移。可见,格式塔心理学对学习的解释与桑代克的尝试错误说是完全不同的。

（二）迁移理论

格式塔心理学家认为，顿悟是决定迁移的关键因素，由顿悟而获得的方法既能长久保持，又有利于适应新情境、解决新问题。过去经验是通过记忆痕迹实现对当前学习进程的影响，由顿悟产生的解决问题的方法能印刻在大脑中，以后面临类似情境时记忆痕迹就会影响个体的心理活动，使之选择类似方法解决问题。桑代克在迁移问题上持共同要素说，认为只有当两个或两个以上的情境存在共同要素时，学习者从某一情境中获得的心理机能的改进才能影响到其他情境中的心理机能的改进。而格式塔心理学家认为迁移不是某个共同因素的迁移，而是由学习者顿悟了两个学习经验之间存在关系的结果，后人把这种迁移理论称为关系转换说。可见，格式塔心理学家对迁移的看法与桑代克的观点有明显不同。

苛勒通过小鸡啄米实验来验证格式塔的迁移理论。他把两张深浅不同的灰色纸放在动物面前，b 颜色浅一些，c 颜色深一些，并不断变换两张纸的位置。同时，使动物从 b 处可得到食物，从 c 处得不到食物。多次练习后，动物学会准确地选择 b 获得食物。然后用另一对刺激 a 和 b 替换前面的 b 和 c，而且 a 比 b 的颜色浅一些。根据共同要素说，动物应该会选择两对刺激中都有的 b 处去寻找食物。而实际结果相反，动物选择了 a。实验证明了格式塔心理学关于迁移的观点，即迁移不是共同的特殊因素的迁移，而是结构、关系和格式塔的迁移。

五、创造性思维理论

韦特海默用顿悟学习原理对人的创造性思维进行了系统研究。认为思维是依据整体的作用完成的，创造性思维也是在把握问题整体的基础上产生的。学生把问题情境看作一个整体，教师也必须把情境作为一个整体呈现出来，这样才有利于学生创造性思维的发展。

韦特海默提出，要想创造性地解决问题，必须先从问题整体着眼，再从局部入手。创造性思维是一种自上而下、由整体到部分的思维，其核心是关注问题的整体。譬如，$1+2+3+4+5+6+7+8+9+10=?$ 多数人采取从局部到整体的连加方式获得答案 55，少数人从整体到局部 $1+10=11, 2+9=11, 3+8\cdots$，故原式 $=11\times5=55$。韦特海默以个案形式撰写的《创造性思维》(1945)，列举了大量有关创造性思维的例子来加以论述，据此可概括出创造性思维的特点：①必须对呈现的整个问题情境有一个完全的概观。②理解问题的结构关系，寻求更适当的格式塔。③必须打破旧的格式塔，建立新格式塔，认识问题的次要方面和根本方面的不同，重组问题的层次关系。例如，用6根火柴组成4个等边三角形。④创造性思维不是一种单纯的智力活动，它受动机、情感、先前训练等的影响。韦特海默的理论观点对近年来兴起的创造学的发展产生了很大的启发作用。

第四节　勒温的拓扑心理学

勒温（K. Z. Lewin，1890—1947）是德国心理学家，德籍犹太人，拓扑心理学创始人。与韦特海默、苛勒、考夫卡是同时代人，理论倾向上与格式塔学派相似，属格式塔学派成员之一。由于其独树一帜的团体动力学研究，被誉为"实验社会心理学之父"。勒温先后求学于弗莱堡、慕尼黑，最后在柏林大学接受教育，曾与苛勒、考夫卡同学。在斯顿夫指导下，于1914年在柏林大学获哲学博士学位。服军役5年后，回柏林大学任苛勒领导的心理学研究所助理，1926年任教授。1932年赴美任斯坦福大学客座教授。1933年，因反对纳粹迫害犹太人而移居美国，任教于康奈尔大学。1935年任爱荷华大学儿童福利研究所儿童心理学教授，指导了一系列关于儿童实验心理学的研究。1944年到麻省理工学院担任团体动力学研究中心主任，兼任加利福尼亚大学伯克莱分校和哈佛大学客座教授，开展和领导团体动力学研究。

勒温与格式塔心理学其他代表人物一样，其思想渊源主要是布伦塔诺的意动心理学和胡塞尔的现象学。在科学思想方面，勒温受拓扑学、向量学和场论的影响，研究形成了拓扑心理学思想。生活空间是拓扑心理学的重要概念，行为动力、人格组织原则是其主要内容。他还借用物理学中场论的思想，提出心理动力场概念及心理动力场理论，从而成为其理论的核心部分。勒温的心理学研究活动及内容主要分为三个时期：①柏林时期（1921—1932）。主要研究学习和知觉的认知过程、个体动机和情绪的动力学等，根据大量有关成人和儿童的实验，提出动机理论。②爱荷华大学时期（1935—1944）。理论兴趣和研究重点集中在奖惩、冲突和社会影响等方面，并对一些团体现象进行研究，如领导方式、社会气氛、团体标准和价值观念等。其中一项重要成果是关于民主和专制条件下的儿童团体的研究。③麻省理工学院团体动力学研究中心时期(1945—1947)。主要考察技术、经济、法律和政治对团体的社会约束,研究工业组织中的冲突和团体间的偏见与敌对行为等。勒温的主要著作有:《人格的动力理论》(1935)、《拓扑心理学原理》(1936)、《解决社会冲突》(1948)等。

一、心理动力场理论

心理场是勒温心理学体系中的基本概念和核心内容。勒温用物理学中场论的思想来研究解释人的心理和行为,在界定心理场概念时,他引用爱因斯坦对场的定义——"场是相互依存事实的整体",认为心理场是一个人过去、现在的生活经验和未来思想愿望的总和,它包括一个人已有生活的全部和对将来生活的预期。心理场就是一个人的心理结构。由于勒温借助心理场来研究一个人的需要、紧张、意志等心理动力要素,故心理场也被称为心理动力场或心理生活空间或生活空间。个体总是在一定的心理动力场中,按照一定目标有方向地发展,其发展实质是心理生活空间的各区域沿着多个方面不断丰富和分化。心理场中的过去、现在和将来三部分在数量、种类方面,随个体年龄增长和经验积累而扩展分化。例如,婴儿缺乏经验,其心理场几乎没有分化,在认知、情绪、个性等方面表现出简单或水平低。而成人生活阅历丰富、经历复杂,其心理场的范围就大,分化较细,层次较多,复杂并成熟。

心理环境。勒温认为心理学要研究行为,而行为是随人和环境的变化而变化的。凡属科学的心理学都必须讨论人和环境的状况,以说明人和环境对行为的影响。不过,这里的环境是指全部环境,不是纯客观的环境,也不是考夫卡所说的行为环境,行为环境实际上是意识中的环境。为了更好地说明环境的影响,他提出心理环境概念。心理环境是指在人与环境的相互作用中,对个人行为发生实际影响的心理事实。在这些事实中,有的与客观存在的事实相吻合,有的不吻合。勒温把真实影响个体行为的那一部分事实称为"准事实",即在一定时间、一定情境中实实在在具体影响个人行为的那一部分事实,并非客观存在的全部事实。准事实由三部分构成:一是准物理事实,是心目中的自然环境,即对行为能产生影响的自然环境,如区域、城乡等。二是准社会事实,是心目中的社会环境,对行为能产生影响的社会环境,如政治、文化、经济、人际关系等。它与社会意义上的客观的社会事实不同。比如,家长经常用医生来吓唬不听话的孩子,孩子由于害怕医生而听从家长。就描述和解释孩子的行为来说,我们不是在讨论医生对孩子的实际的社会权利,而是在讨论孩子心目中的医生的权威。三是准概念事实,是个人在行为时,他当时思想上的某事物的概念,思想概念与现实有差异。勒温认为,准物理的、准社会的、准概念的事实并非截然分开的,而是始终处于统一的心理生活空间中。

二、动机理论

勒温提出了以需要为动力的动机体系,主要包括 6 个基本动力要素:需要、紧张、效价、向量、障碍和平衡。

(1)需要。这是行为的动力源,是指由某种生理条件的缺失引起的动机状态。即个体对某一外界对象所产生的欲望,或达到某一目标的意向。它是从个体内驱力或从意志的中心目标中派生出来的,是行为的动力,可以激发、维持、导向行为以使个体的缺失状态得到满足。勒温把需要分为两类:一是基本需要,由生理状态的某种缺失所引起,不受情境条件的影响,这种需要一般没有特定的具体指向目标。如饥思食、渴思饮、病思医等。二是准需要,在心理环境中对心理事件起实际影响的需要,是个体所具有的心理需要,是一种较高层次的需要。如临近毕业要写论文,信写好了要投入信箱等。勒温心理学中所提到的需要主要指准需要,且准需要对人的行为起着实际的影响。

(2)紧张。伴随需要而产生的一种紧张情绪状态。当个人具有一定需要时,身体内部就产生一种心理的紧张系统。此时心理就会失去平衡,心思不定,坐立不安,只有消除这种紧张或减弱紧张的情境出现,个体才能重新恢复平衡。于是采取实际行动达到目标,满足需要。随着需要的满足,紧张松弛或解除,则恢复心理均衡。相反,需要不能满足,紧张将继续保持,并不断促使人实现目标。勒温的学生蔡加尼克(M. Zeigarnik)曾做过一个记忆效应实验:她交给被试 22 个任务,其中一半任务要坚持完成,另一半任务则在被试操作过程中予以干预(中途打断提出新的任务)。做完实验后,让被试立即回忆刚才做了哪些任务,比较对两种任务的回忆率。结果发现,未完成的任务平均被回忆 68%,完成的任务平均被回忆 43%。实验表明,未完成的任务比完成的任务在回忆时占显著优势,记忆保持得更好。这一现象被称作"蔡加尼克效应"。如同考试时未答完的题比答完的题给人留下的印象较深一样。勒温认为,蔡加尼克效应正确的解释是回忆时的紧张导致。完成的任务所引起的紧张已松弛或消除,就不易回忆,受到干预的任务(未完成的任务)所引起的紧张仍在继续,于是念念不忘,保持着记忆。

(3)效价。这是化学中的一个名词,勒温用它来表示个体对一个对象喜爱或厌恶的程度。效价与一定情境中需要对象的价值相联系。对象如果能满足个体的需要或对个体有吸引力,这个对象就具有正效价,可激发人进一步活动。反之,对象如果对个体有威胁或惹人讨厌,则这个对象就具有负效价。因此,勒温的效价实际是指人在一定情境中对对象产生的主观情绪体验。个体活动的力量与对象的效价相关联。

(4)向量或矢量。在数学上原指一条有向线段。勒温用向量表示与需要发生联系的对象所具有的吸引力的方向和强度。向量是一种有方向的引力或斥力。引力向量推动行为趋向目标,斥力向量使人背离目标。在生活中,若只有一个向量影响人,这个人就沿着这一向量所指的方向移动;若有两个或更多向量驱动,有效的移动就是全部向量的合力;若有两个等量的向量在起作用,结果就会产生心理冲突。这种冲突在工作、学习和生活中经常出现。勒温提出冲突有三种基本类型:

第一种是趋近——趋近冲突,即双趋冲突。当一个人面临两个同等引力的正效价目的物,个体必须从中做出一种选择时的冲突。如同鱼和熊掌二者不可兼得的情境,个体很难选择。但这种状态不会维持很久。当个人在一些因素的影响下开始向其中的一个目标移动时,较近的目标就开始增强它的吸引力,而远离的目标的吸引力就开始下降,出现目标梯度效应。即当目标越来越接近时,目标的激励作用和吸引力则越来越增大。

第二种是回避——回避冲突,即双避冲突。当一个人面临两项负效价目的物,或者说都想逃避的两个对象时,个体必须从中做出一种选择时的冲突。如同前怕狼后怕虎、前有悬崖后有追兵的状态。这时只好选择负效价相对小的目标。

第三种是趋近——回避冲突,即趋避冲突。个人面临一个既有引力又有斥力的目标,必须做出选择时的冲突。想得到它好的方面,回避它不好的方面,又趋又避,又爱又恨。譬如,既想解除病痛又怕做手术,既想吃糖又怕发胖,既想出去旅游又怕花钱等。

以上是勒温提出的三种最基本的冲突类型,但他也承认生活中还有更复杂情境出现的可能性。如个人面临许多可选择的目标,每个目标都有趋避的可能性,这是现代心理学中常提到的多重趋避冲突。

(5)障碍。这是勒温动机体系中的另一个重要概念,凡是阻碍个体达到预定目标的事物都称为障碍。认为障碍可能是人、物、社会制度、法律等。当个体接近障碍时,障碍便具有负效价性质,但障碍能引起人的探索行为,人在探索过程中通常是克服或绕过障碍而达到目标。当绕不过障碍时,人就会对障碍发起攻击,消除障碍来达到目标。

(6)平衡。平衡就是紧张状态的解除。一切动机行为的最终目的都是解除紧张状态回到平衡状态,但平衡是相对的、暂时的,不平衡是绝对的、经常的,而不平衡是唤起人需要的前提条件。勒温把不平衡定义为"一种贯穿个人全身的程度不同的紧张状态"①。人就是在平衡到不平衡再到平衡的循环过程中不断发展的。需要—紧张—移动—平衡的连续循环构成人类行为的秩序,并保证心理场的平衡。勒温关于行为动力的因素,即需要、紧张、效价、向量、障碍、平衡等的分析研究,比较符合人的心理和行为实际,值得借鉴。

三、人格组织

人格组织是勒温提出的关于人格的理论。在勒温看来,人格在场理论中起着很大作用。人和环境构成了场,人是场的中心部分,因此,对人格结构的分析尤为重要。勒温指出,人格是一个系统的组织区域,它是由许多相互依赖、相互作用的区域交织形成的。人格结构可划分为内部区域和外部区域。内部区域是指很少与环境发生联系,处于人格深层,不易接近。而外部区域是指运动知觉区域,可与外界相互作用,可观察得到。由于人的需要、理想、信念和目标,以及其他心理活动的差异,导致人格结构多样化、复杂化,使人与人之间有了较大区别。人格结构分化程度不同,人格特征就有差异。有的人人格层次多,各区域之间有较多的相互作用和联系,而有的人人格较少分化,心理弹性小,僵化程度较高。如新生儿、儿童、成人、聪明的人、不聪明的人、多才多艺的人,其人格特征都有所不同。这说明人格是年

① 转引自叶浩生.心理学史[M].上海:华东师范大学出版社,2009:221.

龄、经验、能力、生活事件等综合作用的结果。

四、团体动力学

勒温把个体行为的心理场学说应用于研究社会问题,希望通过对团体的了解达到改造社会的目的。社会是一个大团体,社会的健全有赖于团体的健全,科学的方法可以改善群体生活。因此,勒温提出"团体动力学"的社会心理学理论,并进行了大量的实验研究,被称为"实验社会心理学之父"。他重点研究了团体成员之间的关系、团体的气氛和团体领导作风等。

(1)团体的本质。勒温认为,团体是一个动力整体,任何部分的变化都将引起其他部分的变化,最终影响整体性质。部分与部分之间、团体成员之间的相互依存关系是团体动力学的核心。因此,团体的本质在于所属成员的相互依赖关系,而不在于他们的特质相似或相异。团体的结构特征是由成员之间的相互关系决定的,而不是由单个成员本身的性质决定的。

(2)团体内聚力。勒温认为,任何一个团体都面临内聚与分裂对抗的压力。内聚力是团体内抵抗分裂的力量。内聚力取决于团体成员间的正效价或吸引力,其强度受到个体求得成员资格的动力强度、团体能否满足其成员的需要、领导者工作作风、成员对团体活动的兴趣等的影响。分裂压力主要源于团体内各成员间交往的障碍、团体内每个个体的目标与团体目标间的冲突。分裂和内聚是团体中的一对矛盾,一个良好的有生命力的团体必须要有较强的内聚性才能防止团体的分裂。如何培养一个团体的内聚性呢?勒温及其学生做了系列性的研究。勒温的学生贝克设计了一个让被试成对地合作完成一套图画的实验。通过实验得出结论,团体的内聚性由三种基础形成:一是个体由于对团体中其他成员的喜爱而喜爱团体,二是由于团体成员资格能赋予成员以一定声望而使团体成员喜爱团体,三是由于团体是达到个人目标的手段而使团体成员喜爱团体。同时,贝克还发现,不论团体内成员间相互吸引的原因如何,越是密切结合的对象越能够力求意见一致,也越受团体讨论的影响而达到态度和行为的一致。

勒温、李波特、怀特关于"专制气氛"和"民主气氛"的实验,探讨了团体的内聚性与领导风格的关系。他们把领导风格分为独裁型、自由型和民主型,相应的领导方式为命令训斥、强调友谊和尊重讨论,被领导者则是服从被动、缺乏指导和积极参与。实验表明,团体的内聚性受领导者工作作风的影响,不同的领导风格和方式,会影响团体成员产生不同的行为效应。民主的小组更富有成果,内聚性较强,小组内成员对待领导的态度也较好,成员间的分歧干扰更少,活动的创造性相对较高。专制小组在活动中不是更放肆就是更漠然,漠然的小组当领导不在时会爆发出更放肆的行为。当实验中故意对各小组展开攻击时,专制小组显得士气低落,并有分崩离析的倾向,而民主小组则比受攻击前团结得更加紧密。自由的小组表现最不成熟,缺乏自我控制能力和探索精神,具有极强的依赖性,遇到新奇事物或紧张事情就会退缩,对规则漠然,内聚性较弱,意见分歧大。勒温等在实验中还发现一个奇怪且令人迷惑的现象,即孩子从民主气氛过渡到专制气氛,要比从专制气氛过渡到民主气氛更容易。因此,民主型领导有利于形成更富内聚性、创造力的团体。勒温和他的同事、学生等所做的另一些实验也表明,团体成员对团体活动的兴趣、团体内成员的交往频率、各成员的遵从行为等,也都影响团体的内聚力。

(3)团体与行为改变的研究。勒温对团体成员行为改变也做了系统研究。结果发现,团体决定比个人单独做出的决定对团体中的个人有较持久的影响。先使个体所属的社会团体发生相应变化,然后通过团体来改变个体行为,其效果远比直接去改变一个个体更好。反之,只要团体的价值不发生变化,个体就会更强烈地抵制外来的变化,个体行为就不容易发生改变。这是格式塔整体比部分更重要的思想的具体体现。

勒温在实验研究的启发下提出了社会改革或改变社会的三个阶段:第一阶段为"解冻",即尽可能减少或消除与团体过去标准的关联;第二阶段引进或制定一个新标准;第三阶段是"再冻结",这是建立在新标准之上的一种重新建构。个体在三个阶段中都要参与团体的决定,这比单独向每一个个体提出改变要求要好得多。如果团体与过去标准的关联性明显减少了,个体就更愿意接受新的标准。如果把新标准看作是由团体决定而不是由外界强加的,它就会更容易被人接受。如果个体参与了整个的决定过程,则新标准就会更自然地被吸收。

勒温希望利用他的团体与行为改变的研究来解决社会问题,主要解决社会问题与引起变革的观念之间的关系。他把解决社会生活实际问题的研究称为行动研究。在行动研究方面,勒温提出了几个关键问题并对此进行了分析和阐述。他所提出的关键问题有:①关于提高那些力图改善团体内部关系的领导者的工作效率的条件问题。②使来自不同团体的个人与个人之间发生接触的条件及效果问题。③对小团体成员的最有效的影响作用问题,这种影响要能增强个体的归属感并能很好地协调同一团体内其他成员的关系。勒温在行动研究中比较关心种族冲突、社会偏见问题,曾亲自指导了关于社团中集体住宿对偏见的影响的研究、关于服务机会均等的研究、关于儿童偏见的发展和预防的研究等。勒温于1942年建立了社会问题心理学研究会,促进了以解决社会问题为主题的研究,对社会心理学做出了重要贡献。此外,在勒温团体动力学影响下,其同事、学生还创立了社会认知心理学理论,如海德的认知平衡论、费斯廷格的认知失调理论等。

勒温是一位富有创造力的心理学家,他的拓扑心理学在心理学史上是一项独具特色的、开创性的贡献,对行为动机、人格的研究突破了格式塔心理学主要研究知觉领域的局限,创立的团体动力学对实验社会心理学产生了极大的推动作用,也改变了以往实验心理学只研究个体很少研究群体的传统。他把社会现实问题变成可控制的实验研究方式,对科学心理学从实验室走向社会生活、理论研究与社会实际联系、推广和提升心理学社会应用产生了极大影响。

综上所述,格式塔心理学从整体视角研究意识和行为,使心理学的研究对象和内容更加全面,推动了科学心理学的发展。如,后来的信息加工认知心理学重视研究心理的内部机制,强调从整体上对信息的输入、加工和输出进行模拟研究,深受格式塔心理学的影响。格式塔学派对知觉的系统研究,使知觉心理学脱离感觉心理学而成为一个独立分支,顿悟学习的研究丰富了传统的学习理论。场论思想的引入、整体论的强调等对社会心理学研究与发展以及人本主义心理学的产生有重要影响。当然,格式塔心理学由于先验论的哲学基础,未能科学地处理好心与脑、心理与客观现实之间的关系,现象学实验方法还不够严谨,一些实验结果受人为因素影响较大,难以进行重复验证,引用场论解释心理现象及其机制,提出了许多新术语,观点不甚清晰或明朗等。

第八章　精神分析

精神分析是弗洛伊德于 19 世纪末 20 世纪初在奥地利创建。它最初是从神经症和精神病的治疗实践中产生的,后来慢慢发展成现代心理学的一个主要流派,它给传统心理学带了巨大冲击,被称为科学心理学的第二大势力。它与其他学派的不同在于起源于精神病治疗实践,而非起源于大学心理学实验室研究,是非学院、非主流心理学派。其研究对象是心理异常人、病态人而非正常人。研究内容是潜意识、情欲、动机、人格等,而非显意识心理课题。研究方法是临床观察法、自由联想法、梦的解析和对日常生活现象的分析,而非实证的实验法。研究目的是力求找到治疗神经症的有效方法,而非纯学术理论的需要。弗洛伊德的精神分析最初是一种特殊的治疗方法,现在它变成了一门科学的名称——潜意识心理过程的科学。弗洛伊德晚年把精神分析理论和方法广泛应用到社会领域,形成西方主要的社会思潮。由于多种原因,在弗洛伊德同期及以后,精神分析学派也发生了较大的变化和发展,阿德勒和荣格在某些观点上与弗洛伊德发生分歧,自立门户,阿德勒建立了个体心理学,荣格建立了分析心理学,以及后来在美国形成的社会文化学派的新精神分析和自我心理学等。

第一节　精神分析产生的背景

从前几章的论述中我们已经发现,任何一个学派的产生都与特定的时代有关,都和当时的社会、文化、经济、科学技术发展有密切关系,同时又是在吸收学科发展成果和改造前人思想理论的基础上进行的。因此,精神分析理论的产生也有着一定的社会经济和科学文化基础。

一、社会与文化背景

弗洛伊德的精神分析理论比实验心理学理论更多地根植于社会。一方

决定性的东西。达尔文的这些思想构成了弗洛伊德本能论的理论依据,确立了泛性论的思想,促进了弗洛伊德生物决定论的观点。

五、心理病理学背景

精神疾病原因和治疗一直是令人困惑的难题。文艺复兴前,迷信观点占统治地位,精神失常是"中邪""魔鬼附身",治疗方法是残酷的肉体惩罚。文艺复兴之后,随着科学、社会思想进步,人们认识到精神错乱是一种疾病,应予以治疗。1845 年法国精神病学家提出把精神病归因为大脑病变,用生理病因观取代迷信观。与此同时,从心理或精神方面寻找行为异常原因的心理病因观也很快形成。精神分析由心理病因观发展而来。心理病因观的先驱是麦斯麦(F. A. Mesmer, 1734—1815),他是奥地利维也纳医生,曾用"通磁术"使患者进入昏睡状态给以治疗,使不少病人有所好转,实际则是催眠术,但麦斯麦无法解释引起催眠的原理和机制,以为是"动物磁力"在起作用。1843 年英国医生布雷德(J. Braid, 1795—1860)用"精神催眠说"代替"麦斯麦术",认为催眠不是什么磁性的作用,而是一种心理作用,从而正式确立"催眠术"概念。布雷德认为,催眠的生理机制是大脑前额叶的疲劳,心理机制是注意力的高度集中。当时心理治疗主要采用催眠术。

法国的精神病学在 19 世纪处于世界领先地位。法国催眠术的发展形成两个学派:一是南锡学派,另一是巴黎学派,两派都相信催眠术,并用以治疗癔症,但对催眠的性质和作用持不同看法。南锡学派主张催眠是暗示的结果,与神经症无关,侧重研究催眠的心理方面。巴黎学派主张催眠状态是一种病症,是由神经症引起的,只有神经症患者才能被催眠,侧重研究催眠状态中的生理变化。弗洛伊德对这两派的观点及做法都学习过,深受其影响,但影响最大的是巴黎学派。巴黎学派后来改变原来观点,由生理病因观转向心理病因观,弗洛伊德对他们的研究很有兴趣,并在此基础上进行新的观察和创新,更改了一些术语,如把心理组织改为情结、意识缩小为压抑、心理分裂改为精神发泄、心理分析改为精神分析、催眠术改为自由联想法等,从而创立了心理学新的体系——精神分析。

第二节　弗洛伊德的精神分析

弗洛伊德(S. Freud, 1856—1939)是精神分析学派的创始人,心理学第二势力的领袖人物。弗洛伊德出生于现属捷克的摩拉维亚弗莱堡的一个犹太家庭。后来由于父亲生意上的失败迁至德国的莱比锡,之后又移居奥地利维也纳。在维也纳,弗洛伊德居住了近 80 年,直到去世前一年被迫流亡英国。他 17 岁考入维也纳大学医学院,1881 年在他 25 岁时获得医学博士学位。1885 年,任维也纳大学精神病理学讲师,同年前往巴黎在沙可(J. M. Charcot,1825—1893)门下学习催眠术。1886 年,在维也纳开设私人诊所,开始运用催眠术治疗患者。1889 年前往法国南锡跟随伯恩海姆(H. Bernheim,1840—1919)学习暗示法。1895 年,与布洛伊尔(J. Breuer)合作出版了《癔症研究》一书,书中第一次使用"精神分析学"这个概念,通常被认为是精神分析诞生的标志。1902 年,弗洛伊德成立了"星期三心理学讨论会",参加者包括阿德勒、荣格、兰克等。1908 年奥地利召开第一次国际精神分析大会,弗洛伊德组织的"星期三心理学讨论会"也改为"维也纳精神分析协会",至此,精神分析学派正式成立。由于精神分析学派内部学术见解的不同,精神分析逐渐分裂,阿德勒与荣格先后于 1911 和 1914 年独立出去,分别建立了个体心理学和分析心理学。1938 年,纳粹德国入侵奥地利,弗洛伊德被迫流亡英国,次年在英国伦敦逝世。弗洛伊德一生发表论文、著作 300 余种,主要著作有:《梦的解析》(1900)、《日常生活的心理病理学》(1901)、《图腾与禁忌》(1913)、《精神分析引论》(1917)、《超越快乐原则》(1920)、《自我与本我》(1923)、《幻觉的未来》(1927)、《文明及其不满》(1930)、《精神分析引论新编》(1933)等。

一、精神分析的对象和方法

(一)精神分析研究的对象

在弗洛伊德看来,无意识精神活动远比有意识精神活动重要得多,他指出:"精神过程本身就是无意识的,有意识的精神过程不过是一些孤立的动作和整个精神生活的局部。"所以,精神分析应研究无意识内容。弗洛伊德认为无意识分前意识和潜意识。前意识是指能从无意识中回忆起来的经验,处于意识和潜意识之间。潜意识是指无意识中永远不可回忆的内容,是个人意识不到的心理活动。在无意识结构中,潜意识是精神分析的核心,是弗洛伊德整个学说的基础。以后的精神分析无论怎样发展、演变,潜意识概念始终不变。潜意识包括原始本能冲动和人的原始欲望,尤指性欲。这些冲动和欲望因与法律、道德、风俗习惯相抵触,是社会所不能接受的,因而被排斥或压抑到意识阈以下,但它并没有消失,而是积极活动,追求满足,在人一生中占重要支配地位。潜意识的特点有:①原始性。潜意识是心理最低级、最简单、最基本的因素,是心理发育的出发点。②主动性。潜意识不安于被压抑的地位,总要寻找机会在现实中表现,有较强的主动性和生命力。③非逻辑性。潜意识因未能与现实发生直接交往而具有非逻辑性。当它表现时,可不顾一切地求得自我实现,给人一种不讲道理的印象。④非道德性。在对社会生活的态度上不顾道德原则,以自我实现为中心。

(二)精神分析的方法

精神分析研究对象的特殊性,决定其方法有别于实验心理学。它主要运用自由联想法、梦的分析、对日常生活现象的分析等方法来研究潜意识。①自由联想法。让患者全身心放松进入一种"自由联想"状态,即脑子里出现什么就说什么,不给患者以有意识引导,但患者必须如实报告所想到的一切,不应隐瞒。分析者把患者所报告的材料加以分析、解释,直到双方都认为找到发病的最初原因为止。它既是研究方法,也是治疗方法。②梦的分析。弗洛伊德认为梦不是偶然形成的联系,而是被压抑欲望伪装的、象征性的满足,是一种潜意识现象。他指出,梦由显梦和隐梦构成,显梦是指真实体验到的,能说出来的梦;隐梦是指梦的真正含义,即梦象征性表现被压抑的潜意识欲望。梦的形成经历着从隐梦到显梦的伪装过程。梦的分析就是破解梦的工作机制,从显梦中破译出隐梦,从而揭示梦境表达的潜意识的本能欲望,找到梦的真正含义。弗洛伊德认为,梦的分析是认识潜意识的重要途径,通过对梦的分析可以发现精神病患者被压抑的欲望,并能治愈神经症。③对日常生活现象的分析。弗洛伊德认为,日常生活中常见的遗忘、口误、笔误、错放、疏忽等过失现象往往都有潜意识的欲望动机,是意识和潜意识矛盾冲突的结果。在他看来,产生过失的心理机制与梦的机制类似,都是那些被压抑的愿望通过伪装和掩盖之后的表达。若对生活中各种过失行为加以分析,就可透过过失的表层发掘出深层的内在动机,揭示过失行为的意义和目的。潜意识活动及其压抑不仅存在于变态心理活动中,且广泛存在于正常人的心理活动中。因此,过失行为和梦一样,也是了解潜意识活动的重要途径。

二、本能论

弗洛伊德认为,本能是人的生命和生活的基本要求、原始冲动和内驱力。本能来源于身体的状态或需要,主要指身体欠缺什么,本能的原动力决定于身体欠缺的程度。本能的目的是消除身体的欠缺,重建内在平衡。本能的对象是那些能减少或消除身体欠缺的经验和事物。如寻求和摄取食物行为的强度依赖于个人饥饿时间的长久。关于本能的种类,在早期的理论中,弗洛伊德把它划分为性本能和自我本能。性本能也称力比多,是人心理和行为的根本动力,它遵循快乐原则,促使人通过各种方式获得满足。自我本能是趋向于避开危险,保护自我不受伤害。后来因战争给人类带来了巨大灾难,使弗洛伊德感到人的行为中可能存在某种侵略本能或自我毁灭本能。于是在后期理论中,弗洛伊德对先前提出的本能进行修改,把本能分为生本能和死本能。生本能是性本能和自我本能的合并,因这两种本能虽各有其目的,但最终都指向生命的成长和增进。还有,生的终极就是死,故提出死本能。死本能代表恨与破坏的力量,其重要行为表现是攻击,攻击对象有外部的,也有指向自身的。残酷的战争、自杀、谋杀等都受死本能驱动。由于人有两种本能,行为受本能支配,故行为有两个原则——快乐原则和现实原则。本能以快乐原则行事,寻求直接满足,但要受周围物质和社会环境的限制,因而不能直接满足,只能在梦中和无意识状态以快乐原则活动,而在日常生活中受现实原则支配。

三、人格论

(一)人格结构

早期,弗洛伊德提出心理结构说,认为人的心理由无意识和意识两层结构构成。因无意识又包括前意识和潜意识,故心理结构实际由意识、前意识和潜意识三个层次构成。其中潜意识在人格中起主要作用。后期在早期理论的基础上进行了修正,正式提出人格结构说。

弗洛伊德认为,整个人格是由本我、自我和超我三部分组成的动态能量系统。①本我是人格中与生俱来的最原始的潜意识部分,是人格的基础。由本能、基本欲望组成,如饥、渴、性等,尤以性本能为主,是完全非理性的,其能量直接来源于肉体。它按快乐原则追求能量的释放和紧张的解除,不考虑现实、时间、地点、方式、方法等,趋向于立刻满足,以发泄原始冲动。本我是人格的深层和活动的内驱力,是精神分析的理论基石。②自我是从本我中分化出来的有意识结构部分,是现实化了的本我。人出生时只有本我,当本我与环境相互作用,个体与现实相互接触,以适当手段满足需要、适应环境时,自我才逐渐从本我中分化并发展。自我按现实原则活动,既满足本我的即刻要求,又按客观要求行事。自我代表理性,本我代表情欲,但自我不能脱离本我而单独存在,自我的力量来自本我,服务于本我,帮助本我得到满足。二者关系犹如马和骑手,自我是骑手,通常情况下骑手控制马行进的方向,但有时也难以驾驭。③超我是从自我中分化而来。仅有自我还不能完全控制本我的冲动,自我还需要超我的帮助。超我按至善原则活动,是最高的监督和惩罚机构。它监督自我去限制本我的本能冲动,超我的监督作用由自我理想和良心实现。自我理想以奖励方式形成,当儿童心目中与父母的道德观念相吻合,行为符合父母道德标准时给予奖励,从而形成自我理想。自我理想是自我为善的标准,规定自我应该做什么。良心通过惩罚方式形成,当儿童心目中与父母所排斥、反对的道德观念相一致时,父母就给予惩罚,使儿童在心灵上受到责备,良心受阻。良心规定自我不该做什么,如果自我的行为和意念违背了良心,就会产生内疚感与罪恶感。自我理想、良心是完成超我对自我监督功能的不可分离的两个方面。

在人格系统中,本我、自我、超我相互联系、相互作用,以动态形式相互结合。三者保持平衡,人格就正常发展,如果平衡关系遭到破坏,个体则产生焦虑,导致神经症或人格异常。由于三者的行动原则是快乐、现实、至善各不相同,所以冲突无法避免,冲突得到积极解决,人格健康发展,否则发生心理问题。

(二)人格发展

对人格发展的看法,弗洛伊德是以性心理发展为基础的,也称为"心理性欲发展理论"。性包容广泛,既包括成熟的性,也有性成熟前的各种活动和观念,但都体现为快感。弗洛伊德认为,人从出生到成年要经历5个先后有序的发展阶段,每一阶段都有个特殊区域成为力比多兴奋和满足的中心,称性感区。据此,弗洛伊德把心理性欲划分为5个阶段:①口唇期(0—1岁),口唇为快感中心。如果婴儿的口唇活动没有受到限制,成年后性格倾向于乐观、慷慨、开放和活跃等积极的人格特征。如果婴儿的口唇活动受到了限制,成年后性格倾向于依赖、悲观、被动、猜疑和退缩等消极的人格特征,甚至在行为上表现出咬指甲、贪吃、酗酒、烟瘾等。②肛门期(1—3岁),开始接受排便训练,过严则形成过度控制的行为习惯,如洁癖、吝啬、强迫、反抗等,过于随便则形成肮脏、不守秩序等人格特征。③性器期(3—5岁),生殖器为快感中心,以异性父母为性欲对象,男孩产生恋母情结,爱恋母亲、仇视父亲,并想取代父亲。女孩产生恋父情结,爱恋父亲,嫉妒母亲,与母亲争夺父亲的爱,想占有母亲的位置。但由于父亲或母亲的强大,最终男孩向父亲、女孩向母亲认同,在行为上模仿父母,解决心理冲突,形成适应年龄和性别的人格特征。④潜伏期(5—12岁),此时的儿童进入学校,力比多受压抑,没有明显的表现,他们的兴趣指向同性,避开异性同伴。⑤生殖期(12—20岁),这一阶段相当于性发育成熟期,个体试图与父母分离,逐渐发展出成年人的异性恋。弗洛伊德认为,儿童在这些阶段中获得的各种经验决定其成年的人格特征。

四、梦论

梦论在精神分析中占有特殊地位。梦与无意识有密切联系,对梦的分析能打开一条通向潜意识的途径。弗洛伊德在《精神分析引论》和《梦的解析》中阐述了关于梦的学说。他认为,梦中满足的欲望是性欲望,无论与性欲有直接联系还是象征性联系,甚至看起来没有联系,梦都包含有性的意义。由于梦受到意识余力的监督,潜意识冲动就经过伪装而表现出来,故梦是潜意识的本能欲望得到伪装的、象征性的满足。要想对梦进行解释,必须了解"梦的工作",即隐梦如何转化为显梦的4个过程,它们分别是:①凝缩。把丰富的隐意凝合成内容简洁的显梦。弗洛伊德指出,梦是简略的译本。②移置。隐梦内容的转移,一种事物的意义被移植为另一种事物的意义。移置原因是由于意识对潜意识中的情结具有检查和控制作用。例如,一个姑娘梦到女校长被自己要好的朋友杀害,潜意识中是自己与母亲的关系,母亲换成了女校长,自己换成了朋友。③象征。用具体形象代替抽象欲望。如一位妇女梦到自己被人侮辱,实际是自己内心顺从了男子的要求。④润饰。梦醒之后把梦中无条理的材料加以系统化来掩盖真相,使其表面上看起来是合理正确的,是一个连贯的整体。梦的解析就在于剥开梦工作的层层伪装,探索潜意识领域。弗洛伊德把梦的隐意与潜意识本能欲望,尤其是性欲望联系起来,未免极端化。日有所思、夜有所梦的确存在,但并不都是和本能欲望有关。但这种不停留于梦的表面现象而力图挖掘深层动力的思想,对心理学深入研究梦有开拓意义。

五、焦虑论与自我防御机制

(一)焦虑论

焦虑是一种典型的心理不适应状态,由一连串自我无法控制的刺激引起,是由紧张不安、焦急、忧虑、担心、恐惧等感受交织而成的复杂情绪。弗洛伊德在早期认为,焦虑的原因有:①本我是焦虑的根源。焦虑是由被压抑的性冲动转变而来,是性欲能量过度紧张或变形的表现,是对不可发泄的性冲动的一种有害反应,性冲动难以找到正当的发泄途径就变成了焦虑。②神经症是焦虑的原因,癔症、强迫症、恐惧症等都伴随着焦虑。后来,弗洛伊德认为,焦虑的根源不在本我而在自我,只有自我才会产生并感受焦虑。他还逆转了早期神经症和焦虑的因果关系,认为焦虑先存在为因,神经症是果。弗洛伊德指出,焦虑的最初根源是婴儿在出生时与母体的分离。出生前胎儿受母体保护,出生后婴儿对内外刺激毫无准备,产生对危险无能为力的弥漫性的感觉,即出生创伤。伴随创伤出现的体验就是焦虑,即原始焦虑。出生创伤是以后一切焦虑经验的基础,焦虑代表了早期创伤经验的重复出现。因而,凡可能使个体陷入无能为力的情况都将触发焦虑。

焦虑的种类。弗洛伊德认为,依据自我受现实、本我、超我的压制,相应形成三种焦虑:①现实性或客观性焦虑。以自我对外界现实的知觉为基础,由环境中真实危险引起的情绪体验。如对毒蛇、野兽、自然灾害的恐惧等。当危险消除,现实性焦虑减轻或消失。②神经性焦虑。以自我对来自本我威胁的知觉为基础,个体由于惧怕本能冲动会导致自己受到惩罚时所产生的情绪体验。当自我意识到本能需要的满足可能导致外来的危险时,就会产生恐惧和焦虑。这种焦虑多见于神经症患者。③道德性焦虑。以自我对来自超我,特别是良心谴责的知觉为基础,个体行为违反了超我的价值观而引起内疚感、罪恶感、羞耻感的情绪体验。它指导行为符合个人良心或社会标准。品格高尚的人比品格低下、恶劣的人,体验道德焦虑较多。焦虑有其特殊功能,通过警示作用表现出来。它提醒人警惕已经存在的内部、外部危险,使人意识到危险并避开危险。若无法躲避危险,焦虑就可能不断积累,最终导致"人格崩溃"。因此,必须防御或降低焦虑。

（二）自我防御机制

弗洛伊德认为,减轻焦虑可采用两种方法:一是用正常、理性的方法来控制危险,解决问题。二是用否认现实甚至歪曲现实的非理性方法去应对,即自我防御机制。自我防御机制的特点是:其作用总是为了避免或减轻消极情绪状态,对缓解焦虑、心理冲突、挫折都适用;通过对现实歪曲的形式起作用,如视而不见、听而不闻;大多数防御机制在起作用时人通常意识不到,如果意识到自己在歪曲现实就难以起到避免或减轻消极情绪的作用。

防御机制最早由弗洛伊德提出,认为神经症就是对抗无法忍受的观念的一种防御手段。他提出有倒退和反向作用等防御机制。弗洛伊德逝世后,他的女儿安娜将弗洛伊德著作中的防御机制收集整理分类,提出8种自我防御机制:①压抑。把引起焦虑的思想、观念及个人无法接受的欲望和冲动压入潜意识中使之遗忘。它是最重要、最基本的一种自我防御机制,任何其他防御机制的产生都必须先有压抑作用。压抑的特征有:它是一种主动性遗忘,表现为积极主动的心理过程;被压抑的思想观念并没有消失,而是储存在潜意识中,还可重新返回意识。压抑的种类有:"原始压抑",阻止某些威胁性的内心冲突进入意识领域。这种压抑是个体还没有意识到某些内容之前,这些内容就已被驱赶到潜意识领域中。"真正压抑",强迫某些危险的内容退出意识领域。这种压抑是在个体意识到某些内容之后起作用,一旦个体压抑了这些内容就不能再意识到了。②投射。把自己内心存在的不为社会所接受的欲望、态度和行为推诿到他人身上或归咎于别的原因,它对了解正常人精神生活也有重要意义。弗洛伊德认为,社会偏见现象来自投射作用。③移置。个体把对某人、某事的情绪反应转移对象以寻求发泄的过程。比如,找"替罪羊"。移置的类型有对象移置和驱力移置。对象移置是情感不变而对象转变,把对某人、某事的情感转而表达给另外的人或物。例如,无子女的妇女特别喜爱别人家的孩子。这种移置往往发生在对原有对象的情感表达不可能的条件下,个体不得不通过对象移置表达情感,以减轻精神负担。驱力移置是对象不变而情感改变,一种驱力无法实现,而与之相联系的能量可通过另一可表现的驱力发泄出来。如性与侵犯,性能量受压抑可由侵犯表达,侵犯能量又可通过性活动表达。④否认。拒绝承认有关个人痛苦事实的存在。这样可以逃避现实,不必面对生活中那些无法解决的困难与无法达成的愿望,从而减轻内心的焦虑。否认与压抑不同,否认中有重新解释的成分,压抑是从意识中抹去某些经验。⑤反向作用。隐藏在潜意识中的欲望不愿显露,在行为上采取与欲望相反的方向来表示。譬如,心里对某人憎恨,但由于身份或道德观念,报复之心不便显露,反而改以超乎寻常的友善态度对待他。⑥认同。把某人的特征加到自己身上以某人自居,也叫自居作用。认同是影响人格发展的重要因素之一。⑦退行。个人面临冲突、紧张或遭受挫折时,以较幼稚的行为反应应对现实困境,惹人注意或使人同情,从而减轻焦虑。退行有对象退行和驱力退行两种,对象退行是指不能从某人或某物那里获得满足时,转向以前曾获得满足的对象。驱力退行是某种驱力受挫转而追求另一驱力的满足。⑧升华。改换原来冲动或欲望,用社会许可的思想和行为方式表达出来。它是把消极情绪引发的力量转移到积极方面,是防御机制的最高水平。弗洛伊德把科学的、艺术的、文化工作的热情都归为本能冲动和欲望的升华作用。

六、社会文化观

早期,弗洛伊德的研究是建立和完善精神分析的一般理论,对心理过程和实质只做一般性解释。晚期,他把研究兴趣和目标转移到社会历史领域,解释人类社会历史现象,提出有关社会文化的观点。这表明精神分析学已超越心理学和精神病理学范围,涉足于宗教、道德、文学、艺术、哲学、人类学、教育等社会文化领域。

弗洛伊德社会文化观的基本观点有:①对文明、文化的解释。弗洛伊德提出:"文明是人类对自然的防御和人际关系的调整而积累形成的结果、制度等的总和。"即文明、文化就是人类社会生活本身。②社会文明的起源。弗洛伊德认为,社会文明的形成是人们为了克服自然状态下的各种困难而自愿缔结的契约。在弗洛伊德看来,文明产生的条件有两个:一是外在条件,即艰苦的生活条件或自然环境。"穷则思变",要改变自然界加给我们的危险,我们就要互相联合,创造文明。二是内在条件,是指人本身具有的精神特点或人性特点。③文明与本能之间的关系。弗洛伊德认为,人本能的满足与社会文明是相对立的。比如,性爱是与文明相对立的,性爱具有排他性,追求性爱的任意满足必然和他人相冲突,性爱所消耗的能量必然减少为文明发展付出的能量。又如,死亡本能所表现的攻击、破坏行为也与文明相对立,构成对文明的威胁。为了文明的存在和发展,必须对本能加以限制,故"文明是放弃本能满足的结果"。弗洛伊德对文明与本能关系的论述,其独到之处在于开辟了新的角度来考察文明的进步,看到了文明与本能的联系与差异。但把二者对立起来,文明是对本能的否定,文明限制了本能,尤其性本能,这是片面的。文明对本能要加以限制但不是否定,本能要以文明的方式表现出来,受文明制约,随着社会文明的进步,本能会得到健康的表现与发展。

对弗洛伊德精神分析的简要评价。①弗洛伊德精神分析开创了对无意识心理现象和规律进行系统研究的新领域。弗洛伊德把研究对象扩展到更深层次,对心理的认识更加深刻,尤其对性本能及其作用的研究做出了独特而重要的贡献,体现了他在学术研究方面的追求和勇气。②拓宽了心理学学科范围。弗洛伊德开拓了性心理学、动力心理学、变态心理学的研究,为心理学学科建设与发展做出了贡献。③学术影响广泛。弗洛伊德的心理学思想特别在社会科学领域,诸如对历史学、文学、艺术、美学、社会学、教育学、人类学、哲学等影响较大。西方有人曾把社会科学的发展划分为前弗洛伊德时期和后弗洛伊德时期。④开辟了重视心理治疗的新途径。弗洛伊德打破了过去对精神病患者主要靠躯体治疗、药物、手术等方法的束缚,精神分析也是目前心理治疗中的基本范式之一。

弗洛伊德精神分析的局限:①方法论的不足。精神分析在方法论上倾向于还原论、等同论,把人看作与社会根本对立的自然存在、非理性动物,把变态心理与常态心理相等同。②生物学化倾向较重。弗洛伊德精神分析的基础是生物学,他所提倡的泛性论具有生物学化倾向。夸大了人的生物性而贬低了社会性,把动物的原始本能与驱力当作人类生活实践的推动力,甚至用生物学观点来观察社会历史和解释心理与文化等。

第三节　荣格的分析心理学

荣格(C. G. Jung,1875—1961)是分析心理学的创始人,他深受弗洛伊德器重,但后来因理论的分歧而自创学派。荣格的分析心理学思想对心理学和宗教、文学、历史、艺术有深远影响。

荣格出生于瑞士康斯坦丁湖畔凯斯威尔的一个名门望族。1900 年毕业于巴塞尔大学的荣格成了苏黎世大学伯格尔私立精神病院的助理医生，1902 年他完成了博士论文《论所谓神秘现象的心理学和病理学》，获得苏黎世大学医学博士学位。1905 年任苏黎世大学精神病学讲师。1909 年应霍尔的邀请，同弗洛伊德一道前往美国克拉克大学做系统讲座，讲解其情结理论。1921 年出版《心理类型学》一书，提出内向与外向人格概念，首创人格类型学。1928 年出版论文集《分析心理学的贡献》。荣格一生写了 200 多篇文章和著作，除了上述著作外，主要还有：《潜意识心理学》(1912)、《寻求灵魂的现代人》(1933)、《分析心理学的理论与实践》(1958)、《分析心理学中的善与恶》(1959)等。

一、荣格与弗洛伊德的分歧

荣格，1906 年开始与弗洛伊德通信，1907 年 3 月两人在维也纳弗洛伊德家中相会。在此后的 7 年里，荣格和弗洛伊德及精神分析学派的其他成员共同创立了国际精神分析学会，荣格任第一任主席。弗洛伊德对荣格非常器重，曾将荣格视为自己的继承人，但由于两人在理论上的分歧和其他原因，荣格于 1914 年宣布脱离精神分析学会，结束了与弗洛伊德的友情和交往。两人的理论分歧主要有：①对力比多的解释。弗洛伊德是泛性论，极端扩大性的作用，认为力比多是人格的动力来源，一切活动受之推动。荣格把力比多理解为一种普遍的生命力，认为性只是人全部驱力的一部分。②关于潜意识。弗洛伊德强调潜意识的同时只看到潜意识阴暗、消极的一面，而荣格在强调种族起源的集体意识的同时指出要理解和发挥潜意识的积极作用。③人格发展。弗洛伊德用因果论看待人格发展，从早期经验生活中寻求发展因素，总是向后看。而荣格用目的论补充因果论，认为过去经验的"推动"作用与未来目标的"牵引"作用对人格、行为的影响同样重要，故他强调除了过去经验还必须了解人对未来目标的追求。

二、情结理论

荣格于 1904 年通过对精神病人做字词联想实验，提出了著名的情结理论。实验用一张印有 100 个刺激词的字表进行测试，主试念一个词，被试用头脑中出现的第一个联想词作反应。实验发现，被试做出反应有时要花较长时间，而被试对其反应时延长的原因解释不清。荣格猜想这可能是由于受抑制的潜意识情绪引起的。于是,他把反应时较长的刺激词、回忆错误的反应词都称为"情结指示词"。荣格认为,潜意识中存在与情感、记忆、思维等相关联的各种情结,任何触及这些情结的词都会引起反应时延长,通过分析情结可了解心理疾病的原因。由此,荣格提出情结理论,其主要内容有:情结是一些相互联系的潜意识内容的群集,是整体人格结构中一个独立存在的较小人格结构,它带有强烈情感色彩,有自己的内驱力;情结虽然是潜意识的,但它对人的思想和行为有很大影响作用,足以影响意识活动;情结属于个体潜意识范畴,可以把个体潜意识及其被压抑的内容与集体潜意识及其原型联结起来;人人都有情结,只是在内容、数量、强度和来源方面各不相同;情结的主要来源是童年期的心理创伤,如经常受他人批评会产生"批评情结";与本性不和谐的道德冲突会导致敌意、焦虑的情结。

三、人格结构理论

荣格把人格的总体称为"心灵",认为心灵包含一切有意识和潜意识的思想、情感和行为。心灵既是复杂多变的有机整体,又是层次分明、相互作用的人格结构。心灵包括三个层次:意识、个体潜意识、集体潜意识。意识是心灵中唯一能被个体直接感知的部分。意识伴随生命的诞生而出现,它的发展过程是人的"个性化"过程。意识的作用类似于看门人的角色,对进入心灵的各种材料进行筛选、淘汰,使人格结构保持同一性、连续化。荣格认为,潜意识对人格及其发展影响最大,它包括个体潜意识和集体潜意识。个体潜意识是潜意识的表层,包括被遗忘了的记忆、知觉及被压抑的经验。它因发生在个体身上,与个体经验联系,故称个体潜意识。个体潜意识的特点是以"情结"的形式表现出来,当某人有某种情结时,其心灵就被某种"心理问题"强烈占据,无法思考其他事情,而他本人却没有意识到,故情结决定人格的许多方面。荣格指出,心理治疗的目的就是帮助病人解开情结,把人从情结束缚下解放出来。情结除了有消极作用,还会驱使人去创造,是灵感、创造力的源泉。集体潜意识是荣格理论体系的核心,它是在漫长历史演化中世代积累的经验,是人类必须对某些事件做出特定反应的先天遗传倾向。集体潜意识的主要内容是原型,一种本原的模型,其他各种存在都根据这种原型而成形。它深深地埋藏在心灵之中,因此当它们不能在意识中表现时,就会在梦、幻想、幻觉和神经症中以原型和象征的形式表现出来。原型有 4 个:①人格面具,是人在公共场合表现出来的人格方面,一种对自己有利的良好形象,以便得到社会认可。②阿妮玛和阿妮姆斯,又称男女两性意向或两性人格。阿妮玛指男性心灵中的女性成分或意象,阿妮姆斯指女性心灵中的男性成分或意象。这是在漫长的岁月中男女相互交往所得的经验而产生的。③阴影,是心灵中遗传下来的最隐秘、最深层的邪恶倾向。④自性,是自我的本性,是集体潜意识的核心。自性的作用是协调人格各组成成分,使之达到整合统一,即自我实现。荣格认为,自性是人性所要达到的最高目标。

四、人格类型

对于人格类型,荣格从态度和功能两个维度去界定。他提出内倾和外倾两种态度类型,亦即人格类型。内倾性是指心理能量指向内部主观世界,这类人喜欢安静和沉思。外倾性是指心理能量指向外界,这类人善于社交,性格开朗。荣格认为,功能类型是人们与世界联系的方式,包括思维、情感、感觉和直觉 4 种。感觉是对现象不加评价的最初体验,思维是运用推理和逻辑解释事件,情感是对事物做出判断时的感情方面,直觉是对事物的预感,无须解释和推理。他把两种态度类型与 4 种功能类型相互组合形成了 8 种人格类型:内倾思维型、外倾思维型、内倾情感型、外倾情感型、内倾感觉型、外倾感觉型、内倾直觉型、外倾直觉型。荣格对人格类型的研究成为分析心理学的重大发现,也使他成为人格差异研究的重要开拓者之一。

五、人格动力说

弗洛伊德认为人格是以力比多为动力而发展的,而荣格也沿用了力比多这个词,但他所谓的力比多是一种无所不包的、普遍的生命力,几乎涵盖了推动个体人格发展的所有动机,而性只是其中的一部分。荣格认为,力比多是"一种不同于生物本能的、不拘泥于具体现象的、没有任何明细程序的意志,一种可以在情感、爱恋、性欲以及理智等观念中得以表述的、连续的生命冲动"[①]。实际上,荣格只是扩大了力比多的内涵,后来他用心理能取代了力比多。在他看来,心理能自成系统,按自己的规律活动。心理能的发展主

---

① 沈德灿.精神分析心理学[M].杭州:浙江教育出版社,2005:283.

要服从于物理学和力学两个定律:一是能量定律,即一部分能量消耗多则另一部分能量就消耗少。这在心理能上表现出,这方面兴趣浓,精力花费大,在其他方面兴趣就减少,用力就不多。二是熵定律,是指心理能量不会总是集中在某一方面,当两种心理能量之间的差异过大时,人自身会进行一定调节,使各方面的心理能量趋于平衡,从而避免紧张感的产生。比如某方面兴趣浓,这种兴趣也能向类似的事物转移,使心理趋向平衡。

六、人格发展阶段

荣格认为,个体人格的发展可以分为儿童期、青年期、中年期和老年期4个阶段。儿童期(从出生到青春期),在这个时期的前段,儿童的心理能量主要消耗在各种维持生存所必需的活动上,到了后期,力比多的消耗逐渐指向与性有关的事情上,并在青春期时达到顶峰。青年期(从青春期到中年),这一时期,力比多主要消耗在学习、工作和婚姻家庭上。这个时期的个体都在积极地发展与自身相适应的个性品质,主要是为了获得社会的认同和赞赏。中年期(从40岁左右到老年),这是荣格最关注的时期。这一时期,他发现许多中年人功成名就、家庭美满,但感到人生仿佛失去了意义,心灵变得空虚苦闷。认为这是在人生的外部目标获得之后所出现的一种心灵真空,荣格称其为"中年期心理危机"。要想使中年人振作起来,其根本的方法就在于把心理能量转向内部主观世界,重新发现中年生活的意义。老年期,这一时期,个体会把个性的追求从外向转向内向,会思考和评价前半生,并随着年龄的增长逐渐体会到孤独感和死亡的威胁。

综上所述,荣格的分析心理学突出了心理结构的整体论的方法论思想,扩大了潜意识的内涵和功能,沟通了个体和种族历史经验的文化联系,开创了心理类型学和字词联想测验,这些对心理学以及宗教、文学、历史、艺术有深远的影响。但荣格的著作费解难懂,包括许多神秘主义和宗教成分。

第四节　阿德勒的个体心理学

阿德勒(A. Adler,1870—1937)是个体心理学的创始人,是最早带有社会心理学倾向的精神分析学家。阿德勒生于维也纳郊区一个中产阶级犹太人家庭。幼年时曾患软骨病,4岁才能走路,后来又患佝偻病,无法进行体育活动,还出过两次车祸。5 岁时患肺炎差点丧生,他的弟弟就在邻近他的床上因肺炎医治无效而死亡。这使他非常自卑和内向。上小学以后,他的成绩也不好,没能表现出任何过人之处。1895 年,经过一番努力,阿德勒获得维也纳大学医学博士学位,成为眼科和内科医生,在此期间开始对弗洛伊德的理论感兴趣。1902 年加入"星期三心理学讨论会",成为弗洛伊德最早的同事之一,深受弗洛伊德赏识。1910 年阿德勒成为维也纳精神分析学会主席,但他不赞同弗洛伊德的性本能理论,发表了一系列文章阐述他对精神分析性倾向的反对,突出强调社会因素的作用,最终导致他在 1911 年和弗洛伊德分道扬镳,率领追随者另创"个体心理学学会"。1920 年,阿德勒在维也纳多所中学开办了儿童指导诊所,获得了很大成功,此后在欧美各国进行演讲,受到普遍欢迎。1937 年他在苏格兰讲学时,突发心脏病去世。阿德勒的主要著作有:《神经症的性格》(1912)、《器官缺陷及其心理补偿的研究》(1917)、《理解人类本性》(1918)、《个体心理学的实践与理论》(1919)、《生活的科学》(1927)、《生活对你应有的意义》(1932)、《神经症问题》(1932)等。

一、动力心理学理论

阿德勒反对弗洛伊德把性本能看作人类行为的根本动力,他从社会文化角度,研究人类行为的动力,用"追求优越""自卑感及其补偿"等有关社会的价值观念来表述人类行为的动力特征。追求优越是阿德勒个体心理学的核心,也是支配个体行为的总目标。他接受弗洛伊德的决定论观点,但反对性和恋母情结在人生中具有重大作用。受尼采"权利意志"和"超人哲学"的影响,阿德勒主张追求优越是人生命中的基本事实。他认为人人都有一种"向上意志"或"权利意志",这种天生的内驱力将人格汇成总目标,力图做一个没有缺陷的"完善的人"。在他看来,追求优越和成功是人生的主导动机和目标,羡慕别人、超过别人、征服别人等都是追求优越的人格体现。追求优越的结果具有二重性:一是可激励人追求更大成就,心理得到积极成长;二是使人变得缺乏社会兴趣,妄自尊大,忽视他人和社会需要而产生"自尊情结",对此应加以防止。

自卑与补偿是阿德勒个体心理学的重要组成部分,也是个人追求优越的基本动力。阿德勒认为,人对某些缺陷的补偿是自卑的重要内容和表现。

他坚持自卑感是人的行为的原始决定力量或向上意志的基本动力。在他看来,人生下来并不是完整无缺的,有缺陷就会产生自卑,但自卑不仅摧毁一个人,使人缺乏或失去生活勇气、产生心理疾病,还可能使人由于感到自卑,设法去寻求补偿,在补偿中求得发展,由补偿作用来解决原始缺陷与追求优越之间的矛盾。如,古希腊大演说家狄莫西尼(Demosthenes)原来口吃,但是他面对大海,口含石子,勤学苦练,终于成才。

二、生活风格理论

生活风格是阿德勒个体心理学中的又一重要内容。它是指一个人在早期社会生活道路上已定型化的行为模式。阿德勒认为,生活风格是个人追求优越目标的方式,是整体自我在社会生活中寻求表现的独特方式。他强调人的生活风格在4、5岁时就已在家庭环境中形成,并无意识地表现出来,儿童自己意识不到,此后几乎一生不变。例如,儿童体验到某种自卑感,补偿这种自卑感就是他的生活风格。如果把某人当作自己的榜样,或把某种现象作为自己追求的目标,在追求目标过程中生活风格就会得到发展,如正义感、乐于助人等。个人形成什么样的生活风格,取决于生活条件、家庭和社会环境。理解个体的生活风格,就是理解独特的自我,把握个体的本质。阿德勒提出,理解个体的生活风格有三条途径:一是出生顺序。出生顺序不同则家庭地位不同,从而形成不同的生活风格。如长子,经常遭受失败的命运,害怕竞争。次子,喜欢竞争,具有强烈反抗性。幺子,常受到娇惯,长大后可能会出问题,也可能会发展出异乎寻常的性格。二是早期记忆。那些对个人有重大影响的早期生活经验。通过对童年的回忆可发现过去的记忆与当前行为之间的关联,还可发现个体所感兴趣的东西,找到通往个性的线索。三是梦的分析,阿德勒认为潜意识梦境也是生活风格的表现,通过梦的分析也能发现人的生活风格,揭示个体心灵深处为之奋斗的优越目标。

三、个体心理发展理论

阿德勒认为,个体发展与人格成长离不开其所处的社会环境,且需要个体发挥自身的主观能动性。个体心理发展的影响因素有遗传因素、社会因素、主观能动性和社会实践活动程度。遗传对心理发展有一定作用,但它只有在后天社会环境的压力下才会发挥作用,遗传和环境为个体心理发展提

供可能性和客观条件,但很难保证类似个体都能发展为相同的性格,人格的
形成和发展主要取决于社会。阿德勒认为,每个人都会创造性地选择适合
自己心理发展的活动方式。为此他提出创造性自我,个体能够按照自己选
定的方式去建立起自己独特的生活风格,这种观点也影响了后来人本主义
心理学家。个体的社会实践活动程度是指每个人活动的范围和形式,它影
响个体心理发展的形式和水平。个体在追求优越过程中,会遇到各种各样
的问题,需要通过各种实践来解决,而解决的过程则体现出个体的气质、性
格、自我约束能力和勇气等,这就促使个体形成不同的心理发展形势和
水平。

四、社会兴趣理论

社会兴趣是一种关心别人和关心社会的潜能,它不仅是对自己亲朋好
友的情感,还可以扩展到全人类、全世界。阿德勒认为,个体能否完满、正确
地解决人生的三大问题,即职业活动、社会任务、爱情婚姻,反映他的社会兴
趣是否得到了充分发展。社会兴趣也是衡量个体心理是否健康的标准。阿
德勒指出,缺乏社会兴趣的人会产生两种错误生活风格:一是优越情结,完
全追求个人优越而不顾及他人和社会需要;二是自卑情结,过分自卑而万念
俱灰,甚至陷入神经症。因此,发展社会兴趣非常重要。根据人所具有的社
会兴趣程度,阿德勒划分出 4 种类型的人:统治—支配型人,这类人喜欢支
配、统治别人;索取—依赖型人,喜欢依赖别人的劳动,向别人索取自己需要
的一切;回避型人,总是回避生活中的各种问题,以碌碌无为来避免失败;社
会利益型人,能正视问题,以某种有益于社会方式来解决问题。前三种类型
都是错误的生活风格,缺乏社会兴趣,只有第四种类型的人才具有正确的社
会兴趣,有希望过上充实而有意义的生活。阿德勒认为,产生错误生活风格
的原因是由童年期的三种状态引起的:一是器官缺陷引起生理自卑;二是溺
爱娇纵,儿童是家庭的中心,事事满足,长大后自私自利;三是被人忽视或遭
受遗弃,感到自己毫无价值,对所有人都不相信,冷漠、仇恨。因此,为了避
免儿童产生错误的生活风格,阿德勒呼吁应加强儿童的早期教育,从增加儿
童的社会兴趣入手来进行教育,使他们获得正确的生活意义。

阿德勒的个体心理学不仅为精神分析社会文化学派的形成奠定基础,
而且也为人本主义心理学的产生提供一定的思想基础。阿德勒的个体心理

学虽然在一定程度上肯定了社会因素的作用,但他把造成社会问题和心理疾病的原因仅仅归咎于错误的生活风格和社会兴趣,没有看到社会的异化导致人性的扭曲,没有从社会发展的角度探讨人性的发展,因而并未找到致病的真正社会原因,"社会兴趣""自卑与补偿"以及对神经症的解释等在理论基础上仍然是以潜意识为主导。

第五节　精神分析的发展

弗洛伊德之后精神分析的演变沿着两条主要线索进行:一是精神分析内部的修正、完善和发展。弗洛伊德晚年不断修正和完善自己的理论,把研究兴趣和目标转移到社会领域,提出有关社会文化的观点。其弟子和他人不满他对本能特别是性本能的过分强调而提出挑战,如早期的荣格分析心理学、阿德勒的个体心理学,后期哈特曼、艾里克森等人的自我心理学,克莱因等人的对象关系理论等。二是从精神分析外部的突破和发展。由于社会的发展变化,精神分析流行的场所发生了改变,必然引起研究的变化。结合社会学、文化学、人类学、哲学等学科成果,出现了霍妮、弗洛姆等的社会文化学派、对象关系论、存在精神分析学派、结构主义精神分析学等。以下重点介绍精神分析的自我心理学、对象关系理论和社会文化学派的主要观点。

一、精神分析的自我心理学

弗洛伊德的理论体系中已具有自我心理学的思想,但较分散且不是主要的。后来经其女儿安娜·弗洛伊德的整理、继承和发展,把精神分析的重点由本能冲突的分析转到自我的分析方面,且把自我的功能由单纯的防御转到环境的适应方面。弗洛伊德关于自我与本我的关系是自我由本我发展而来、本我控制自我,而从安娜开始,自我被看作是一个独立自主的力量,发挥着约束本我、适应环境的作用。这种重视自我功能的倾向开创了精神分析的一个新取向,使自我成为精神分析研究的重点,加之在德国精神分析学家哈特曼等人的推动下,最终导致精神分析自我心理学的建立。精神分析自我心理学的核心观点是强调自我的独立性和重要性,由本我研究转向自我研究、人际关系研究,体现了社会学化、社会心理学化的发展方向。其主要代表人物有安娜·弗洛伊德、哈特曼、艾里克森、斯皮茨、雅可布森和玛勒等。下面主要阐述哈特曼和埃里克森的自我心理学思想。

（一）哈特曼的自我心理学

哈特曼（H. Hartmann，1894—1970）生于德国的名门望族，家世显赫。他早期主修医学，获得医学博士学位后，在维也纳跟随安娜·弗洛伊德学习精神分析的方法和技术，后移居美国，创建和研究精神分析的自我心理学。曾任国际精神分析协会主席，是二战后精神分析自我心理学方面的著名理论家，被称为"自我心理学之父"。其主要观点如下：

（1）没有冲突的自我领域。哈特曼在安娜对自我研究的基础上，提出自我是一个重要的自主性力量，自我并不一定要在本我的约束下、超我的调节下才能得到发展。于是提出"没有冲突的自我领域"的概念，即自我的产生和发展既不需要本我提供能量，也不需要超我的限制和约束，自我本身有一个独立的领域，可在心理冲突范围之外发挥自身的各种机能。如感知觉、记忆、思维、语言、创造力、动作成熟和学习等都属于自我的适应机能，是在没有冲突的领域发展起来的，不是自我与本我相冲突的产物。"没有冲突的自我领域"是哈特曼自我心理学体系建立的基础，它使精神分析对自我的研究有了立足点，扩展了精神分析的范围，标志着自我心理学的真正建立，因而哈特曼被誉为"自我心理学之父"。

（2）自我的起源及其自主性发展。哈特曼认为，自我独立于本我，是与本我同时存在的心理机能。自我、本我都是从同一种先天的生物学禀赋"未分化的基质"中分化出来的。"未分化的基质"中的一部分演化为本我的本能驱力，另一部分则演化为自我的自主性装备。这种在自我起源问题上的修改，承认了自我与本我具有共同的先天起源，使自我在起源上摆脱了本我，具有显著的独立性，标志着自我心理学的重要进展，具有十分深远的意义。由于自我在起源上独立于本我，因而自我在发展上也独立于本我的本能发展，哈特曼称之为自我的自主性发展。哈特曼将自我的自主性发展区分为两种：一是初级自主性，二是次级自主性。初级自主性是指那些先天的独立于本我的没有冲突的自我机能。自我的知觉、思维、运动机能都有自己独特的结构和发展规律。自我的这些机能及其成熟起源于遗传的生物学禀赋，都处在现实和本能驱力的影响之外，故称之为自我的初级自主性。个体从半岁到1岁起，初级自主性开始成熟，如婴儿开始发展知觉、运动、记忆、学习和抑制等心理机能，以更好地控制身体掌握外部客体，形成一定预测力。自我的初级自主性机能使自我和一般的心理过程联系起来,使精神分析从病理学范畴转向正常的心理范畴。次级自主性是指从与本我冲突中发展起来并作为健康适应生活工具的那些自我机能。它最初服务于本我的防御机制,以后逐渐演变为一种独立结构,摆脱冲突领域。哈特曼用理智化来说明次级自主性,理智化作为防御机制是为了防御潜意识动机而用某种智力活动来压抑它。如儿童借助看小人书来压抑恋母情结。在这一过程中的理智化作用,一是发生在本能水平上,帮助解决本我与现实、与自我的冲突;二是在自我结构的组织和利用下演化为高级的智力成就,如同转移、升华一样。次级自主性对理解防御、适应和自我的作用有一定意义,但也表明自我自主性发展还不够彻底,仍然源于本我。

(3)能量中性化。弗洛伊德认为,心理能量主要来自本我的力比多能量,它是一切心理活动的动力源泉。自我的能量来自本我,也受制于本我。哈特曼要想促使自我彻底离开本我,实现自我的自主性,必须修正和扩展弗洛伊德心理能量的概念。在他看来,如果某一服务于自我的能量过于接近本能则会妨碍自我的功能,因此必须使本能的能量中性化,为此,哈特曼提出能量的中性化,即把本能能量改造成非本能模式的过程。能量中性化开始于自我从本我中解脱,并为自己服务之时。如三个月婴儿已具有使能量中性化的能力,当他饥饿时能把饥饿感和过去得到满足的记忆痕迹联系起来,用哭声呼唤母亲,即饥饿转化为哭声,在饥饿内驱力与呼唤母亲的联系中使能量中性化。能量中性化概念是对弗洛伊德思想的修正和扩展,弗洛伊德也有这种思想倾向,如在升华作用中自我能够直接使力比多的能量实现非性欲化。但它与能量中性化思想还有区别:一是弗洛伊德的中性化思想只涉及性本能的非性欲化,哈特曼的中性化涉及两种本能的改造,即性本能的非性欲化和攻击本能的非攻击化;二是弗洛伊德的中性化是一个暂时过程,升华是暂时把本能目的转为社会可接受的,哈特曼的能量中性化是一个持续过程,自我借助这一持续过程可贮存中性化能量,以备随时随地使用。因此,哈特曼的中性化能量虽在名义上根源于本我,实质上它已经是自我的能量,不再具有本能的形态。中性化能量为自我次级自主性提供动力来源,促使自我适应环境,彻底摆脱本我。

(4)自我的适应过程。哈特曼认为自我的适应过程就是能量的中性化过程。个体如何适应环境,用自体形成、异体形成来解释说明。自体形成是个体通过改变和提高自己去适应环境,异体形成是个体通过改变环境,使环境更有利于自己的适应。如降低环境污染程度,使之更有利于身体的适应和健康。两种适应都有价值,采取哪种形式更适当属于自我的高级机能。从人类总体而言,主要的适应有两种:一是通过活动使环境适应人,人先改造环境使其为人的生存服务;二是人再适应自己创造的环境,其核心在于改变自己。哈特曼主张人还有第三种适应,即对新环境做出有利于生存的选择。它既不全是自体形成,也不全是异体形成,是选择更利于自己生存的新环境。他进一步研究了人类适应的操作手段和适应过程的关系,提出两种适应选择,即进步的适应和倒退的适应。进步的适应是指与心理发展方向相一致的适应。"人往高处走"、积极竞争、发奋向上。倒退的适应是指为了将来对环境的适应暂时表现出倒退或适应不良,通过倒退而迂回前进。"小不忍则乱大谋",老虎后座身子是为了向前猛扑。哈特曼认为,要达到完善是非常复杂的,不能只考虑个别心理组织的适应,应考虑整体适应。个别心理组织必须暂时表现出不适应,牺牲部分利益暂时放弃,不能只图一时之快。整体适应是自我的整合机能,它能使自我权衡利弊,比较远近利益,分清主次进行正确选择。哈特曼还探讨了外部环境对适应的影响,提出"正常期待的环境"的概念,即人的正常适应和正常发展所面临的环境,是正常人可以期待和想象的环境。正常人一生大部分时间都处在正常期待的环境中,其个人发展的要求与环境是吻合的。哈特曼认为自我在正常期待的环境中,借助自我调节机能影响环境,而环境又反过来影响自我,自我在这种交互作用中螺旋式发展,强调自我与环境的作用具有重要意义。

哈特曼创立的精神分析自我心理学体系,影响了以后的许多自我心理学家。他对弗洛伊德、安娜的模糊自我心理学思想进行了必要的澄清,改变了自我隶属于本我的看法,改变了自我机能主要是对本我的防御的看法,扩大了精神分析的研究目的、范围,使精神分析从研究本能冲突的病态心理学向研究自我适应的正常心理学转变,在精神分析与普通心理学之间架起了沟通联系,有利于精神分析的发展。哈特曼研究自我的发生和发展,也开辟了精神分析的发展心理学。但哈特曼将自我和本我分割,未能将包括自我、本我在内的人格结构与社会环境统一起来,只是在自我水平上,人与环境是统一的、相互影响的,在本我水平上,环境的影响则是外在的、抽象的。对弗洛伊德本我决定观点是妥协的,体现在自我次级自主性发展所需的能量不能摆脱本我束缚,没有给自我以真正独立的能量。

（二）艾里克森的自我心理学

艾里克森(E. H. Erikson,1902—1994),出生于德国法兰克福,只受过大学预科教育。1933年参加维也纳精神分析学派,并追随安娜学习儿童精神分析。1936—1939年在耶鲁大学医学研究院精神病学系任职。1939—1944年参加加利福尼亚大学伯克莱分校儿童福利研究所的"儿童指导研究"。20世纪40年代,他曾到印第安人的苏族和尤洛克部落从事儿童的跨文化现场调查。1951—1960年在匹兹堡大学医学院任精神病学教授。1960年任哈佛大学人类发展学教授,1970年退休。他是继哈特曼之后自我心理学的杰出代表,发展了哈特曼关于环境对自我适应有影响作用的思想,从生物、心理、社会三方面考察自我的发展,提出自我同一性概念及以自我为核心的人格发展的渐成说,使自我心理学理论达到新的水平。

（1）自我及其同一性。艾里克森认为,自我是一种有意识的心理过程,它是独立的、开放的和积极的,是过去和现在经验的综合体,不是本我、超我压迫的产物。这里的自我,不是弗洛伊德的防御性自我,而是哈特曼的自主的、有适应性的自我。艾里克森赋予自我许多积极的特性,比如自主性、同一性、勤奋、智慧、信任、忠诚、爱、创造、关心、决心等品质。他认为凡是具有这些特性的自我都是健康的自我,它能对人生发展的每一阶段所产生的问题加以创造性地解决。在上述特性中,艾里克森特别重视自我同一性品质。认为自我同一性是一种意识到的内在整体感、独特感、连续感,其反面是同一性混乱或角色混乱。自我同一性混乱或角色混乱是指只有内在零星的、少量的同一性,或者是感受不到一个人的生命是向前发展的,不能获得一种满意的社会角色或职业所提供的支持。换句话说,它是指个体不能正确地选择适应社会环境的角色。艾里克森指出,自我同一性最初起源于婴儿,但要到青春期才能正式形成。

（2）人格发展的渐成原则。艾里克森认为,人格发展是依照渐成原则进行的一种进化过程,可分8个既分段又连续的心理社会发展阶段。这些阶段按照先后顺序逐渐展开,且在不同文化中普遍存在,这是由遗传因素决定的。但他又指出,每个阶段能否顺利地度过则是由社会环境决定的,在不同文化的社会中,各阶段出现的时间可能不一致。艾里克森认为,人格发展的每个阶段都存在一种冲突或对立并构成一种心理社会危机。危机不是指一种灾难性的威胁,而是指发展中的一个重要转折点。危机的解决方式有积极解决和消极解决两种:积极解决则会增强自我的力量,使人格得到健全发展,促进个体对环境的适应;消极解决会削弱自我的力量,使人格不健全,阻碍个体对环境的适应。前一阶段危机的积极解决则会增加下一阶段危机积极解决的可能性,相反,前一阶段危机的消极解决将缩小后一阶段危机积极解决的可能性。每一次危机的解决都存在着积极因素和消极因素,当积极因素的比率大时,危机就会顺利地解决,相反将不利于危机的解决。健康人格的发展必须综合每一次危机的正反两个方面,否则就会有弱点。艾里克森认为,不仅所有的发展阶段都是依次相互联系,且最后一阶段与第一阶段也是相互联系的,人格发展是以一种循环的形式相互联系着的,环环相扣形成一个圆圈。

(3)人格发展的8个阶段。艾里克森以个体自我为主导,按自我成熟的时间表,将内心生活和社会任务结合起来,把人格发展过程分成8个既分阶段又有连续性的心理社会发展过程。他所划分的人格发展8阶段中前5个阶段与弗洛伊德划分的阶段是一致的。但艾里克森在描述这几个阶段时,强调的重点不是性欲的作用,而是个体的社会经验。后3个阶段是艾里克森独自创立的。人格发展的8个阶段分别是:①基本信任对基本不信任(0—1岁)。此阶段儿童对父母和成人的依赖性最大,若能得到足够爱和有规律照料,满足其基本需要,就能对周围人产生一种信任感;反之,将产生不信任感、不安全感。这种信任感的形成是以后人格健康发展的基础。如果这一阶段的危机得到积极解决,就会形成希望的品质;如果危机是消极解决的,就会形成惧怕。②自主对羞怯和疑虑(1—3岁)。此阶段儿童学会爬行、走路、推拉、说话等,能在一定程度上自主控制外界事物,控制自身排泄活动,有了行动的自主意愿,常常和父母意愿构成冲突。如果父母有足够理智和耐心,既给儿童行为必要的限制,又给一定自由,危机就可积极解决,形成自主控制的意志品质;反之,则会形成羞怯和自我疑虑。③主动对内疚(3—5岁)。这一阶段的儿童活动能力进一步增强,语言、思维能力得到很大发展,表现出积极幻想和对未来事件的规划。若父母能经常肯定和鼓励儿童的主动行为和想象,儿童就会获得主动性;反之,就会缺乏主动性并感到内疚。如果此阶段的危机得到积极解决,则会形成做事有方向、有目的的品质;反之,将形成内疚感。④勤奋对自卑(5—12岁)。此阶段儿童大多已进入学校,接受小学教育,学习是其主要活动。如果能从学习活动中获得成功和满足,就能发展勤奋感,对未来有信心;反之,则产生自卑感。如果此阶段的危机得到积极解决,就会形成能力品质;如果危机是消极解决,就会形成无能感。⑤同一性对角色混乱(12—20 岁)。此阶段的个体接受了更多有关自己和社会的信息,并对自己进行全面思考,确定未来生活的目标和方向。若能做到此点就获得了自我同一性,自我同一性的形成,标志着儿童期的结束和成年期的开始,它对健康人格的发展十分重要。如果青少年在这一阶段不能获得同一性,就会产生角色混乱和消极同一性,形成与社会要求相背离的同一性。如果这一阶段的危机得到积极解决,青少年获得的是积极同一性,就会形成忠诚的品质;反之,就会形成不确定性。⑥亲密对孤独(20—24 岁)。此阶段属于成年早期。只有建立牢固自我同一性的人才能与他人产生爱的关系,追求与他人建立亲密关系。与他人发生爱的关系就把自己的同一性和他人的同一性融合一体,这里有自我牺牲,甚至有对个人来说的重大损失。而没有建立牢固自我同一性的人,会担心因与他人建立亲密关系而丧失自我,会寻求逃避而产生孤独感。此阶段的危机得到积极解决就会产生爱的品质,反之将形成混乱的两性关系。⑦繁殖对停滞(25—65 岁)。该阶段属于成年期。此阶段的个体已建立了家庭和事业,如果个体已形成积极的自我同一性,并且过着充实和幸福的生活,他们就会试图把这些传递给下一代,或为下一代生产和创造更多的精神和物质财富。如果此阶段的危机得到积极解决就会形成关心他人的品质,如果消极解决将会形成自我专注、自私自利。⑧自我整合对失望(65 岁以后)。该阶段属于成年晚期或老年期。多数人都已停止工作,处于对往事回忆之中。如果个体能顺利度过前 7 个阶段则具有完善感,不惧怕死亡,在回忆过去的一生时,自我是整合的。而过去生活中有挫折失败的人,在回忆过去的一生时,则经常体验到失望或绝望。如果这一阶段的危机得到积极解决,就会形成智慧的品质;如果危机是消极解决,就会形成失望和毫无意义感。

艾里克森对自我心理学的发展做出了较大贡献。他研究自我的角度新颖且切合实际,在心理与社会相互作用中考察自我,强调社会环境在自我形成和发展中的影响作用,有重要实际意义。艾里克森还将人格放在整个生命周期中去探讨,提出人格形成的心理社会发展阶段,而不局限于生命早期和青年期,这表明人格发展伴随人的一生,对教育、心理咨询辅导有一定指导意义。但艾里克森的人格发展 8 阶段理论的经验性较强,科学性和实证性较弱,且对社会实践活动对自我发展的决定性作用、心理与社会的关系机制探讨不够。

二、精神分析的对象关系理论

对象关系理论产生于 20 世纪 40 年代中期的英国,60 年代传播到美国,随后产生了美国的对象关系理论,到了 70 年代,在美国呈现相互融合的倾向。对象关系理论的主要代表人物有德裔英国精神分析学家克莱因,英国的费尔贝恩、温尼科特和美国的克恩伯格等。对象关系理论强调本能对象的重要性,把对象关系特别是亲子关系作为理论和临床研究的重心。弗洛伊德理论也隐含对象关系的思想,但他主张这种关系的性质受制于本能的驱力。下面重点介绍克莱因的对象关系理论。

克莱因(M. Klein,1882—1960)是德裔英国著名儿童精神分析学家,精神分析客体关系学派的建立者。她出生于维也纳,1900 年前后在维也纳大学学习艺术与历史。1914 年接触到弗洛伊德的著作,对精神分析产生极大兴趣。1917 年从事儿童精神分析,1921 年到柏林精神分析研究所任儿童治疗专家,1922 年加入柏林精神分析学会。1925 年到伦敦讲学,后来移居伦敦,在伦敦精神分析学会工作到去世。她的学术研究可分三个时期:①从 1919—1932 年,她用自己发明的游戏疗法进行儿童精神分析,对于俄狄浦斯情结的早期阶段和超我的早期出现进行了探索;②1933—1945 年,对于发生在生命第一年里的正常发展的危机理论进行重新组织,发现了抑郁性心态和躁狂防御机制;③1946—1960 年,研究了出生三四个月的婴儿的发展,发现偏执—分裂样心态。其主要著作有《儿童精神分析》(1932)、《对精神分析的贡献:1921—1945》(1948)、《精神分析的进展》(1952)、《精神分析的新方向》(合作主编,1955)、《感恩与嫉妒》(1957)、《儿童分析记事》(1961)、《我们成人的世界及其他论文》(1963),其中《精神分析的进展》、《精神分析的新方向》是克莱因和她的弟子为纪念她的研究成就而编撰的论文集。

(1)对象和对象关系。克莱因所说的对象是外部真实对象,或外部对象的内在心理表征,或儿童自身分离出去并被客体化的一部分。对象关系是对象与对象之间的联系,或"我"与"非我"之间的联系。婴儿最早面对的对象是母亲,婴儿与母亲的关系是一切对象关系的基础。儿童与母亲的对象关系可分两个阶段:部分对象关系和整体对象关系。克莱因认为,儿童先将母亲乳房这一部分对象加以内投,然后将母亲整体对象加以内投,而在内投的同时伴随着分裂,把对象分为好对象和坏对象。能满足婴儿需要的乳房被归属于"好的"对象,而拒绝满足的乳房被归属于"坏的"对象。母亲的意象也被分割为"好的"和"坏的",并向这两部分对象分别投射爱和破坏性的本能冲动。伴随早期对象关系形成中的分裂现象,婴儿的自我也被分裂成"好的"自我与"坏的"自我。断乳会引起婴儿的施虐幻想,使他从母亲乳房对象转向母亲身体的整体对象。在儿童幻想中,母亲身体这一整体对象是包罗万象的、神奇的,它充满丰富的奶水、食物、有价值有魔力的粪便和新生的婴儿等。儿童试图掏空母亲的身体,并占有其中的财富。因而,儿童对整体对象充满着爱与恨、嫉妒与攻击的矛盾情感。克莱因与弗洛伊德所说的对象不同。弗洛伊德所说的对象是本能的目标或力比多关注的对象,是对外部对象的内部心理表征。克莱因的对象不仅指本能对象,还有相对于婴儿自身的对象,是婴儿心灵中的种种心理特征。在儿童潜意识幻想方面,弗洛伊德认为儿童的潜意识幻想出现较晚,是自我产生后,本我分裂才有的现象。而克莱因认为,儿童的潜意识幻想很早就出现了,它具有动力性且普遍存在,影响儿童所有知觉和对象关系,儿童通过潜意识幻想与整个世界保持联系。潜意识幻想既是从外在现实中构筑起来的,又受到内部已有信念和知识的修正,从而形成内部对象世界。

(2)儿童发展观。克莱因通过对2—10岁儿童幻想内容的分析,推断出2岁前婴儿心理结构和动力特征。她以"心态"观来修正弗洛伊德的心理性欲发展阶段观。她认为,弗洛伊德的发展阶段概念过于局限,她用"心态"观取代了弗洛伊德的"阶段"观。认为我们并不是从那些"阶段"发展而来,而是发展自两种心态:偏执—分裂样心态和抑郁样心态。人的一生总是从一种心态发展到另一种心态。上述观点暗示,她所描述的现象不是一种简单的过渡阶段,而是具有一个特殊的结构,包含贯穿人一生的对象关系、焦虑和防御。①偏执—分裂样心态。就是把人看成全好或全坏的心态,这一心态大约存在于从出生到3—4个月的婴儿身上。克莱因认为,从出生到3—4个月,婴儿和部分对象即母亲乳房建立了关系,强烈的力比多冲动和攻击性冲动都投射到乳房上。由此母亲的乳房被分裂成"好"与"坏"两种对象,自我也分裂成"好我"与"坏我"。这时婴儿产生了被自己摄取的坏对象所毁灭的潜意识幻想,从而导致迫害性焦虑。在生命早期最重要的是区分好与坏,因为危险就来自把两者混淆。因此,这时重要的防御机制是分裂,在幻想中把属于整体的事物分开。比如,婴儿关于乳房的爱、创造、哺育和好的幻想,需要严格区分对乳房的咬、伤害和可怕的迫害的幻想。没有分裂婴儿就可能无法区分爱与残酷,无法放心大胆地吃奶。偏执—分裂样心态的特点是,婴儿还没有"人"的意识,他的对象关系是与部分对象的关系,占优势的机制是分裂过程和偏执焦虑。②抑郁样心态。经历过偏执—分裂样心态之后,随着婴儿感知功能的完善,它能够内投完整的对象,可以更好地适应生活。大约从出生后第五或第六个月开始,直到一岁左右,婴儿把母亲内投为一个完整的对象,进入"抑郁样心态"。这里的"抑郁"并不是指疾病抑郁,而是指对所丧失的幻想和事实感到悲哀,或是因为对所爱的人有攻击性而感到负疚或悔恨。此时儿童逐渐觉察到他有一个可爱的但并不完美的立体母亲,开始关注自己在现实和幻想中针对母亲的攻击,开始体验到负疚感。母亲作为一个不同于婴儿自身的人被全面地理解或认识,在这个完整的对象身上,汇聚着可爱与可恨两方面的特征,她既有"好"的方面也有"坏"的方面。儿童开始有了矛盾情绪的体验:一方面由于母亲提供食物和关爱,婴儿爱母亲;另一方面由于母亲不能总是满足他的愿望,因而恨母亲。所以,力比多冲动和破坏性冲动指向同一个对象——整体对象的母亲。这种破坏性冲动使婴儿害怕自己会毁灭母亲从而失去她,于是陷入了抑郁性的心态,而抑郁性情感和对母亲的负疚感又导致对破坏性冲动和幻想的修复。儿童通过倒退、否认自己攻击性和压抑攻击性冲动等防御机制的修复获得了责任感,克服了焦虑,对母亲建立了爱的对象关系。抑郁样心态的特点是,开始把母亲知觉为一个独立的整体对象,对象关系是与整体对象的关系,占优势的机制是整合、矛盾、负疚感和抑郁性焦虑。随着抑郁样心态一次又一次地被整合和修复,儿童的焦虑逐渐减少,修复、升华和创造性倾向逐渐取代精神病和神经症的防御机制。

(3)游戏疗法。在治疗儿童精神病过程中,由于年幼儿童不能使用自由联想,因而克莱因用儿童游戏来替代成人的自由联想,通过观察和解释儿童游戏来理解儿童的潜意识幻想。由于她在游戏疗法中加入了解释技术,特别是对儿童的移情现象进行分析,这是对精神分析技术的一项创新。克莱因认为,儿童游戏是以象征性行为表达儿童的幻想,恰如成年人以梦中歪曲的意象表达潜意识思想和感情一样。她观察到儿童和成人一样能够对分析者产生真正的移情,且都是基于对内在的父母意象的投射,儿童很容易把他的"好的"父母和"坏的"父母的方面投射到分析者身上。移情和分析情境的建立是相互依存的,通过对儿童移情的分析,可帮助解除焦虑和攻击之间的恶性循环,增强儿童对分析者和父母好的方面的内投和认同。分析者应以同情态度解释儿童的焦虑,充分描述儿童在爱与恨、真实与虚幻等对立需求之间所体验到的强烈冲突,以帮助儿童认识到自己的潜意识幻想,解除焦虑。儿童的游戏应是完全自发进行的,分析者应尽量不去干涉,偶尔需要参与儿童游戏,原则是应有利于帮助儿童充分表达自己的需要。克莱因对游戏治疗的机理作了上述理论阐述,且还规定了游戏治疗技术在具体实施时要注意的问题,如设置游戏环境应保持时间和空间的稳定,玩具应具有安全性和个人性等,形成了一套比较严格的游戏治疗体系,对儿童治疗提供了有效手段,对研究儿童早期深层心理有重要贡献。

克莱因把弗洛伊德创立的精神分析的驱力结构模式转换成对象关系模式,修正了弗洛伊德的本能理论,并影响了其他对象关系学家以及精神分析的自身心理学家的研究。她对儿童早期心理研究卓有成效,弥补了弗洛伊德精神分析在儿童心理学上的不足,为儿童精神分析学的建立奠定了坚实基础。克莱因的儿童游戏治疗技术已被扩展形成世界性游戏治疗运动。她的对象关系理论还对精神分析和心理治疗以外的领域,如精神病学、儿童教育、婴儿护理、学院心理学、社会学、人类学和文艺批评等产生了直接或间接的影响。但是克莱因未能明确说明儿童幻想的对象和对象的来源与关于真实他人的知觉和记忆表征之间的关系。她强调内部对象是构成自我和超我的要素,但如何构成解释模糊,未能说明自我是先天还是后天构成的。她的对象关系理论探讨的是儿童早期与母亲的关系,强调母亲在儿童个性形成和发展中的重要性,忽略了父亲的作用。另外,对儿童早期心理特征的看法仍然源于主观推论,与许多精神分析学家一样,采用临床方法无法直接了解很小婴儿的心理。

三、精神分析的社会文化学派

精神分析的社会文化学派产生于 20 世纪 30 年代末 40 年代初的美国,其代表人物有霍妮、沙利文、卡丁纳和弗洛姆等。由于社会科学发展及美国社会现实都使人相信人是各种社会文化因素的产物,不是受本能驱使的动物。社会文化学派从社会文化角度,对弗洛伊德本能决定论、泛性论提出挑战,但仍坚持潜意识的重要性,努力把潜意识概念和社会文化因素相调和,来解释人的心理问题和社会状况。下面主要介绍霍妮和弗洛姆的心理学思想。

(一)霍妮的社会文化精神分析

霍妮(K. Horney,1885—1952)出生于德国汉堡,是犹太人。1906 年考入柏林大学医学院,对精神分析非常感兴趣。1932 年为逃避纳粹迫害移居美国,任芝加哥精神分析研究所副所长。1934 年移居纽约创办私人诊所,同时执教、行医和著述。由于霍妮反对弗洛伊德传统观点,1941 年被纽约精神分析研究所解聘,随即创立美国精神分析研究所。通过对治疗实践的总结分析,霍妮脱离正统精神分析,放弃弗洛伊德的本能论,转向强调文化和社会条件对行为的影响,创立新的神经症理论,成为精神分析社会文化学派的领袖人物。

神经症的文化观。霍妮的精神分析理论是在治疗实践中形成的,是以解释神经症的心理病理学而展开的。霍妮认为,神经症是一种由恐惧和对抗恐惧的防御机制、缓和内心冲突而寻求妥协解决的种种努力所导致的心理紊乱,当这种心理紊乱偏离了特定文化的共同模式时,才称为神经症。因此,必须同时使用文化标准和心理标准来确定神经症。故她将神经症分为情境神经症和性格神经症两种类型。情境神经症仅指人对特定的困难情境暂时不能做出有效适应,但未表现出病态的人格。性格神经症是指人在任何场合中都不能做出有效地适应,这种不适应是由神经症人格引起的。霍妮侧重研究性格神经症。霍妮关于神经症的社会文化观的看法有:①社会文化是神经症产生的根本原因。神经症的直接病因在个体人格方面,而人格从童年时代逐渐形成,社会文化环境对其起决定作用。因此,社会文化是神经症产生的最根本原因。诊断和治疗神经症,必须了解患者的人格,了解患者在整个成长过程中所处的社会文化环境和个人生活环境。②神经症只是对社会文化所规定的正常行为模式的偏离,其标准因不同的文化、时代、阶级和性别而异。在一个文化环境中的正常行为,到另一个文化环境中或许就不正常了,反之亦然。神经症的根源在于社会文化,它赋予神经症以文化内涵。在现代文明社会中,人们之间普遍存在着隔离、敌视、怨恨、恐惧及信心丧失等感觉,这些感觉本身并不产生神经症,但它们综合起来就促使人产生孤立无助的不安全感,最终导致神经症。③霍妮分析总结了导致神经症患者内心冲突的社会文化基础。提出现代文化中存在三对矛盾:竞争与友爱、成功与谦卑的矛盾;不断被激起的享受需要与满足需要实际受挫的矛盾;个人自由与实际受到限制的矛盾。现代文化在经济上是基于个人竞争原则,导致的心理后果是人与人之间潜在的敌意增强。竞争使人际关系紧张,导致恐惧,害怕他人报复和失败。现实社会中的每个人都生活在充满竞争的氛围中,每个人都成了另一个人潜在的竞争对手。竞争无时不在、无处不在。竞争已经渗透到了各种社会关系中,它不仅存在于商业、政治中,而且也存在于爱情、家庭、朋友、同学之间。这种普遍存在的竞争成了产生神经症的根源。霍妮认为,生活于现代文化困境中的大多数人都患有程度不同的神经症,正常人与神经症患者的区别是相对的,神经症是当今文化的副产品。

神经症的心理病理学。在神经症根源于文化的理念指导下,霍妮提出关于神经症的心理病因观点:

(1)基本焦虑。个体行为的基本动机是由出生后受环境压力影响逐渐形成的基本焦虑支配的。为了减轻基本焦虑的痛苦,形成未必合理的适应方式,难免产生冲突甚至导致神经症。在导致神经症的环境因素中,最重要的是早期家庭成员之间的关系,特别是亲子关系,因为儿童的基本需要是生理上的需求和足够安全感,而要获得这些必须依赖父母的帮助。如果父母经常表现出不给儿童真正的爱或不能满足儿童安全感等行为,就会使儿童产生敌意,陷入对父母既依赖又敌视的矛盾中。儿童因无能无助、害怕和由敌意导致内疚感,又不得不压抑敌意,敌意及其压抑将使人陷入焦虑。焦虑又使人将基本敌意泛化到一切人和整个世界,从而在内心不自觉地积累并蔓延着一种孤独感和无能感,产生自我轻视、被抛弃、受威胁的体验。现代西方文化中逃避焦虑的方式有4个:一是把焦虑合理化,通过逃避责任来逃避焦虑;二是根本否认焦虑的存在;三是麻醉自己解脱焦虑;四是避免可能导致焦虑的处境、思想和感受而"不跟陌生人讲话""不接受陌生人的礼物"等。

(2)神经症需要。为了应对基本焦虑带来的不安全感、孤独感和敌意感,儿童经常采取某种潜意识的防御性策略,称为神经症需要。其特征是无意识和强迫性,以一种无意识的并且是被动的方式表现出这种需要。霍妮在《自我分析》一书中概述了10种常见的神经症需要,分别是:对友爱和赞许的需要,对主宰其生活的伙伴的需要,将自己的生活限制在狭窄范围内的需要,对权力的需要、对利用他人或剥削他人的需要,对社会认可和声望的需要,对个人崇拜的需要,对个人成就和抱负的需要,对自足和自主的需要,对完美无缺的需要。这些需要本身是非神经症的,但如果盲目偏执于其中一种或少数几种,强迫地、潜意识地、不由自主地去追求满足,不能根据社会现实而灵活选择,即变成神经症需要。

(3)神经症人格。霍妮认为,神经症需要决定着神经症人格。神经症人格主要有三种类型:第一种是顺从型。典型特征是亲近他人。以如果我顺从了则他人就不会伤害我的逻辑来建立自己的安全感,消除焦虑感。这种人对关爱、赞许,对伴侣主宰其生活或者对将自己的生活限制在狭窄范围内有神经症的需要。他们趋向于谦让和顺从,并且贬低他们自己的天赋。为了得到他人的赞许而极力按照别人的期望行事,害怕别人的批评、拒绝和遗弃。第二种是攻击型。典型特征是对抗他人。以如果我有权力则别人就不能伤害我的逻辑来建立自己的安全感,以攻为守。认为他人在本质上是敌意的和不值得信任的,人不为己天诛地灭。因此,他们的主要目标就是变得强硬,或至少看起来是强硬的。他们不断地试图证明自己是最强的、最聪明的、最能干的。第三种是退缩型。典型特征是逃避他人。以如果我离群索居则没有人能伤害我的逻辑来建立自己的安全感,既不与他人友好合作,又不与他人对立竞争。倾向于将自己隐藏起来,不愿泄露自己的生活即使是最琐碎的细节,大部分时间独来独往。这三种人格类型本身并非神经症,正常人也运用顺从、反抗和回避行为策略来应对生活难题,但神经症患者缺乏变通性,仅仅固定地运用其中的一种来应对,导致不能克服焦虑,甚至陷入更深的焦虑。

(4)神经症的自我。霍妮认为,人格是完整的动态的自我,反对弗洛伊德把人格分成本我、自我和超我三部分,提出自我有三种基本存在形态。分别是真实自我、理想化自我和现实自我。真实自我是个人成长和发展的内在力量,是人类共有的,具有建设性,是可能实现的自我。它是一切成就和能力的来源,存在个别差异。理想化自我是个体凭空设想、纯粹虚幻的形象,是不可能实现的自我。现实自我是个体此时此地身心存在的总和,它是身体的和心理的、健康的或神经症的、意识的和潜意识的自我。霍妮认为，分析真实自我、理想化自我和现实自我三者之间的关系可以揭示神经症患者与自我关系的失调。

(5)基本冲突。霍妮把神经症患者在基本焦虑基础上形成的内心冲突称为基本冲突。认为基本冲突有三种类型：一是各种神经症需要之间的冲突；二是对待他人三种人格类型之间的冲突；三是理想化自我与真实自我、现实自我之间的冲突，其核心是真实自我的建设性力量与理想化自我的障碍性力量之间的冲突。为了解决自我冲突可采用三种策略，即自谦、夸张和放弃。三种策略分别对应三种神经症人格类型，即顺从型、攻击型和退缩型。由上述可见，霍妮的神经症心理病理学的主要思想是个体生活在充满矛盾冲突的社会文化中，因缺乏安全感而产生基本焦虑，为克服焦虑产生神经症需要，形成特定的对待他人的行为方式或神经症人格，寻找解决冲突的策略，结果陷入新的更大、更深的焦虑和冲突之中，构成潜意识中运行的恶性循环。

神经症的治疗。霍妮主张应依靠人生来具有的实现自我潜能的建设性力量，帮助患者发现并发展自己的潜能。她反对弗洛伊德对人性和神经症治疗的悲观态度，主张分析患者的神经症需要和人格类型，帮助患者克服冲突，实现与他人、与自我的和谐关系。反对夸大早期经验的作用，倡导自我分析，相信人的潜能和在治疗中配合的重要性。霍妮在《自我分析》中系统阐述了自我分析的态度、规则、步骤和方法。当然，倡导自我分析决不能代替专家治疗。

总之，霍妮率先提出社会文化精神分析的基本理论，对精神分析的新发展具有开创意义。她把弗洛伊德本能与文化之间矛盾的心理学思想，发展为文化本身的矛盾的心理学思想，既适应变化了的社会文化条件，又吸收了人类学、社会学等学科的新成果。她强调人际关系失调和自我内在冲突的重要性，有助于现代人认识和解决自己的内心冲突。霍妮的人性观和对神经症的治疗都以人的自我实现潜能为依据，这对人本主义心理学家有直接启示。但霍妮没有具体分析文化作用于人的机制，只关心个体如何去适应社会文化，没有进一步提出社会改革的思想和要求，缺乏弗洛伊德那种对社会文化的批判态度。

(二)弗洛姆的人本主义精神分析

弗洛姆(E. Fromm,1900—1980)是生于德国法兰克福的犹太人。1922

年获海德堡大学哲学博士学位,曾在柏林精神分析研究所接受正规训练。1925 年加入国际精神分析学会。1930 年发表关于基督教义的演变及宗教的社会——心理功能的精神分析的论文。1934 年为逃避纳粹迫害移居美国纽约,从事教学、理论研究和精神分析实践活动。先后在哥伦比亚、耶鲁等大学任教,担任过怀特精神医学研究所主任。1951 年到墨西哥国立大学医学院精神分析学系任教授。1957 年回美国,任密西根大学教授,1962 年转任纽约大学精神病学教授。弗洛姆是精神分析社会文化学派中影响较大的人物,也是 20 世纪著名的心理学家、社会学家和哲学家。他从宏观视角研究社会对个人产生的影响,从政治、经济、文化、社会等方面考察了人格的形成和发展。在学术上兼收并蓄,接受了马克思、弗洛伊德的思想,力图用人本主义来调和马克思主义与弗洛伊德学说。弗洛姆的著述颇多,有关社会心理学方面的著作有:《逃避自由》(1941)、《自我的追寻》(1947)、《理性的挣扎》(1955)等。

(1)论人的处境。这是弗洛姆思想体系的逻辑起点。分析人必须了解其处境。弗洛姆从三个方面论述了人的处境。一是人在生物学意义上的软弱性。弗洛姆认为,进化程度越高的动物,本能调节越不完善。人与动物相比,在本能上具有最大的不完善性,被社会压抑的不自由。二是人存在的矛盾性。人力图超越动物的本能状态,但又使自己陷入一系列困境。如个体化与孤独感的矛盾、生与死的矛盾、潜能实现与生命短暂的矛盾等。三是历史的矛盾性。随着历史的发展,后一历史时期能够解决前一历史时期的矛盾。当代人掌握的高技术手段与无力将其全部用于人类和平幸福之间的矛盾,在未来社会历史时期可以得到解决。在上述三种处境中,最为重要的是人存在的矛盾性,由于它根植于人本身,因而不可能被解决。特别是个体化与孤独感的矛盾最具实质性,人越是超越自然和本能,就越发展自我意识、理性和想象力,与自然、他人和真实自我的关系也就越疏远。弗洛姆的理论都以这一观点为基础。

(2)人的需要及其满足方式。弗洛姆认为,人的基本需要是人对自己存在的矛盾性处境的反映。由于每个人的具体情况不同,他们满足需要的方式也不同。有的人采取健康的、正常的方式,结果使人性趋于完善,而有的人采取不健康的、不正常的方式,不但不能充分发挥自己的潜能,反而会引起神经病症状,严重的则导致神经症和精神病。弗洛姆提出 5 种基本需要及其满足方式:①关联性需要,包括爱与自恋。个体为了摆脱孤独感,就要与他人建立联系。若能与他人建立健康的情感联系,那就是爱;而根据自己主观臆断而不切实际地对待他人,把他人作为满足自己需要的工具或手段,那就是自恋。②超越性需要,包括创造与破坏。人与动物一样是被抛入世界的,同样又被抛出世界。人能意识到自己作为生物的被动命运,但又不甘如此,产生超越的需要,驱使自己去创造,若创造的愿望无法实现则转向破坏。③植根性需要,包括母爱与血亲之爱。人随着成长越来越脱离自然和母亲,于是产生寻根性需要。可通过依恋母亲及其象征建立新的生存根基,如家庭、家族、民族、国家、教会等。若过于依恋母亲及其象征则限制理性和个性发展,陷入血亲之爱的精神病态。④同一性需要,包括独立与顺从。人在成长过程中会形成自我意识,自我意识健全的人能意识到自己的独特性和独立性。相反,有的人采取不健康的方式,对社会、民族、宗教、阶级等保持着绝对顺从和尊奉态度,追求绝对的一致性和顺从性,从而丧失了独立性。⑤定向和献身的需要,包括理性与非理性。人需要确定一个为之献身的目标才能使生命有意义。有的人确定的目标符合实际、有意义,即理性;而有的人确定的目标是神的启示、种族的优越性等,这是非理性。弗洛姆认为,如果能了解人的这些矛盾的特性和需要,就可以减少一些烦恼。

(3)性格类型论。弗洛姆认为,人的性格和潜意识是在上述需要的基础上形成的。性格是把人的能量引向同化和社会化过程的相对稳定的形式。这里的能量不是力比多而是需要。人与世界的关系可分为两种:一是人与物的关系,表现为人要获取物体即同化;二是人与人的关系,表现为人要与他人发生联系即社会化。同化和社会化可表现为各种性格特性,而具有共同倾向性的性格特性合称为性格倾向。具体到每个人,其性格结构中可能有几种不同的性格倾向,我们通常根据占主导地位的性格倾向来确定一个人的性格类型。弗洛姆把同化过程中的性格倾向分为两大类:创生性倾向和非创生性倾向。创生性倾向的人关心人的潜能实现。他们在思维上有理性,能抓住事物本质,客观看待世界和自己;在工作上,工作目的是为了实现自己的潜能,不是为了生存或强权所迫,也不是为了填补空虚无聊;在感情上,对他人有爱的情感,既保持自我的完整和独立,又与他人建立积极地联系,与他人结为一体。其典型特征是自主、自爱、独立、创造、爱人。非创生性倾向包括4种性格类型:①接受倾向型,这类人乐于被动地接受所需要的物质或精神产品。②剥削倾向型,用强取豪夺或狡诈欺骗的方式从外界得到他需要的东西。③囤积倾向型,通过囤积和节约来获得安全感,讲究秩序和清洁。④市场倾向型,善于随劳动力市场的变化而随机应变,把自身也看成商品。弗洛姆认为,4种非创生性倾向类型都是不健康的、非创造性的性格,只有创生性倾向是一种创造性的性格,一种完美的理想性格,是人类的发展目标和希望所在。

(4)社会潜意识。弗洛姆认为,要达到解除潜意识被压抑的目的,就要研究社会潜意识。社会潜意识是指社会绝大多数成员共同受社会压抑而未达到意识层次的心理领域。它是由社会不允许其成员所具有的那些思想和情感所组成的。在弗洛姆看来,有史以来的社会都存在着矛盾和不合理之处,历史上多数社会都是少数人统治多数人,必然会想方设法不让大多数人意识到社会的不合理,必须把人们的怨恨情绪压抑下去,而压抑的机制就是每个社会都有的一套决定人的认识方式的体系,类似于过滤器。除非人们的经验能够透过这个过滤器,否则就不能达到意识层次。社会过滤器由三种要素组成:一是语言,难以用语言表达的经验和现象则难以成为明确的意识;二是逻辑,不同文化有不同逻辑,不合逻辑的经验被排斥在意识之外;三是社会禁忌,每个社会都排斥某些思想和感情,使其不被思考、感受和表达。三要素中最重要的是社会禁忌。

(5)社会性格。弗洛姆认为,人格是由气质和性格合成的。气质是由遗传或先天体质性特征决定的行为模式。性格反映了人的社会性,是人格的核心,弗洛姆专门研究了性格。认为性格包括个人性格和社会性格。个人性格是指同一社会中各个成员之间的差异,它受人格的先天因素和社会环境特别是家庭环境的影响。社会性格是指同一社会中绝大多数成员共同具有的基本性格结构,是性格结构的核心部分。社会性格是经济、政治和文化等因素交互作用的产物,家庭是将社会文化因素所需要的性格特点转移到孩子身上的中间环节。社会性格的基本特性有:①群体性。社会性格是一种群体心理,是一个国家、民族或阶级的心理。②共同性。社会性格是一个群体在共同处境、共同生活方式和基本实践活动的基础上形成的。③群体动力性。社会性格是激发一个群体行为的共同内驱力。对性格和社会性格的强调反映了弗洛姆对社会文化因素的高度重视。

在马克思和恩格斯创立的经济基础与上层建筑的理论中,经济基础决定上层建筑,上层建筑反作用于经济基础。那么,经济基础如何决定意识形态这种上层建筑?弗洛姆以为,马克思恩格斯并未做具体说明,而他提出的"社会性格"可以弥补这一不足。认为社会性格是经济、政治和文化等因素交互作用的产物,其中经济基础起更大作用。一个社会的经济基础是形成该社会中人的处境的决定因素,社会性格在这种处境中形成,有共同或相似社会性格的人会形成一些共同或相似的观念,这些观念被理论化就是意识形态。反过来,已形成的意识形态又容易被具有一定社会性格的人所接受,并强化这种社会性格,通过社会性格又作用于经济基础。因此,社会性格是联系经济基础和上层建筑的重要中介。当然,社会性格的中介作用不是被动的,而是作为一种能动力量对社会进程发挥作用。社会性格和社会潜意识都是联系经济基础和意识形态的中介环节。

(6)社会改革论。弗洛姆认为,理想健全的社会是"人道主义的民主的社会主义",它是在资本主义社会已取得成就的基础上为克服其弊端而建立的。理想社会有如下特点:在经济上实行生产资料公有制和国家计划经济,使每个劳动者都积极参与到生产劳动中去;在政治上把民主原则贯彻到社会生活各个领域。要实现这样的社会,不是进行暴力革命,而是通过立法和改革试验等途径来进行。弗洛姆倡导建立以人本主义心理学为基础的人本主义伦理学,进而建立人本主义宗教,使自古以来的人本主义理想成为人们的信仰。他认为,要改革现存教育,培养具有批判思维的健全性格的人,而不是适应病态社会的劳动者。

弗洛姆高度重视社会文化对心理的影响,在广泛的经济、政治和文化的社会环境中研究心理现象,心理学研究的社会取向鲜明,强调社会性格、社会潜意识这些社会心理作为一种能动力量在社会进程中的作用,既发展了精神分析的潜意识理论,又极大地增强了精神分析的生命力,丰富了现代心理学的研究内容。当然,在他的社会改革论中,设想通过建立人本主义的宗教和教育来达到未来的健全社会是不现实的,只能是空想。

第九章　发生认识心理学

　　发生认识心理学由瑞士著名儿童心理学家皮亚杰(J. Piaget, 1896—1980)创立,其提出的发生认识论开辟了心理学研究的新途径,对当代科学心理学的发展和教育改革具有重要影响。皮亚杰通过儿童心理学研究把生物学与认识论、逻辑学联系起来,以一种完全经验的方式,将传统上纯属思辨哲学的认识论改造成为一门实证科学,其儿童认识发展理论成为发展心理学中的经典理论。一般把皮亚杰所创立的以儿童认识发展为主要内容的学派也称为日内瓦学派或皮亚杰学派,它是当代儿童心理学和发展心理学中的主要学派之一。英国发展心理学家彼得·布莱恩这样评价皮亚杰,如果没有皮亚杰,"儿童心理学只能是一门了无生气的学问"。皮亚杰也被誉为同弗洛伊德、爱因斯坦齐名的世界文化巨人。

　　皮亚杰出生于瑞士的纳沙特尔。他少年早慧,从小对生物学感兴趣,不到10岁就写了一本小册子《我们的鸟》,11岁时他观察到一只患有特殊白血病的麻雀,随后写成调查报告《患白血病的麻雀》在当时的一本自然科学上发表。中学毕业时已经发表20多篇文章,有"科学神童"之称。皮亚杰在《自传》中回忆到他的童年生活所受到的家庭影响,父亲是一位历史学家,他的理性思维和批判精神影响着皮亚杰,父亲教他进行系统研究的意义和用证据检验的方法。母亲则是非常聪颖、精力旺盛的人,她的神经质特质使后来的皮亚杰对精神分析和病理心理学产生了浓厚兴趣,同时母亲的非理性和想象性思辨也赋予皮亚杰某种"酒神狂欢似的兴奋"。可见,皮亚杰坚持的"科学方法"为"想象"服务,与从父母那里接受的人格影响不无关系。1915年皮亚杰获生物学学士学位,1918年以《来自阿尔卑斯山区软体动物分类》的论文获生物学博士学位。博士毕业后前往苏黎世大学,在荣格的指导下研究精神分析。1920年皮亚杰来到巴黎的比纳实验室,担任西蒙助手,从事儿童智力测验工作,但他对测验结果没有太多兴趣,而对儿童在测验中表现出的问题很感兴趣,如许多儿童对同样问题都有相似的错误回答,他们

的思维模式怎样？从而开启了皮亚杰对儿童心理学的研究兴趣。1921 年任
日内瓦大学卢梭学院实验室主任，1941 年升任教育学院院长。皮亚杰先后
当选过瑞士心理学会、法语国家心理科学联合会主席，1954 年任第 14 届国
际心理科学联合会主席，1955 年在日内瓦创建"发生认识论国际研究中心"
并一直担任该中心主任。鉴于皮亚杰对世界心理学所作出的巨大贡献，
1969 年美国心理学会授予他心理学卓越贡献奖，成为第一位享有此誉的欧
洲人，1972 年在荷兰获得相当于诺贝尔奖的"伊拉斯姆士奖"，1977 年获桑
代克奖等。皮亚杰一生著述颇多，代表性著作有：《儿童的语言和思维》
（1923）、《儿童的判断与推理》（1928）、《儿童的道德判断》（1932）、《儿童智
慧的起源》（1936）、《智慧心理学》（1947）、《儿童心理学》（与英海尔德合著，
1966）、《发生认识论导论》（1970）、《结构主义》（1971）、《认识结构的平衡
化：发展的中心问题》（1975）等。

第一节　皮亚杰理论的思想渊源

一、哲学思想渊源

在哲学渊源上，皮亚杰的发生认识心理学主要受康德主义和结构主义
哲学思想的影响。康德哲学是一种先验论，理性、概念范畴是先天固有的、
主观自生的，认识是先验的。皮亚杰说："我把康德范畴的全部问题加以审
查，从而形成了一门新学科，即发生认识论。"皮亚杰的发生认识论就有先验
论的烙印。发生认识论要研究的是认识的普遍形式，是保证认识达到普遍
性的基本范畴，皮亚杰的"图式"概念是受康德"先验图式"的启示，他承认
预先存在的遗传图式，但他更重视认识是主客体的相互作用。客体作用于
主体，主体通过自我调节构造出不同的心理机能（认识）。皮亚杰还受结构
主义哲学思想的影响。结构主义是 20 世纪 60 年代兴起的哲学思潮，当时盛
行于欧美大陆，结构主义在一些人文学科领域运用结构分析方法去寻找复
杂现象之间的关系，了解复杂现象是由哪些原始系统、结构所构成的，从复
杂现象背后找出结构或秩序来。所谓结构，是指某种处于变动中的不变关
系的总和。它反映体系的组织和特性，找到了结构，也就认识了体系。皮亚
杰力图在"认识结构"研究中把结构主义和建构主义结合起来，用以说明认

识结构的获得,他的发生认识论就是一种认识结构的发生理论。

二、生物学和逻辑学思想的影响

生物学对皮亚杰心理学理论的形成具有重要影响。皮亚杰早年对生物学有较深入的研究,可以说他是从生物学研究开始其学术生涯的,皮亚杰力图寻找一种能说明生物适应与心理适应之间的连续性模式,架设从生物学到认识论的桥梁。他用生物学观点来解释认识发生的机制,把理论生物学中的渐成论推广到认识领域。渐成论是关于胚胎发育的理论,强调基因型与环境的相互作用。皮亚杰认为,渐成论的胚胎发育理论与他的智慧及其结构的发展理论之间具有同型关系,并始终认为认识功能的发展是渐成的一个部分。心理发展的先天与后天的共同作用观以及同化和顺应等概念,都是皮亚杰在合理吸收生物学思想的基础上提出的。例如,同化,在生物学上指有机体在摄取食物后,经过消化、吸收,把食物变成自身一部分的过程。皮亚杰将同化用于心理学中说明认识发生的机制,即个体以已有图式为基础去吸收新经验的过程,促使图式范围不断扩大,再通过顺应使图式发生质变。

逻辑学也是皮亚杰理论的一个重要思想来源。皮亚杰曾讲过,"每种心理学的解释都迟早要依赖生物学和逻辑学",从 20 世纪 40 年代开始,皮亚杰采用数理逻辑作为研究儿童智慧活动的工具,他从逻辑学中引进"运算"的概念,以此作为儿童思维发展水平的标志。在这一思想基础上,皮亚杰通过临床实验研究创建了儿童认识发展阶段理论。在皮亚杰看来,以数理逻辑为工具来描述儿童运算的思维过程犹如统计学一样有用。

三、心理学思想的影响

欧洲机能心理学认为,心理的机能是适应,智力是对环境的适应。皮亚杰将认识结构不是看作生理或感官的物质结构,而是看作一种机能上的结构。还认为智慧来源于活动,智慧的本质是适应等。这些观点既受欧洲机能心理学的影响,也是对欧洲机能心理学的发展。皮亚杰的理论还受到格式塔心理学的影响。他在《结构主义》一书中提出认识结构有三个特点:整体性、转换性和自我调节性。皮亚杰认为,整体对它的部分在逻辑上有优先的重要性,整体性的结构规定着各个部分之间的联系及其意义。皮亚杰的整体性观点就受到格式塔心理学思想的影响。皮亚杰早年读过弗洛伊德的书,学习过弗洛伊德的精神分析理论,也在荣格的指导下从事过精神分析的研究,他的临床描述技术直接得益于荣格的指导,他的"自我中心状态"与弗洛伊德的"自恋"概念有很大一致性。皮亚杰在《儿童的游戏、梦与模仿》一书中,曾谈到他的理论与弗洛伊德理论的关系,因此,精神分析学派对皮亚杰的思想也产生了很大影响。

第二节 皮亚杰的儿童心理学理论

皮亚杰认为,对认识论的研究如果不满足于停留在抽象的思辨领域,就必须踏入心理学领域,而建立在主客体相互作用活动基础上的儿童心理学是打开认识发生之门的钥匙。皮亚杰在批评、审查已有心理学理论的不足中形成了自己的儿童心理学。皮亚杰的儿童心理学主要研究人类的认识,特别是儿童的认识发展和结构。儿童出生以后,认识是怎样形成的,儿童的智力、思维是怎样产生和发展的,它受哪些因素所制约,它的内在结构是什么,各种不同水平的智力、思维结构是如何出现的,等等,所有这些都是皮亚杰儿童心理学研究所力图探索和解答的问题。

一、儿童心理发展的实质和原因

皮亚杰在比纳测验中心工作时,就对比纳测验法以儿童正确回答条目的多少来计算儿童的智力持否定态度。他认为,智力是一种适应形势,这种适应不仅是生理上的,而且在心理水平和认识水平上也都存在机体对环境、主体对客体的适应。皮亚杰曾列出心理学中关于儿童心理发展的 5 种代表性观点:早期观点是英国哲学家罗素的只讲外因不讲发展,彪勒的看法是只讲内因不讲发展,联想主义心理学的观点是既讲外因又讲发展,桑代克的看法是既讲内因又讲发展,格式塔学派强调内外因相互作用而不讲发展。皮亚杰认为这些观点各有特点,但又不完善。于是,他提出儿童心理的发生既不起源于先天成熟,也不起源于后天经验,而是起源于主体的动作或活动(心理运算操作),而动作的本质是主体对客体的适应。"智慧的本质是适应","智慧起源于动作"。所以,儿童心理(认识)发展的真正原因是主体通过动作对客体的适应。皮亚杰从生物学角度出发来研究认识的增长机制,将人类行为放在生物行为的更广泛的关系中来考虑,把人的心理看作是生物适应的延伸,人的心理或智力是适应环境的手段。

皮亚杰主张把适应理解为一种动态的平衡过程,它是在内外因相互作用过程中不断产生量变与质变而完成的。有机体被环境不断影响而发生变化,此变化又提高和增加有机体与环境的相互作用,从而有利于生存和发展。生物的适应机能与其组织机能密切联系,它们同为生物体的两种机能,组织机能使有机体保持自身的稳定性和一致性,是维持生物体完整系统所必需的。皮亚杰把生物体物质层次上的组织机能和适应机能延伸至心理层面,认为这两个层次之间存在着必然的联系。世界万物无不存在着联系,联系就是事物之间的相互作用,适应是事物相互作用的过程和结果。个体的每一个心理反应,不管指向于外部的动作,还是内化的思维动作,都是一种适应。适应的本质在于取得机体与环境的平衡。皮亚杰认为,适应是通过两种形式来实现的:一是同化,即把外界元素整合于正在形成或已经形成的结构之中,加强和丰富主体的动作。同化的结果使结构加强。二是顺应,是改变主体动作以适应客观变化。主体通过动作,以同化和顺应的形式来适应环境,达到主体与环境的平衡。若失去平衡就要改变认识或行为重建平衡。因此,平衡→不平衡→再平衡的过程就是适应的过程,也是儿童心理发展的实质和原因。皮亚杰认为同化和顺应具有对立统一关系。只有同化没有顺应就谈不上发展,而同化如果没有它的对立面顺应的存在,它也不能单独存在,二者的动态平衡作用推动着儿童心理不断向前发展。

二、认识结构的基本概念

皮亚杰认为,认识结构是在个体认识发展过程中逐步形成的,它一开始就表现为一个能动的行为图式,最终则发展成为一个不断建构的逻辑图式。皮亚杰从心理发生发展的视角来分析和解释认识结构,认为认识结构涉及图式、同化、顺应和平衡4个基本概念。

(1)图式。这是皮亚杰理论中的核心概念。皮亚杰认为,图式是动作的结构或组织,具有概括性、可迁移性的特点。图式既是认识发展的产物,又是认识发展的基础和条件。图式最初源自先天遗传,此后随着个体的成长,通过与环境发生相互作用,在适应环境过程中不断丰富和发展。譬如,婴儿在出生的头一个月里,无论碰到什么物体,婴儿都产生吮吸反射,此时婴儿具有"吮吸的图式"。图式是动态的可变结构,在适应环境中不断变化并复杂化。如看到母亲形象、听到声音等产生视觉性、听觉性图式,由遗传反射图式发展为多种图式的协调活动,心理水平随之提高。随着年龄、经验的增长,图式的种类、数量、质量有所提高。到成年时就形成了比较复杂的图式系统,构成了认识结构。皮亚杰指出:"人的认识的发展,不仅表现在知识的增长上,更表现在认识结构的完善和发展上,图式的发展水平是人的认识发展水平的重要标志。"

(2)图式的发展是通过同化和顺应两种机制实现的。同化是主体将外界刺激有效整合于已有图式中的过程,是用已有图式吸收新经验、新知识的过程。这是个体认识发展的第一种机制。同化受已有图式的限制,如果个体拥有图式较多,则同化范围越广泛,反之越狭窄。同化随认识发展有三种形式:一是再生性同化,是儿童对出现的刺激做出相同的重复反应。如儿童每次手碰到物体都表现出抓握反应。这种同化有利于同化物体的不同特性。二是再认性同化,是儿童能辨别物体之间的差异而做出不同反应。如当儿童看到不同面孔时会做出不同反应。这类同化有利于向更复杂的同化形式发展。三是概括性同化,是儿童能知觉事物之间相似性并把它归于不同类别的能力。如儿童按不同颜色、形状分积木块。同化促进图式范围扩大,引起图式量的变化,但不能导致质的改变。顺应是同化性图式或结构受到它所同化的元素的影响而发生改变。顺应是改变原有图式,建立新图式以容纳新刺激的过程。皮亚杰认为,"内部图式的改变以适应现实叫作顺应"。顺应包括两方面:一是把原有图式加以改造使其能接纳新的事物。与原有图式一致的刺激被同化于原有图式中,不相一致的刺激就要改造原有图式。二是创造新的图式以接受新的事物。顺应过程使图式发生质的变化,推进认识结构的发展,适应变化着的客观世界。

(3)平衡是指主客体的平衡或主体对客体的适应,是智慧行为的实质所在。顺应导致质的变化,同化导致量的变化,心理发展既需要同化也需要顺应,更需要同化与顺应之间的平衡或协调一致。首先,平衡是同化与顺应的平衡。若任何一个居于支配地位,另一个受压抑,都会阻碍认识的正常发展。其次,平衡是推动认识活动发展的重要动力。同化成功,认识就处于平衡状态,同化失败或不能同化新信息就出现不平衡,从而推动主体应用调节机制,以达到新的平衡。平衡既是一种状态,又是一种过程。一个较低水平的平衡状态,通过主体与环境的相互作用,过渡到一个较高水平的平衡状态,认识结构就得以不断发展,从而适应新的环境。发展的实质就是从低水平平衡向高水平平衡的运动过程,即平衡→不平衡→再平衡的过程,平衡永不停止,发展就一直向前,认识结构也就不断丰富和发展。

三、儿童心理发展的影响因素

皮亚杰研究提出,制约儿童心理发展的因素主要有:成熟、物理环境、社会环境和平衡过程。

(1)成熟。机体的成长,特别是神经系统和内分泌系统的成熟。皮亚杰认为,成熟主要在于揭开心理成长的新的可能性,儿童的某些行为模式的出现有赖于一定的身体结构或神经系统发生的机能。但成熟本身还不是心理发展的足够条件,新发展的可能性的揭开还需要给予满足的机会,还必须通过机能练习和习得经验来增强成熟的作用。成熟是影响儿童心理发展的因素之一,随着儿童年龄渐长,自然及社会影响的重要性将随之增加。

(2)物理环境。影响儿童心理发生发展的自然客体因素,主要体现在儿童通过动作接触外界环境所获得的经验。这种经验包括两类:一类是物理经验,是对客体的属性进行抽象和提炼的结果。儿童通过对物体属性的知觉感受,简单抽象出物体的大小、形状和轻重等特性。另一类是逻辑数理经验,是对操作客体的动作思考的结果。如对物体的数量多少与其空间排列形式、计数的先后顺序无关的认识。逻辑数理经验不能通过知觉客体而直接获得,它依赖物理经验但又超越物理经验,两者对儿童心理发展都有重要的影响作用。

(3)社会环境。包括社会生活、文化教育和语言等,是影响儿童心理发展的社会因素。这些因素对儿童发展的影响作用,必须建立在能被儿童同化的基础上。如果儿童在学校环境中缺乏主动的同化作用,外在的教育将是无效的。然而,儿童主动的同化作用则是以儿童是否具有适当的运算结构作为前提的。皮亚杰指出,社会化是一个结构化的过程,个体对社会化做出的贡献正如他从社会化所得到的同样多,从那里便产生了"运算"和"协同运算"的相互依赖和同型性。儿童只有建立了适当的认识结构,才能合理地接受新的知识,外在环境和教育对心理发展只能起到促进或延缓作用。

(4)平衡。平衡就是不断成熟的内部组织和外部环境的相互作用。皮亚杰认为,心理发展中最重要的决定因素是平衡或自我调节。平衡是连接和整合前述三个因素的核心。在平衡过程中,主体的自我调节系统起着关键作用。自我调节系统存在于有机体的各个功能水平上,从染色体到行为本身,它反映了生命组织的最一般特征,也是有机体反应和认识反应所共有的最一般机制。皮亚杰认为,在主客体相互作用过程中,自我调节随时发挥功能以保证同化和顺应的正常进行,主体不是被动的接受者,而是积极的改造者。心理发展的过程就是主体不断趋向平衡的过程,平衡不停,发展不止。

四、儿童心理发展的阶段理论

皮亚杰经过多年的观察和实验,提出了儿童心理发展的阶段理论。

首先,关于儿童心理发展的阶段特征。皮亚杰认为,儿童心理发展具有一定的阶段性和规律性特征。主要包括:差异性、顺序性、连续性和交叉重叠性。①差异性。发展的不同阶段具有质的差异,这也是阶段划分的依据。心理发展的每一阶段都有一个整体结构作为该阶段行为模式的主要特征。②顺序性。儿童心理发展水平随年龄的增长而由低到高,从一个阶段进入下一个阶段,逐步达到最高水平,但发展阶段与年龄之间的联系不是固定不变的。由于社会环境、文化教育和活动范围的不同,有些儿童发展得快些,有些儿童可能发展得慢些,但发展的阶段顺序是不变的,既不能跨越,也不能倒退,所有儿童都遵循这样的发展顺序。③连续性。心理发展是连续构造的过程。每一阶段都是前面阶段的延伸,每一阶段的发展又都为下一阶段打下基础。④交叉性。发展阶段具有一定程度的交叉重叠,不是阶梯式的,前后阶段密切联系。每个阶段都有准备期和完成期,在准备期内,心理发展的特点同前一阶段保持密切联系,还没有完全形成该阶段应有的特点。进入完成期后,该阶段所应具备的认识结构才达到平衡状态。

其次,皮亚杰把儿童心理发展划分为 4 个阶段:感知运动阶段、前运算阶段、具体运算阶段和形式运算阶段。①感知运动阶段(0—2 岁)。此阶段儿童主要依靠感知动作来适应外部环境,形成动作图式的认识结构。这是儿童思维的萌芽时期。②前运算阶段(2—7 岁)。比前一阶段有质的飞跃。表象、语言等符号功能出现,使儿童开始从具体动作中摆脱出来,凭借象征性图式在脑中进行"表象性思维"。此阶段的儿童思维的特点有具体形象性、不可逆性、自我中心主义和刻板性。此阶段儿童能够利用实际生活中获得的表象进行思维,形象思维成为智力活动的主要方式。再加上语言的出现、行走能力的发展,扩展了空间、时间范围,可理解过去、远方发生的事情。但思维还不具备可逆性,只能沿着单一方向进行,不能进行可逆运算或逆向思维,没有形成"守恒"概念。也不能从他人的角度考虑问题,只能以自我为中心,从自己的角度观察和描述事物,深信自己的观点与他人观点相同,且是正确的,即使遇到与自己观点矛盾的事实,也会认为事实是错误的。当思维集中于事物某方面时,不能把注意力转移到另一方面,不善于分配,有较强的刻板性。到 7 岁左右,儿童开始学会较全面地观察事物,判断和推理能力也相应发展。③具体运算阶段(7—12 岁)。此阶段儿童具有守恒性和可逆性,但运算还离不开具体事物支持,只能把逻辑运算应用于具体的或观察到的事物上,不能扩展到抽象概念中,在纯言语叙述情况下进行推理感到困难。此时出现长度、质量、面积和重量等守恒概念。据实验研究,达到不同守恒概念的年龄有所不同,物质守恒约 7—8 岁,重量守恒 9—10 岁,容积守恒出现在 11—12 岁。④形式运算阶段(12—15 岁),也称命题运算阶段。此阶段主要特点是出现了抽象逻辑思维。儿童在头脑中将形式和内容分开,不受具体事物的束缚,根据假设推理进行逻辑推演解决问题。可把逻辑运算组合成各种系统,并根据可能的转换形式去解决脱离当前具体事物的观察所提出的有关命题。或是根据掌握的资料,进行分析和科学实验,从而发现一般性规律,可以有科学创见和创新能力。

五、皮亚杰研究儿童心理学的独特方法

皮亚杰将观察法、询问法、测验法和实验法加以综合,创造出研究儿童心理的独特方法——临床研究法,即研究者和儿童在半自然交往中向儿童提出一些活动任务,让儿童看一些实物或向他们提出一些特定的问题让其回答或解决,从而收集资料进行分析研究的方法。皮亚杰将言语访谈与问题解决结合起来,通过呈现事物、提出问题、儿童动作或思维操作、询问等步骤来了解儿童的内部思维过程。在半自然交往中,儿童可毫无拘束地自由回答和反应,然后追问,能够动态地深入地探讨儿童思维的"功能性结构"。临床研究法的主要特点是:①采取参与和自然观察的方式。②设计丰富多样的小实验。③安排合理灵活的对话。④具有新颖严密的分析工具。⑤不

限制被试反应,注意从自发性反应中分析其心理活动历程。⑥研究对象数量少,甚至只有一个被试。虽然这种方法不是一个客观精确的方法,但比较适合于儿童,是研究儿童心理发展的一种有效工具,是其他研究方法所不能达到的。另外,再加上皮亚杰敏锐的观察力,从而使他获得了大量真实而有价值的第一手资料,研究并构建了儿童认知发展理论。

第三节 皮亚杰的发生认识论

皮亚杰于1955年在日内瓦创建"发生认识论国际研究中心",汇聚哲学家、心理学家、教育家、逻辑学家、数学家、语言学家和控制论学者等多学科专家学者,致力于发生认识论的研究。他发表的《发生认识论导论》标志着发生认识论体系的建立。发生认识论是用发生学的方法来研究认识论,探讨知识的心理起源和过程结构,揭示人类知识增长的心理机制。皮亚杰发生认识论的主要内容可概括为以下几个方面。

一、认识的生物发生论

皮亚杰将生物学研究与认识论研究进行类比,从生物学方面来探讨认识论问题。他用生物学上的表型复制理论来解释和说明认识的发生和发展。表型是可观察的外显特征,它是遗传和环境相互作用的产物,是有机体对环境做出选择的结果。表型复制的关键在于有机体内部的自动调节,是主动的、有方向性的同化过程。皮亚杰把生物体的自动调节机制和表型复制过程与认识的形成和发展进行类比,根据生物学上的外源型变异(表型变异)和内源型变异(基因型变异),把认识也分为两种,一是从经验中得到的外源性认识,二是从主体内部推导出的内源性认识。皮亚杰认为,内源性认识标志着认识结构发展的层次。关于认识结构的发展,皮亚杰的观点是内源性重构取代了外源性认识。也就是说,认识的发展是因为产生了"基因型的变化",即产生了内源性认识重构的结果。认识的内源性取代外源性就是认识的表型复制过程。内源性重构不是外源经验的简单内化,它受自动调节的平衡机制所支配。生物的表型复制和认识的表型复制最为重要的相似性就是它们都具有自我调节这一特征。

二、认识的心理发生论

皮亚杰从心理发生学角度分析认为,认识既不来自客体,也不来自具有自我意识的主体,认识是主客体相互作用的产物。主客体之间相互作用的中介是动作或活动。主体要认识客体必须对客体施加动作,动作既是感知的源泉,又是思维的基础,故认识源于动作。皮亚杰认为,主体和客体是一种双向关系。在主体作用于客体的同时,客体也作用于主体。人创造环境,环境也影响人,通过这种相互作用主体实现了对客体的适应。在皮亚杰看来,在主客体相互作用过程中,包含着"动作内化"和"图式外化"的两极转化。智慧就是这种双向建构的综合,发展的高低决定于双向建构的深化程度。

认识从主客体相互作用的活动开始,但在认识发生之初,主客体尚未分化,儿童还意识不到自身作为一个主体的存在。随着相互作用活动的丰富和发展,主客体开始分化,分别形成主体的内部结构和客体的外部结构,皮亚杰称前者为内化建构,后者为外化建构。他认为个体从感知运动阶段到形式运算阶段的发展,经历了上述内化与外化建构的辩证统一过程。

皮亚杰认为,近现代的认识论除了从事认识的逻辑分析和言语分析外,还需要用认识的心理发生的研究来加以补充才能完善。皮亚杰指出,发生认识论的目的就在于研究各种认识的起源,从最低级形式的认识开始,并追踪这种认识向以后各个水平的发展情况,一直追踪到科学思维。这就对个体认识的发生、发展作了深入探讨,补充了传统认识论的研究缺陷,而且把一直是思辨的哲学认识论问题创造性地引向了实证科学。

三、认识的结构建构论

皮亚杰研究发生认识论的基本方法论就是把结构主义与建构主义紧密地结合起来。皮亚杰认为,认识是结构不断建构的产物。每一个结构都是心理发生的结果,而心理的发生是从一个较初级的结构转化过渡到一个比较复杂的结构。由感知运动——表象思维——抽象思维,结构再不断地建构,而建构的过程则依赖于主体的不断活动。皮亚杰是一个结构主义者,他认为人的认识结构不是一种物质性结构,而是一种机能性结构,这种结构既不是对客体的机械反映,也不是主体预先构成的,而是通过主客体之间的相互作用而逐步建构起来的。皮亚杰指出,认识结构具有三种特性:①整体性。这是结构的首要特性,认识结构具有内部的融合性,各组成部分之间具有有机联系,是在内部关系规律支配下的完整系统。整体对它的部分在逻辑上具有优先的重要性,整体性结构规定着各个成分之间的联系及意义。②转换性。结构不是一个静止的组织,而是受内在规律控制的运动发展,是一种动态的组织。转换的结果使一种旧的结构变化为新的结构,如从初级的数学"群"结构到复杂的社会关系结构。如果不能转换,认识的结构就会失去解释事物的作用,就会和静止的形式相混同。③自我调节性。结构是封闭的系统,可以在自身内部规律的支配下而自动调节,不必借助于外部因素。结构的转换就是由于系统的自我调节,结构的封闭性使得结构的各种转换不会超出系统的边界,只会产生属于该结构并保存该结构的规律成分。由此可见,皮亚杰所说的结构是指心理操作活动或运算,在主体认识发展的某一阶段存在着同一结构,而从一个阶段发展到另一阶段,认识结构则会发生变化。

皮亚杰把自己的发生认识论称为一种建构的结构主义,即认识不仅具有结构,而且认识的发生是一个由低级到高级不断建构的过程。建构之意即构造、转化,是指形成认识结构的动态过程。结构是建构的结果则表现为一种心理上的机能构造,在皮亚杰的术语体系中一般称为图式。在认识结构的建构过程中,皮亚杰强调主客体的相互作用,认为任何心理结构都是这种相互作用的结果。认识在起点上既不产生于客体,也不产生于主体,而是产生于主体与客体之间的相互作用,认识结构是主体与客体互动的结果。皮亚杰认为,儿童不是被动地接受环境的刺激,而是主动地寻求自己可以进行有意义反应的刺激,儿童具有主动性和选择性。儿童的建构,就是儿童根据自己已有的经验吸收他在某一发展阶段所必需的东西,构造其认识结构的那些基本概念和逻辑思维形式。儿童形成的观念并不是发现的,而是根据自己已有知识经验主动创造的。建构是一个双向的过程,包括认识主体和客体相互作用中的动作内化和图式外化的不断构成和重新组织的转变过程。可见,皮亚杰的发生认识论是结构主义与建构主义结合的产物。

综上所述,皮亚杰创建的儿童心理发展理论和发生认识论,从内容到方法都对科学心理学做出了很大贡献,引起了世界心理学界的极大关注,并激起了大量的后续研究,在中小学教育教学改革应用和研究中也发挥了重要指导作用,具有极大的国际影响。

第一,皮亚杰将认识论与心理学、生物学等多学科结合起来,创立发生认识论,促进了科学认识论的发展。传统认识论只关注认识的结果和研究成人的认识,不关注认识的发生过程和研究儿童的认识,只顾及认识的高级水平,忽略认识的初始起源和由低水平到高水平的演变过程。皮亚杰的发生认识论系统地探究了人类认识的起源及认识的发生发展机制,填补了传统认识论的空白,且引导了将结构主义和建构主义相结合来研究认识论的新方向等。皮亚杰从儿童认识发生入手,运用心理学方法揭示了认识起源于活动(包括外部客观活动即"实物性活动"和内部思维活动即"运演操作"),填补了传统认识论在认识发生上的空白,为认识论研究开辟了独特路径,特别对主客体相互作用的机制提出完整而系统的观点,促进了科学认识论的发展。

第二,皮亚杰批判了各种形而上学的发展观,提出儿童心理是在主客体相互作用中不断发生量和质的变化的心理发展观、影响儿童心理发展的基本因素和儿童心理发展阶段理论等,丰富和深化了儿童心理学研究,是发展心理学史上的重要里程碑,也成为当代认知心理学的重要组成部分,为认知发展心理学的建立奠定了基础。

第三,皮亚杰开创的研究儿童心理的新方法——临床研究法,堪称对发展心理学的重大贡献。有人将此方法列为近100年来心理学史上的三大突破之一,即冯特引进实验法、巴甫洛夫创造条件反射法、皮亚杰创造临床法与引进数理逻辑方法。皮亚杰的临床研究法以操作实物为主,口头提问为辅,将操作实物、灵活谈话、直接观察与数理逻辑分析相结合来研究儿童的内部思维过程,这是对发展心理学研究方法的重大创新。

第四,皮亚杰的理论对世界各国教育教学理论和实践产生了重要而深远的影响。皮亚杰提出的发生认识论和儿童心理发展理论蕴含着丰富的教育教学思想,对幼儿园、中小学教育教学内容、教学方法选择、教材编写等有重要指导意义。我国研究皮亚杰理论的资深专家卢濬教授认为,皮亚杰的理论对教育教学实践和改革产生了以下影响:①教育的主要目的在于促进学生智力的发展,培养学生的思维能力。②让学生主动自发地学习。③注意儿童的特点,符合发展阶段。④儿童应通过动作进行学习。⑤要重视社会交往,特别是合作性的交往。⑥让儿童按各自的步调向前发展①。

① 叶浩生.心理学通史[M].北京:北京师范大学出版社,2011:298.

第五,皮亚杰理论吸引着许多心理学家从事儿童认知发展的理论和实验研究,激起了大量的后续研究,形成了新皮亚杰学派。在承认皮亚杰及其理论的重大贡献的同时,也要看到皮亚杰理论思想的历史局限性。一般认为[①],皮亚杰的心理学思想一是存在生物学化倾向,把智慧的本质归结为生物适应,对社会性重视不够,忽视了社会生活,特别是文化、教育在儿童认知发展中的作用。二是存在逻辑中心主义倾向,重视认识活动中逻辑结构的分析,而忽视非逻辑结构的研究,经常以个人作为认识主体,导致把动作归结为儿童的先天动作,逻辑运算可以脱离语言而产生等。三是皮亚杰理论中存在论证不足、流于思辨的问题,主要表现在对儿童自我中心化、思维活动过程中心化、运算的结构化等问题的描述大多属于推论。也有研究认为,皮亚杰理论中的不足和缺陷主要体现在两个方面[②]:一是在研究认知发展时忽视社会文化因素的影响,不关注与认知密切相关的非智力因素的作用。二是皮亚杰受康德先天范畴论的影响,关注心理发展的普遍规律,对个体差异研究不感兴趣,只研究认知发展的宏观规律,忽视认知发展的微观规律。针对这两种缺陷,在过去几十年里出现了两种不同的修正路线,经过大量研究形成了广义和狭义的新皮亚杰学派。狭义的新皮亚杰学派以日内瓦为中心,针对皮亚杰理论的第一种缺陷进行探讨,试图在其框架中补充教育和社会文化的影响,使之发生新的变革。广义的新皮亚杰学派是世界各国心理学家,针对皮亚杰理论的第二种缺陷,试图用信息加工的观点弥补皮亚杰认知发展理论的不足,以说明认知阶段的具体过程和微观机制,也称为信息加工论的新皮亚杰学派。

日内瓦新皮亚杰学派主要以皮亚杰在日内瓦的同事和学生为主体,他们试图在皮亚杰经典理论中融入教育和社会的影响因素,对经典理论做出修正和变革,使其趋于完善。1973年,莫纳里担任日内瓦大学心理与教育科学研究院院长,努力恢复心理学和教育学研究的重要地位。1976年,蒙纳德发表《儿童心理学的变革》一文,使日内瓦新皮亚杰学派正式迈出第一步。1985年,《皮亚杰理论的未来:新皮亚杰学派》一书出版,标志着日内瓦新皮亚杰学派的正式建立。该学派从不同层面实现着对皮亚杰经典理论的创新和发展,在理论上扩大了内化、认知结构、适应、同化、顺应等概念,内化包括外界客体协调

① 车文博.西方心理学史[M].杭州:浙江教育出版社,1998:526-528.
② 叶浩生.心理学通史[M].北京:北京师范大学出版社,2011:300.

的内化和主体身体机能协调的内化,同化和顺应不仅用于解释儿童认知发展,也用于解释儿童情感的发展。在影响儿童心理发展因素方面,重视社会环境对认知发展的作用,将个体认知与社会认知相结合,强调对社会关系、社会交往、社会文化的研究。研究领域既有理论研究也重视应用研究,注重将研究成果运用到教育教学实践之中。在研究技术上重视将现代计算机技术运用于实验研究,在实验中引入多个变量的相互作用等。日内瓦新皮亚杰学派比较有代表性的理论有:道伊斯的智力社会性发展理论、吉特斯克士的认知发展与情感发展综合理论、蒙特纳和威特的儿童自我意识发展理论等。

广义的新皮亚杰学派试图用信息加工的模式来说明认知阶段的具体过程和微观机制。他们既保留了经典皮亚杰理论中的一些假设,如认知结构的概念、认知建构的主张、认知发展的阶段性和连续性等,又发展和改变了皮亚杰体系中的一些假设,如区分了发展与学习的概念、重新定义了认知结构等。这一学派的成员不限于日内瓦范围,而是分布于世界各地,他们都有自己的一套理论体系,目前还未真正融合。其中以凯斯的儿童智慧发展理论最具影响力,他在儿童认知发展研究方面取得了突出成就。凯斯的理论是一个将结构论和过程论整合为一体的智慧发展理论①,其理论以“过程—结构”理论为核心,试图将皮亚杰的结构论与信息加工的过程论有机结合,既吸收了各自优势,又避免了各自的缺陷。譬如,凯斯提出的中心概念结构,即一种概念和概念性关系的内部网络,是解决不同问题的心理蓝图或计划,是一种较为高级的结构。在凯斯看来,中心概念结构是一种网络型的概念和概念联结,在这些网络中存在着若干个中心点,它们在儿童思维阶段转换时起着关键作用。这些中心概念结构受一般性规律的制约,都要经历一个普遍性的发展阶段。可见,凯斯的中心概念结构较皮亚杰的认知图式概念更加明确清晰,能较好地解释认知发展的一般性和特殊性的关系。在凯斯的理论体系中,对思维发展阶段及亚阶段的划分,体现了结构和过程分析的有机结合,既说明了认知结构的质变特点,又阐释了认知发展的量变过程和微观机制,揭示了从量变到质变转化所发生的历程。凯斯通过精巧的实验设计对其理论观点进行了有效验证,使其理论影响力得以扩大。但这一理论还处于正在发展和成熟中,如何运用于教学实践还有待进一步探索。

①顾蓓晔,李其维.罗比·凯斯的儿童思维发展阶段论[J].心理发展与教育,1992(4).

第十章 信息加工认知心理学

信息加工认知心理学,又称现代认知心理学,是 20 世纪 50 年代末以来在美国和西方兴起的一种心理学思潮。信息加工认知心理学把人的认知和计算机进行功能模拟,用信息加工的观点看待人的认知过程,认为人的认知过程是一个主动寻找信息和接受信息并在一定的信息结构中进行加工的过程。信息加工认知心理学的兴起被看成是心理学中的一场认知革命,并很快席卷和渗透到心理学的大多数分支,目前已成为心理科学的重要研究领域。

第一节 信息加工认知心理学的产生

一、社会条件

信息加工认知心理学是现代美国社会发展的产物。二战前,心理学研究主要局限在实验室,且大都以行为主义为范式,研究动物和人的外部行为,涉及内在心理过程较少。二战改变了心理学研究的这一状况,心理学开始走出实验室并服务于战争。为适应战争所需而发明的许多新式武器和设备,对使用者提出了新的、更高的要求,如使用者果不能正确使用就会造成严重后果。譬如,由于没有及时辨认出荧光屏上的雷达信号而导致敌机入侵,由于驾驶员操纵不当而使飞机坠毁等。于是,人—机系统这一概念开始出现,其重要特征是人在操作机器时所发挥的是信息传递者和加工器的作用。因此,为了赢得战争,不仅需要改进武器装备,更需要改善和提高人的认知能力和操作技能。此外,战时决策研究发现,还必须提高人的决策能力。人能否觉察刺激,不仅与刺激强度、持续时间、易变性有关,更重要的是与观察者的决策判断能力有关。如决策标准、认知水平不同,甚至奖惩程度不同,观察者对信号觉察的结果、决策也不同,对战争胜负有极大影响。二战后,随着"信息爆炸"、"技术革命"、第三产业、第四产业、第五产业迅速发展,生产自动化的实现,使科学、知识、智力在国际竞争中愈来愈重要,迫切要求对认知的研究,这是现代认知心理学产生的重要社会原因。电脑、人工智能机的出现,进一步刺激和激发了对人的智能研究的热情。电脑、人工智能机突破了人的某些生理局限,延长了人的器官功能,扩展和增强了主体的整个功能。但人比机器复杂很多,这就刺激并促进了进一步研究人的智能、改善人的行为动机和研究热情。这些也为信息加工认知心理学的产生奠定了基础,提供了强大动力。

二、哲学思想的影响

对人类认识及其过程的探讨早已存在于哲学的认识论中,与信息加工认知心理学产生有联系或产生一定影响的主要是经验主义和理性主义的哲学思想。经验主义对认知心理学采用实证方法建立自然科学模式的心理学有影响,而理性主义则对认知心理学纠正以往心理学尤其是行为主义的机械论倾向,进一步深入探讨内部认知活动有意义。可以说,带有理性主义色彩的经验主义对现代认知心理学的产生有重要作用。认知心理学总体上是按照经验主义的思想,采用实验实证的方法进行研究,但认知过程是复杂的内部心理活动,很难对它进行直接观察或客观反映,因而在一定程度上现代认知心理学必须接受理性主义的思想。还原论是一种倡导把高级的、复杂的、相互联系的运动形式或状态还原或简化为低级的、简单的、离散的运动形式或状态,它为认知心理学提供基本理念和指导原则,启迪它对认知或智能活动进行机械还原或生物还原,把人的智慧、智能简化为物理符号系统或计算式的神经过程,在不违背科学主义原则的基础上对认知或智慧活动进行客观性研究。操作主义、实证主义,特别是逻辑实证主义,也对现代认知心理学有重要影响。操作主义认为,一切科学概念都应该是可操作性的,操作是检验概念有效性的工具。它假定可以把心理现象转换成可操作的东西,并试图用操作性的语言来定义或表述心理现象。现代认知心理学正是在这种思想影响下,把认知或智能看作是操作过程,并从符号操作的角度进行研究。计算主义是随着计算机兴起而出现的新型世界观和方法论,它把整个宇宙看作是一台巨大的计算机,把整个世界中的物质过程都看作是自然的计算过程,计算主义对当代前沿科学研究起着重要的方法论指导作用,如人工生命、人工智能、脑科学、神经科学等。计算是一个操作过程或信息加工过程,计算主义思想的一个直接应用延伸就是计算机模拟,信息加工认知心理学正是运用计算机模拟的方法来研究人脑的认知加工过程。

三、科学基础

信息加工认知心理学是心理学与邻近学科交叉渗透的产物,控制论、信息论和系统论是其重要的科学基础。控制论是一门以数学为纽带,研究人类、动物和机器的内部控制与通信的一般规律的学科,是把研究自动调节、通信工程、计算机和计算技术以及生物科学中的神经生理学等学科关心的共性问题联系起来而形成的。它启发心理学家把人视为自我调整的信息加工系统和伺服系统,为信息加工认知心理学的产生奠定了理论和方法论基础。信息论是运用概率论与数理统计的方法研究信息、信息熵、通信系统、数据传输、密码学和数据压缩等问题的学科。在信息论的影响下,心理学家们开始用信息论来处理知觉、注意和信息通道等问题,为研究人类内部心理机制提供了新的研究方法和手段。系统论研究系统的一般模式、结构和规律,用数学方法定量地描述系统功能,寻求并确立适用于一切系统的原理、原则和数学模型。它启发心理学家们从系统、整体的视角研究信息加工过程,在一定程度上促成信息加工认知心理学的产生。因此,可把系统论、信息论和控制论对信息加工心理学的影响归纳为两个方面:一是启发认知心理学家从系统、信息和控制的角度来研究人脑内部的信息加工过程;二是信息加工认知心理学家从这些学科中转借了很多术语来说明人脑的信息加工。除上述以外,还有心理语言学、计算机科学、形式逻辑和数理逻辑等相关学科的影响。1967年,奈瑟在《认知心理学》一书中谈到,计算机出现后,对内部心理过程和状态的分析便突然不再是某种可疑的或矛盾的事情了。由于计算机与人脑工作机理的一致性,计算机成为信息加工认知心理学的重要研究工具,加之计算机模拟研究的客观性,使信息加工认知心理学克服了以往研究的缺陷,跳出内省范畴,进入很多过去难以研究的如概念形成、问题解决等高级复杂的认知领域。由此可见,计算机科学与心理学的结合导致了信息加工认知心理学的产生。

四、心理学背景

20 世纪 50 年代前后,行为主义所坚持的实证主义哲学基础、极端环境决定论和生物学化观点,造成行为主义的困境和危机,受到越来越多人的反对,其内部出现认知派,突出认知的中介作用,要求恢复对认知的客观研究,出现了新行为主义,主要代表人物托尔曼被认为是认知心理学的开山祖。可以说,新行为主义心理学是信息加工认知心理学的前身。现代认知心理学不仅研究内在心理过程,也注意行为研究。"信息加工认知心理学对行为主义理论不是简单地反对和拒绝,而是在否定层次上的扬弃和继承。"①格式塔心理学强调经验的整体性,对知觉、学习和思维等高级认知活动的研究,为现代认知心理学采用模拟方法进行综合性研究,以及对知觉、思维、问题解决等研究提供了丰富内容。布鲁纳等人 50 年代掀起的知觉研究新运动,强调过去经验对知觉影响,使知觉以较少信息识别事物以及经验参照系的作用,皮亚杰提出的"先天图式"概念、强调认知结构的重要性等,都对信息加工认知心理学产生了影响。传统实验心理学中的反应时法、现代心理物理学等也为信息加工认知心理学的产生奠定了方法基础。

第二节　信息加工认知心理学的基本观点和方法

一、基本观点

信息加工认知心理学是用信息加工的观点和术语来研究和证明人的认知过程。信息是指消息、情报、信号、数据等所包含的内容,是客观事物的一种属性。信息加工是人获得的信息在大脑中发生的各种转换和变化。信息加工认知心理学用现代科学方法探索人的认知过程,把人脑看成类似于计算机的信息加工系统,把脑认知与计算机进行功能类比和模拟,从而分析人的认知过程。虽然人脑与计算机硬件不同,但在软件的功能结构、信息处理方面有许多相似之处。人脑可以对表征信息的物理符号进行输入、编码、贮存、提取、复制和传递,按一定程序对信息进行加工处理。既然人脑是一个信息加工系统,那么,把人脑认知过程和计算机进行功能比较,用计算机程

---

① 叶浩生. 西方心理学的历史与体系[M]. 北京:人民教育出版社,2010:500.

序和语言来模拟人的认知过程就应该是合理的。从信息加工视角而言,人的心理活动是一种主动寻找信息、接受信息,进行信息编码,并在一定信息结构中进行加工的过程。在此过程中特别强调认知中的结构优势效应,即原有的认知结构对当前认知活动的影响。

二、研究对象与范围

信息加工认知心理学以人的认知过程作为研究对象,但在对"认知"的理解上,不同的信息加工认知心理学家的看法有异。主要观点有:①认知是信息的加工过程。认知就是刺激输入的变换、简化、加工、存储及使用的过程。强调信息在体内的流动过程,试图通过计算机程序来模拟人的认知过程。此观点比较占优势。②认知是问题解决过程。认知是利用内部和外部信息进行解决问题的过程。问题解决是认知的核心。此观点缩小了信息加工认知心理学的研究范围。③认知主要是指思维。包括言语思维、形象思维、概念形成及问题解决等。此观点占有较大比例。④认知是心理上的符号处理。把符号看作是一种代表不同于自身的某种东西,是一种替代物。如语言、音乐、数字、图画、表象等都是符号。许多心理学家把心理上的符号处理看作是认知的主要方式。⑤认知是知觉、记忆、推理等活动组成的复杂系统。认知并不是一个单一的活动,而是由一组相关活动组成的复杂系统。上述观点说明,虽然都是研究认知过程,但对其理解有所不同。综合来看,信息加工认知心理学是以信息加工的模式研究人的认知过程,主要研究人是如何获得知识、储存知识、变换知识和利用知识。其过程包括感知、记忆、表象、思维、推理、概念形成、语言、问题解决等认知活动。与此相对应,信息加工认知心理学的研究范围主要涉及注意、知觉、记忆、思维、语言、人工智能等。

三、研究方法

信息加工认知心理学将心理活动的不同水平与计算机进行类比。心理活动的初级加工程序类似于计算机语言,心理活动的生理机制类似于计算机硬件,人脑和计算机都是物理符号系统,都具有输入、输出、存储、复制、建立符号结构、条件性迁移的功能。因此,用计算机程序和计算机语言来模拟人的思维策略和初级加工过程是信息加工认知心理学的出发点。在具体方法上,既继承实验心理学传统,又吸收计算机科学研究成果,形成一套比较完整的研究方法——实验、模拟与理论分析相结合的方法。研究方法的突破,促进了信息加工认知心理学的发展。

(1)实验法。实验方法是信息加工认知心理学采用的主要手段,信息加工认知心理学的实验主要是反应时实验和眼动实验。①反应时实验。根据信息加工观点,人在认知活动的每一个阶段都要花费一定时间,越是复杂的认知活动所花费的时间越多,因此可以通过反应时实验来考察人的认知过程。反应时是指从刺激呈现到做出明显反应之间的时距。信息加工认知心理学家将传统的反应时实验和计算机的程序分析结合起来,设计出各种程序加减的反应时实验来探讨人脑内部的信息加工过程。如减法反应时实验、加法反应时实验和开窗实验等。②眼动实验。通过记录和分析被试在完成某项作业时眼球活动的情况来探讨人脑内部的认知过程。眼动实验的装置和原理是当被试注视荧光屏进行作业时,有一小束微弱的不伤害眼睛的光射向被试的眼睛,从眼睛表面反射出来的光便记录了眼球运动的情况,实验者根据眼球运动的轨迹来分析被试的内部加工过程。

(2)计算机模拟法。计算机模拟是信息加工认知心理学最有代表性的一种独特研究方法。通过心理过程的计算机模拟来认识心理过程本身,即对人的内部信息加工过程进行逻辑分析。计算机模拟常和理论分析结合在一起,多从程序缩减、流程分析、程序模拟三个方面着手。程序缩减是一种以潜在性因素作为资料来源,用分离认知因素来探讨认知过程的方法。流程分析是通过计算机流程图的比较进一步探讨操作时心理表征的顺序和方向。程序模拟是把认知过程编成计算机语言输入计算机,如果输入程序能正常工作,可以得知某种认知过程在逻辑上是可行的,获得逻辑合理性验证。

(3)"出声思考"的口述报告法。通过被试报告自己在进行某项操作时的想法来探讨内部认知过程的方法。口述报告法大多在操作时进行,也可事后回忆。在进行口述报告实验时,主试一定要求被试大声地如实报告操作时自己思考的详细内容,使内部的思维过程外部言语化,但不需要他们解释情境或思维过程。被试所报告的应主要是短时记忆中保留的很快就会消失的信息。

信息加工认知心理学强调的是以上各种研究方法的交叉使用,相互配

合。如把口述报告所得到的材料编成计算机程序进行模拟比较,也可通过
反应时的测定来进行操作流程的比较。

四、主要特点

信息加工认知心理学的主要特点是:①强调知识对认知、行为的决定作
用。②强调认知结构和历程的整体性。③强调产生式系统,即解决问题的
程序。④强调表征的标志性。表征是指信息在心理活动中的表现和记载方
式,代表外部世界贮存在头脑中的信息。如形象、语词、概念等。依其表征
形式的不同,信息加工模型可分为命题表征、类比表征和程序表征 3 种类
型:命题表征是不带任何感觉通道特点的抽象的意义表征,它是长时记忆中
信息表征的重要方式。类比表征是与被表征的东西有某些类似的信息表征
方式。在记忆中是以表象来对信息编码的。程序表征是与命题表征、类比
表征相对立的表征,是不可明确表述的表征,如网球选手击球的熟练技艺、
科学家对研究对象的直觉洞察等,解决这一问题是信息加工认知心理学的
重要课题。⑤强调揭示认知活动的内部心理机制。西蒙曾指出:"认知心理
学的目的就是要说明和解释人在完成认知活动时是如何进行信息加工的。"
即信息是如何输入、表征、编码、贮存、检索和输出的。这是实质和核心,也
是信息加工认知心理学最根本的目的和任务。认知活动的内部心理机制水
平远远高于生理机制水平。

对认知活动的探讨长期存在于心理学的研究中,但信息加工认知心理学
与传统实验心理学的研究是不同的,对此我们应予以了解。①方法独特。除
了采用一般传统的实验、观察、口头报告外,最为独特的方法就是计算机模拟
法,即通过对认知过程的计算机模拟来探讨认知过程本身。首先提出认知理
论模型,并将其编制程序输入计算机,其次将计算机加工输出与人认知结果进
行比较。如果二者反应结果相同则理论模型正确,相反则模型不符合人的认
知机制,对模型加以修改,逐步探索高级认知活动的规律。这种方法较传统研
究客观、有效。②研究问题侧重于高级认知过程。如思维、决策、语言加工等,
逐步向解决实际问题方向发展。传统研究注重简单的、低级的认知活动,如感
知觉等,以及重视认知活动的功能、类型,较少考虑认知过程的内部机制等。
③研究的出发点在于提出解释认知事实的理论模型,即"为什么",而传统心理
学强调实验方法和实验事实,即"是什么"。

第三节 信息加工认知心理学的主要研究

一、知觉与模式识别的研究

人通过感官来接受外界信息,但有关信息是怎样被人们识别和理解,信息加工认知心理学提出三种模型来解释这一问题,即模板匹配模型、原型匹配模型和特征分析模型。模板匹配模型是根据机器的识别模式提出的,其中心思想是人的记忆系统中有各式各样能识别外界刺激的模板。如果传入刺激与原有模板相匹配,该信息就得到破译和接受。从生理机制来看,模板是按一定结构组成的觉察细胞群组成。比如,人能破译出投射到网膜上的字母 A,是因为人具有理解字母 A 的觉察细胞。这已在计算机中得到证实,但模板匹配较机械、呆板,用它来解释人复杂的认知过程是不够的。因此,认知心理学家进一步提出了原型匹配模型和特征分析模型。原型匹配模型认为,人可能更多地采用储存在记忆系统中的作为内部表征的原型来识别从外界输入的信息。原型的本身是一种综合与抽象的产物,外界输入信息和储存在记忆中的原型只要有相似之处就能被识别。里德用脸谱辨认实验、西蒙等人用棋子识别实验都证明了人类运用原型匹配来识别和区分信息的可能性,强调了原型在一定的范畴分类操作中的作用,在原型匹配的过程中也可以容纳模板匹配模型。特征分析模型认为人的模型识别是一种特征分析的过程,特征分析在模型识别中起关键作用。如大写字母 A 可分解为两斜线、一条水平线、三个锐角,这些特征可看成是局部的微型模板,其综合活动就会识别字母 A。塞尔弗里奇提出模型妖群假设,系统形象地表述了在视觉识别中特征分析模型的思想。认为视觉辨别模型由一群有不同功能的妖组成,影像妖是登记进入眼睛的视觉信息形成心理表象,特征妖是辨认图形中的某一方面如线、角等,认知妖是在影像妖、特征妖活动基础上进行原型匹配,决策妖是根据前三妖报告的情况进行裁决判断。群妖辨认的识别模型说明识别是一连串的信息加工过程,有灵活性,更接近人类信息加工的特点。

二、注意和信息选择的研究

注意的首要功能是选择信息,根据不同实验材料,信息加工认知心理学家提出了几种注意和信息选择的理论。包括过滤器理论、衰减模型和分析综合模型等。过滤理论是由布鲁德本特提出，他把人对刺激信息的接受过程看作类似于一个通讯系统的信号接收传送通道，由于通道对信号传送的容量有限，为防止过多信息涌入通道而导致其超负荷工作，就需要一种"过滤器"筛选感觉登记的各种信息，将超过容量的信息排除，只允许有限信息通过，注意就类似于这种"过滤器"的作用。由于这种过滤作用发生在知觉加工的早期阶段，故也称为早期选择模型。衰减理论模型是对过滤理论的修正和补充，由特瑞斯曼提出，认为感觉信息的过滤不是一种全或无的过程，而是一种伴有不同程度的衰减与保留的过滤，把"全或无"的选择方式变为对信息的衰减作用。没有被接受的信息只是没有达到被注意的程度，进入的信息只有达到一定阈限时才被接受。如人对自己的名字都有牢固的记忆，激活这一选择模型的阈限很低，容易通过选择装置而引起注意。分析综合理论模型由奈瑟提出，认为人是用原有的内部信息来鉴别、选择和过滤感觉信息的。信息的选择并非信息的简单过滤，而受许多主客观条件的制约，是一种带有方向性的分析——综合功能。各种信息选择理论都认为人的感知觉信息加工能力是有限度的。信息选择既受刺激强度影响，也受记忆存储中的标准信息的影响，信息选择是与意识控制密切相关的复杂过程。

三、记忆的信息加工研究

（1）记忆的结构。1968年阿特金森和谢夫林在前人研究基础上提出了记忆的信息储存的三段模式：感觉记忆、短时记忆和长时记忆。外界信息进入感觉记忆也称瞬时记忆，仅停留不足1秒钟就立即消失。通过过滤和衰减，部分感觉信息进入短时记忆阶段，信息停留大约三十秒钟左右，若得不到适当的强化也会消失。只有经过复述的短时记忆中的信息才有可能转入长时记忆阶段。长时记忆是一个容量很大、保留时间很长的记忆系统。信息从记忆的一个阶段进入到下一阶段受个体意识的控制。

（2）记忆的表征。信息加工认知心理学家多从信息编码、存储形式和内容方面探讨记忆的表征。许多实验材料表明，记忆系统中存在着两种主要的编码形式，即视觉编码和言语编码。视觉编码是一种与物理刺激表象相对应的信息加工。有关心理旋转、表象扫描的心理实验表明，在感觉记忆和短时记忆阶段存在表象加工的视觉编码形式。言语编码包括音素编码和语义编码。在短时记忆系统中以音素编码为主,在长时记忆中则以语义编码为主。认知心理学家结合语言学的研究提出了语义网状模式和语义特征模式。语义网状模式认为,在长时记忆系统中信息是以命题形式进行语义编码的。语义特征模式认为,语义记忆是按照不同形式的归类而保存在记忆系统中的,它类似于家谱关系的立体结构,也隐含着概念之间的逻辑关系。

(3)记忆容量。信息加工认知心理学对记忆的容量,尤其是短时记忆的容量进行了大量研究。美国心理学家米勒通过研究认为,短时记忆的容量是 7±2 组块,组块所含信息量多少与组块化过程密切相关。组块化过程从两方面进行:一是把时、空上非常接近的单个项目结合起来,二是利用以往的知识经验把单个项目组成一个有意义的组块。组块化过程受个体知识经验的影响。

四、问题解决的研究

(1)什么是问题解决? 信息加工认知心理学所要解决的"问题"一般包括 4 个要素:目标、给定条件、转换方法和障碍。因此,问题解决就是以一定目标为指导的认知性操作系列,运用各种转换方法,清除障碍,达到目标状态的过程。问题解决具有 3 个基本特征:①目的指向性。问题解决是在目的指导下达到某个特定的目标状态的活动。②程序性。问题解决是按照一定的步骤和程序进行的,包含一系列心理过程序列,有些活动虽然具有明确的目的性,但过程太简单则不能称为问题解决。③认知性。认知成分在问题解决中起主导作用,问题解决过程是依赖认知性操作的,在问题解决的各个阶段和环节都需要认知成分的参与。问题解决主要经过三个阶段:一是了解问题空间,即问题的条件和性质、解决问题的途径和方法、达到的目的等,这是关键阶段。二是在记忆中搜索有关知识,形成解决问题的操作状态、具体途径和方法,并实施操作。三是不断进行反馈性评价,衡量操作过程与目的状态和始发状态的距离。评价当前状态与问题条件、达到目的的符合程度,并进行协调,趋近或达到目的。

(2)问题解决研究状况。①问题空间。人们所面临的问题大致分为两类:一类是界限清楚的问题,另一类是界限含糊的问题,但无论哪一类问题,都有一定的问题空间。问题空间由始发状态、操作状态、目的状态组成。始发状态是问题提出、分析、解决愿望等,是解决问题的最初状态。操作状态是各种方法途径、如何操作。目的状态是最终所要达到的目标。认知心理学家提出 4 种问题空间：一是始发状态、目的状态都很清楚，解决途径只有一种，按此途径就可从始发状态到达目的状态。如比较两物体的重量、两棵树的高低等。二是始发状态、目的状态都很清楚，但解决途径有多种，应从多角度进行比较后选择一条最佳途径。如某人从甲地到乙地，途经很多，哪一条路径更方便、省时、经济则选之。三是只有目的状态清楚，始发、操作状态都不清楚，解决时既需弄清始发状态，又要选择最佳途径。如去某城市找多年不见的朋友，不知住址、不知单位，如何去找？四是始发、操作、目的状态都不清楚，难度较大，解决时需要实际经验和决策能力，形成假设性的操作方案，沿着产生式系统探索性前进。②通用解题程序和产生式系统。信息加工认知心理学家用计算机模拟人解决问题的过程。1958 年，西蒙（H. Simon，1916—2001）等人提出通用解题程序（GPS），通过模拟，认为问题解决是基于手段—目的分析的产生式系统。这种系统包括 5 个主要步骤：确定目标；审视状态与目标之间的距离；搜索寻找缩短差异的方法；确定接近总目标的子目标；通过操作实行从子目标向总目标的过渡。可见，产生式系统是一种识别过程和动作过程的组合。它的基本思想是，当产生式的条件得到满足时，就会激起某种动作。它表明人们在解决问题时都需要利用短时记忆、长时记忆中的信息对问题空间不断的进行审视，逐步从始发状态过渡到目的状态。③解决问题的策略。解决问题的策略有三种形式：一是随机探索。从随机出发的穷举法。分为纵向优先探索，以废弃同层可能途径为代价，是一种无法确定途径的冒失而费力的方法；横向优先探索，是一种更为小心谨慎和比较可靠的方法，但费时费力。如找朋友，去该城市每个单位逐一查找，肯定能找到，但费时费力。二是启发式探索。运用知识、经验改变探索范围，选择最大可能性的途径和方法。包括接近性探索和手段—目的分析。三是展开性探索。开拓问题空间的方法，对某些复杂问题通过开拓问题空间来解决。如九点四线问题、火柴问题、河内塔问题等。④专家解决问题的策略。起初，信息加工认知心理学家认为，专家可能采用某种特殊的策略来解决问题。后来通过一系列研究探明，专家也是采用上述提到的普通策略来解决一些复杂和困难的问题。但专家解决问题的特点是具有解决某些问题尤其是专业问题的丰富知识和良好的知识结构。专家多采用某种直觉性的模型认知，利用曾被经验证明过的有效的模型来分析和确定问题空间。专家对新问题和困难的问题有较好的应变和判断能力，能顺利打开节点和审视问题空间，使问题得到较好解决。

综上所述，信息加工认知心理学的兴起是科学心理学发展中的巨大变化，很多心理学家认为它是西方心理学发展中的第二次革命，在理论探讨和研究方法上均实现了对行为主义范式的革命。它对心理学的贡献主要体现在：①在研究对象上恢复并关注对人的高级认知过程的研究，打破了行为主义禁止研究意识的禁区。信息加工认知心理学在现代科技影响下，以新的方法重视探讨认知问题，恢复了记忆、思维、问题解决等高级认知过程在研究中的地位。从对象演化角度看，如果说行为主义是否定意识心理学的革命，信息加工认知心理学则是否定行为主义的革命，两次革命都是心理科学的巨大进步，反映了学科发展的螺旋式上升趋势。②在研究方法上既继承传统心理学方法，又吸收现代科学技术，实现了方法技术的新突破。信息加工认知心理学重新将反应时作为研究认知活动的一个客观指标并赋予新的活力，在观察被试进行认知任务的外部行为及结果时，让其进行自我观察、口述心理活动等多种方法结合运用，既冲破行为主义禁忌，又克服传统内省法的弊端。吸纳信息论、系统论、控制论和计算机科学成果，运用计算机模拟法来探讨认知过程，从而找到探索高级心理过程的一种新方法，摆脱了行为主义把人脑看成"黑箱"的悲观论调的消极影响。③以整体论观点看待人的心理活动，把人的认知过程看成是信息从低级向高级的流动，使研究更接近人的心理实际。信息加工认知心理学把感知、注意、表象、记忆、思维等心理过程纳入信息输入、加工、存储和提取的完整的计算机操作过程，有利于把认知活动的各个环节联结为整体，把心理过程看作不断活动的性质来研究，改变了过去对认知过程的简单划分的做法，使心理学研究更加切近人的心理活动实际。④特别重视研究问题解决中的各种认知策略，体现了人类智慧的根本特征，有利于理解智慧的本质。当然，信息加工认知心理学也存在着难以克服的弊端和困难：①人机类比和模拟研究的局限性。心理的复杂性不是任何复杂机器可以比拟的，人的认知过程还是不同于计算机的信息加工系统，人有情感意志、创造等主观能动性，人脑在信息编码、贮存方面尚处未知阶段，用人为的已知系统去模拟不完全了解的系统，得出的结论难免缺乏科学性、有效性。②在一定意义上缩小了心理学的研究范围。针对行为主义而言，信息加工认知心理学重新研究认知活动则扩大了研究范围，但局限于认知过程,忽视情感、意志、人格、变态、心理治疗等领域的研究,则缩小了心理学原本应有的研究范围。由于模拟方法和技术的局限,难以从社会水平、生理水平加以探讨。③信息加工认知心理学缺少知识的系统积累,缺少统一概念,不同学者从自己实验结果出发,提出的理论模型虽然多但分歧较大。人们期待信息加工认知心理学能从人的心理活动的整体性出发进行整合,把心理学统一到完整的理论体系上。

第十一章　人本主义心理学

人本主义心理学于 20 世纪 50 年代后期在美国兴起,它是以人的本性、潜能、价值、经验等为研究内容的一种新的思潮。人本主义心理学以第三思潮名义登上科学心理学的历史舞台,成为颇有势力的心理学运动,也是当代心理学中的一种新的范式。它因在反对第一势力行为主义和第二势力精神分析的背景下形成和壮大,其基本理念与观点与前两者形成了鲜明对比,故人本主义心理学也被称为心理学的第三势力。人本主义心理学是由许多观点相近的心理学家组成的一个松散联盟,马斯洛、罗杰斯等是其主要代表人物。

第一节　人本主义心理学概述

一、人本主义心理学产生的背景

(一)社会背景

人本主义心理学的产生与美国当时社会历史条件密切相关。二战后美国科技经济迅速发展,人们的物质生活水平提高,基本需要满足后逐渐产生对高级需要的追求,要求实现真、善、美等高级自我价值。但繁荣背后出现了一系列的社会问题,如精神空虚、道德堕落、吸毒、种族歧视等,个体生命意义和价值丧失,感到人像动物和机器一样,成为获取物质利益的手段或工具,人性异化现象越来越严重。此时的社会内部矛盾显得非常尖锐,失业、暴力、犯罪率提高,且出现低龄化、女性化等,社会动荡不安。年轻人对现实不满,产生了空虚、绝望、无价值感,进而把纵欲、感官快乐、暂时满足作为幸福的标准和追求目标。与此同时,社会的繁荣进步还要求改革教育模式,重视发现自我和人的尊严,重视潜能开发。上述社会现实说明,社会必须重视人的尊严及其内在价值,以促使人性的完满实现。从心理学视角来看,传统的行为主义、精神分析都无法解决这些社会问题,只有以探索人的内心生活为己任的人本主义心理学才适应了这一时代的要求,于是产生了人本主义心理学运动。因此,人本主义心理学是美国社会发展的产物,也是对精神分析、行为主义的突破和扬弃。

（二）哲学基础

浪漫主义哲学思想对人本主义心理学的影响。浪漫主义哲学思想产生于18世纪末到19世纪中叶,相比经验主义和理性主义哲学家强调人性中的理性成分而言,浪漫主义哲学家更强调人性中的非理性情感、直觉和本能等成分。他们认为美好的生活就是根据一个人的内在本性诚实地生活。浪漫主义哲学家卢梭认为,人性天生善良合群,如果给予他们自由,他们将变得快乐、完美,具有社会意识,并会做最有利于自身及他人的事情。如果人们的自然冲动被社会力量所干扰,他们就会出现自我毁灭或反社会的行为。人的本性是善的,但是社会系统却可能而且往往是坏的。人本主义心理学家大多都强调人性本善,而恶来自于社会文化。可见,浪漫主义思想在人本主义心理学思想中得到了较好体现。

存在主义对人本主义心理学的影响。存在主义起源于19世纪发展于20世纪,其影响广泛。它把人看作一种特殊的存在,即能够意识到自己存在的存在,重视人对自己存在的体验。人的存在是不断超越自己、超越现在、面向未来。存在主义的中心问题是恢复人的个性和尊严,强调应通过分析主客体关系来理解人的存在及其实质。人本主义受此影响,主张研究现实中的人,研究人真实的、内在的我,反对用客观的方法研究那些表面化的东西。人本主义强调对人生意义及价值的研究,注重心理学研究与人类生活实际结合。因此,存在主义是人本主义心理学的主要哲学来源和理论基础。

现象学对人本主义心理学的影响。胡塞尔主张对现象整体的研究,"重建人类的精神生活",强调自我的内在感受和意向性。人本主义心理学家把现象学等同于研究主体直接经验和内省报告的方法,认为心理学研究要以主观实在为对象,把人的心理活动和内部体验作为自然呈现的现象看待,重在对现象或直接经验的审视和描述,而不是因果分析或实证说明。马斯洛、罗杰斯等人认为,现象学方法更适合研究人类个体的现象,是心理学适用的方法。如对人本性的研究无法用实证方法,现象学方法比较适合。此外,人本主义心理学也非常重视现象学的核心主题——"意向性"问题。

（三）心理学背景

人本主义心理学是在批判行为主义、精神分析基础上产生的。它反对行为主义非人性化的"白鼠心理学"和精神分析非正常人的变态心理学，重点强调人的主观活动。人本主义心理学认为，人是积极的，富有创造性的，人类具有基本的、潜在的、跨文化的价值标准，有远大理想和目标。人本主义心理学还受整体心理学、格式塔心理学等的影响。整体心理学是心理学研究中的一种方法论观点和理论取向，认为心理现象是对事物整体的反映，行为决定于对事物整体的反映，而不取决于个别刺激物的性质。格式塔心理学重视对人的主观经验的实验研究，主张从整体的经验中理解人的意识经验，且对知觉、记忆、思维等人的高级心理活动进行了有效探索。这些整体论的观点被人本主义心理学当作自己的一个研究原则，很多概念也被人本主义心理学家创造性地借鉴，如人本主义心理学的标志性概念"自我实现"就来自于整体论思想。可见，人本主义心理学受多个心理学流派的影响。正如马斯洛指出的，他的健康与成长心理学是格式塔心理学的整体论、精神分析的动力论以及机能心理学的整合。

二、人本主义心理学的发展历程

（一）人本主义心理学的萌芽时期

20世纪40年代，马斯洛作为行为主义取向的心理学家越来越不满于行为主义的研究，从而开始研究和探讨不符合行为主义心理学传统的主题。这既是马斯洛脱离行为主义的开始，也是人本主义心理学萌芽的开始。20世纪50年代中后期，人本主义心理学开始崛起。1954年，马斯洛出版了《动机与人格》一书，此书是人本主义心理学的奠基之作。1956年，马斯洛发起并创立了人本主义研究会，第一次讨论了人类价值的研究范围问题。1958年，马斯洛在萨蒂奇（A. J. Sutich）的提议和帮助下创办了《人本主义心理学杂志》，同年，英国学者库亨（J. Cohen）在他的著作《人本主义心理学》中首次阐述了人本主义心理学的基本主张。1959年，马斯洛出版了《人类价值的新知识》一书，此书是人本主义心理学发展史上的重要文献。上述重要事件和学术成果促进了人本主义心理学的形成和发展。

（二）人本主义心理学的形成时期

20世纪60年代是人本主义心理学的形成时期。1961年,《人本主义心理学杂志》正式出版,成为发表人本主义心理学思想的专门刊物。1963年夏,在马斯洛和萨蒂奇的组织以及奥尔波特的资助下,人本主义心理学会议在美国费城召开,正式建立了"美国人本主义心理学会"（AAHP）,从而标志着人本主义心理学的诞生。1965年,美国人本主义心理学会和《人本主义心理学杂志》与主办单位脱离,成立了一个独立的教育学院,标志着有影响力的心理学第三势力的产生。1969年,"美国人本主义心理学会"改名为人本主义心理学会（AHP）,从此成为了一个国际性组织。

（三）人本主义心理学的发展时期

20世纪70年代至今,通常被认为是人本主义心理学的发展时期。1971年,美国人本主义心理学会被美国心理学会正式接纳,标志着人本主义心理学通过10年的努力,终于得到了美国心理学界的正式认可。20世纪70年代初期,人本主义心理学会在欧洲、南美、亚洲的很多国家建立了国际分会,并在多国进行了学术活动。到了1975年,除美国以外的13个国家有50多个与人本主义心理学相关的学术组织和机构,它们不仅传达人本主义心理学的学术成就和理论观点,还开展多方面的学术活动和科学研究。20世纪70年代左右,从美国人本主义心理学中分化出一个新学派,即超个人心理学,其主旨是追求人生意义和超越自我。超个人心理学成了人本主义心理学的一个新发展和新取向。

三、人本主义心理学的基本观点

（一）研究对象

在研究对象上,人本主义心理学是按照如下逻辑展开的:健康人是其研究的个体,内在意识经验是研究的切入点,本性、潜能和价值等是研究的主体和终极目标。概而言之,人本主义心理学是要通过对健康人的内在意识经验的研究,来揭示和开发人类所具有的本性、潜能和价值等[①]。

人本主义心理学主张人内在的意识经验,即具体的人类自我体验应该成为心理学研究对象。人不再是实验室中的客体,而是现实生活中的活生

---

① 郭本禹.西方心理学史［M］.2版.北京:人民卫生出版社,2013:313.

生的人。他们反对 S−R,重视 S−O−R,认为意识经验能向心理学家提供重要信息,而仅靠外部行为分析是无法得到人内在本性的信息和当时的内在体验。人本主义对意识经验的研究不同于冯特、弗洛伊德的观点。冯特用实验内省对意识内容进行元素分析,有较大社会局限性。而人本主义强调意识经验是一个整体,与人的社会生活有密切关系,要在现实体验中研究。弗洛伊德虽然承认意识存在但将它放在次要位置,注重潜意识,研究手段是对有心理疾病的人进行心理分析,结论有很大局限。而人本主义心理学对心理不健康的人,也努力寻找他健康的内在本性,但它更强调意识的自我重要性,并明确提出要以健康人的心理和人格作为研究对象,甚至去研究生活中的精英和名人,因为只有他们才是人类可能发展成的最终样式,通过对他们的研究所得来的结果才可能用于解释全人类的心理。人本主义心理学还强调,人类所特有的像同一性、创造性、价值观、实现自我、爱、自我超越、依恋等特性应是心理学研究的重点,心理学应关心人的尊严、本性、潜能和价值等主题。可见,在经历了精神分析、行为主义之后,人本主义又重新恢复了意识经验在心理学中的位置,扩展了心理学的研究范围和实际价值。

（二）人性观

人本主义心理学极为重视对人性的研究,认为一个心理学家持有什么样的人性观将决定他研究的焦点问题以及对证据的收集和解释,也决定其心理学理论的建构。因此,人本主义心理学将人性置于研究的核心。其人性观主要有:①人性成长论。认为人是一种"正在成长过程中的存在",人一生的行为动机都在不断指导着自我趋向完善,"持续不断的成长"是人性的显著特点。奥尔伯特指出,个人动机有一个不断发展的内在组织,它受人当前意识决定,不断改变着志向、价值观、计划、希望等自我结构倾向,指导人的未来发展方向。罗杰斯认为人性是发展的,人内心深处都有一种想保存、提高和再造自己的倾向,也希望摆脱外界控制而独立,成为自我支配的,甚至超越自己的本性。由于人所追求的自我完善和实际的不完善之间存在一种永久的紧张,这促使人性不断发展和完善自我。②人性本善论。人有能力进行自我指导,能对自己的存在负责。在自我实现动机驱动下,在提供了适当的成长和自我实现的环境与机会时,人性就能不断地朝健康方向发展。人性生来就是善的,恶是派生的,是环境不利导致的。③善恶兼有论。在人本主义心理学三大代表人物中,只有罗洛·梅对人性本善持否定态度。他认为人性中善与恶兼而有之,美好与糟糕、快乐与痛苦、幸福与悲哀、善与恶都是相互依赖和相互联系的,"生命是善与恶的混合"。有善必有恶,没有这一端,另一端就失去存在的意义。正是这种两极性、辩证关系及其摆动为人生提供了心理学的动力。④自主选择论。人可以通过自由选择,克服现实的种种限制,去发展和完善自我。一个人必须认识到自己的最终责任,做出与自己特点相符的选择,才能成为"一个潜能得到完全发挥的人"。

（三）价值观

自科学心理学独立以来,第一次把价值观问题提到心理学研究重要位置的是人本主义。人本主义心理学家认为,人必须要有一种价值系统,它能给人的生活提供意义和目的。罗洛·梅的存在主义价值观认为,价值观是评价人类存在的标准,是理解人本性的基础。要求人意识到自己的身体和情感的存在,鼓励人坚定人生信念,勇敢地负起责任和面对焦虑。马斯洛、罗杰斯提出自然主义价值观,即在"最完善的人"和健康的人身上自然表现出来的"真正有效的道德系统"。自然主义价值观认为,面对当今时代人的道德水准下降的现状,唯一解决问题的方法是找到不依赖于人的主观价值的"真正有效的道德系统",而这种道德系统是在那些"最完善的人"和"健康的人身上自然表现出来的"。因此,自我实现者的人性、能力、价值观是最高的,是超越整个物种的自然价值观,用这些价值观作为指导、控制、改善人类生活的一种模型,会促使社会向健康方向发展。

概而言之,人本主义的价值观是一种自主的、有意向的、趋向健康成长的价值体系,是一种主动适应的价值观。其基本倾向是保持真实性、自由自主、自我选择和自我决定。

（四）方法论原则与具体研究方法

在方法论问题上,20世纪的西方心理学主要受客观的实验范式和主观的经验范式两种研究范式的支配。前者指凡是实证的或实验的研究都属于此范式,而后者指对人的主观经验和存在进行现象学分析的一种范式,此两种范式长期并存,且相互指责。人本主义者认为,客观的实验范式和主观的经验范式都存在缺陷,它们使心理学流派之间相互批判而不利于发展。人本主义心理学将这两大范式结合起来,创立了自己独特的方法论原则和具体研究方法。其方法论原则有:①折中融合原则。心理学研究现实社会中的人,而人本性中许多主观体验到的东西是实验方法所获取不到的,实验在研究主观性方面有局限。因此,应把实证方法和现象学、存在分析的方法结合起来,采取折中主义的态度。一方面,在尽可能情况下对主观经验到的心理现象进行客观的、量化的、实验的、行为的研究。另一方面,可采取访谈、传记、历史的质的分析方法。马斯洛对心理健康的研究、罗杰斯在心理治疗中用仪器进行实验测试的量化研究等都是折中观点的尝试。这种尝试预示着心理学研究的一种突破。②动态整体原则。人本主义心理学家们强调,用动态的、整体的观点对社会生活中的人进行分析研究。首先,对个体进行初步的整体了解。其次,逐一研究各部分在整体活动中的作用,分出层次和等级。马斯洛需要层次论就是整体分析的结果。人本主义用现象学的整体分析和经验描述的方法来取代元素分析和实验,这是方法论上的改革。③兼收并蓄的具体方法。在前述方法论原则指导下,人本主义心理学在对待具体研究方法上,采取兼收并蓄、多元开放的态度,只要某种方法能对人的本性做出符合实际的说明,这种方法就可以接受。譬如,马斯洛在研究不同问题时就采用了不同的方法,运用整体分析法研究人格,强调人格整体性,在现实情境中对人格发挥作用的动态过程进行全方位的整体分析。在研究自我实现者特征时运用个案分析和心理历史学方法等。罗杰斯倡导现象学方法,即一种对人的意识体验进行直观描述的方法,不仅应用于心理治疗,还应用于人际关系研究,成为他以人为中心理论的重要组成部分。罗杰斯和罗洛·梅在心理治疗中还普遍采用临床观察法、谈话疗法,也借助实验仪器协助治疗。罗杰斯曾开创了借助音像设备记录治疗过程的方法等。奥尔伯特提出个体特征研究法或称特殊规律研究法,主张通过个别案例分析来找出特殊规律性,据此提出同类案例的推论和解释。所以,人本主义心理学在具体方法上不排除各种有效的研究方法。只要能证明问题,任何方法都可采用,如个案分析法、心理历史法、观察法、实验法、测量法等均可,不要一味地采用一种方法。

第二节 马斯洛的自我实现心理学

马斯洛(A. Maslow,1908—1970)是人本主义心理学的主要创建者,社会心理学家和人格理论家,心理学第三势力的领导人。马斯洛出生于美国纽约。1926 年在纽约市立学院学习法律,由于对法律缺乏兴趣,1929 年转入威斯康星大学学习心理学。1934 年在心理学家哈洛（H. F. Harlow）的指导下获得哲学博士学位，后留校任教。1935 年，去哥伦比亚大学任桑代克的研究助手。1937 年任纽约布鲁克林学院副教授。1951 年任布兰迪斯大学心理学教授兼心理系主任，开始对健康人或自我实现者的心理进行研究。1954 年出版《动机与人格》，书中首次提出人本主义心理学概念。1962 年在马斯洛等人的倡导下成立美国人本主义心理学会。1967 年马斯洛当选为美国心理学会主席。马斯洛的主要著作有：《动机与人格》（1954）、《人格问题和人格发展》（1956）、《宗教、价值和高峰体验》（1964）、《科学心理学》（1966）、《存在心理学探索》（1968）、《人性能达到的境界》（1971）等。

一、需要层次理论

马斯洛的需要层次理论既是一种需要理论，也是一种动机理论。马斯洛认为，动机是人类生存和发展的内在动力，动机引起行为，而需要是动机产生的基础和源泉。需要的性质和强度决定着动机的性质和强度，但二者之间并非简单对应关系。人的需要是多种多样的，但在某些情况下只有一种或几种成为行为的主要动机。

（一）需要的类型和层次

马斯洛从总体上把人的需要分为基本需要和成长需要两大类。基本需要与本能相联系，因缺乏而产生，故也称为缺失性需要，包括生理需要、安全需要、归属与爱的需要、尊重的需要。这类需要属于基本需要。它具有以下特点：缺少它会引起疾病，有了它可免于疾病，恢复它可以治愈疾病；在特殊情况下，如果缺乏它人会首先满足它而放弃其它；在健康人身上它处于静止的、低潮的或不起作用的状态之中。成长需要不受本能所支配，一切为了成长和发展，包括认知需要、审美需要和自我实现需要。其特点有：不受人的直接欲望所左右；以发挥自我潜能为动力；其满足会使人产生最大程度的快乐。

以上两类需要可分为 7 个层次，呈现梯状排列，由低到高分别是：生理需要、安全需要、归属和爱的需要、尊重的需要、认知需要、审美需要和自我实现需要。①生理需要。这是人最基本的需要，直接与生存相关，是人的本能的表现，处于最优先满足的地位，如饥、渴、性和休息等。②安全需要。若生理需要得到相对满足之后，安全需要便会作为支配动机显露出来。马斯洛把安全需要解释为对组织、秩序、安全感和预见性的追求。当这种需要得到相应满足时,人就会产生安全感,否则将会引起威胁感和恐惧感,使行为目标统统指向安全。如职业安全、经济安全。③归属和爱的需要。在生理和安全需要得到基本满足的基础上,人就开始追求与他人建立友情,渴望得到家庭温暖和所在团体的认同。这一需要得到满足人就会产生归属感,否则便会引起孤独感、寂寞感、被抛弃感,内心会产生极其痛苦的体验。④尊重的需要。当上述三种需要得到基本满足之后,尊重需要开始占主导地位,追求自己的尊严和价值,希望个人在自己和他人心目中有一定影响力。一是他尊,希望得到他人的重视和尊敬,包括对地位、名誉、声望、赏识、威信等的期待。二是自尊,包括充满自信、获得本领实力、成就、独立和自由等。如果这种需要得到满足,人就会产生自信心,感到自己有价值、有能力、有成就,否则将引起自卑感、软弱感、无能感和无价值感。⑤认知需要。人们对周围环境理解的需要,搞清楚环境中的疑难问题及探索事物变化发展的规律。认知需要对帮助人选择活动目标、指导活动方向、设计合理行为具有重要意义,如果这种需要得不到满足,心理上就会产生很大压力,甚至产生心理变态。⑥审美需要。这是属于高层次的、对成长具有重要意义的社会性需要,这种需要并不是每个人都具有的。马斯洛认为,在每种文化背景中,有一部分人受此需要的驱使,希望有一个令人愉悦、舒适、美观的环境,当这种需要不能满足时,会产生心理障碍,对行为活动产生不良影响。⑦自我实现需要。如果前述 6 层需要都得到满足,人就可以达到需要层次的最高点——自我实现。马斯洛指出,自我实现就是指一个人能够成为什么,他就必须成为什么,必须忠实于他自己的本性,实现他的全部潜能。

(二)需要的关系及发展

马斯洛认为,低层次需要是高层次需要的基础。需要发展是由低到高逐渐上升的,低层次需要获得满足之后才会出现较高层次的需要。但实际中并非这样刻板,例外很多。有人把尊重看得比爱更重要,极力表现和突出自己。有人把自我实现看得很重要,其他无所谓。具有天赋创造性的人,创造驱动力比其他更重要,尽管缺乏基本需要的满足,但仍有创造性活动。长期得到某种需要满足的人,反而会对这种需要的价值估计不足,如未经饥饿的人不会把食物看得很重要。有崇高社会标准的人,为追求真理可以牺牲自己的一切等。

　　新需要的出现不是突然的,而是缓慢的、从无渐渐到有。各层次需要的产生与个体发育密切相关。婴儿期生理需要占优势,少年、青年初期尊重需要日益强烈,青年中、晚期以后自我实现需要开始占优势。需要结构的演进不是间断的,而是呈波浪式发展的,较低层次需要的高峰过去后,较高一层次的需要才能起到优势作用,但较低层次的需要并不因此而消失,只是不再占据优势而已。

　　值得注意的是,一种需要满足后才出现下一级需要,但这种满足是相对的。就大多数人来说,全部基本需要都部分地得到了满足,同时又都在某种程度上未得到满足。如一般公民可能满足需要的比例大约是生理需要85%、安全需要70%、爱与归属的需要50%、尊重需要40%、自我实现需要10%。

　　(三)高低层次需要的差异

　　马斯洛对高层次需要和低层次需要进行比较研究后发现,两者有如下几点差异:①高层次需要是在种系演化、个体发育上发展较迟的产物,是人所特有的。层次愈高的需要,越能体现人性的特征。②越是高层次的需要,对维持纯粹的生存越不迫切,其满足也能更长久地推迟,并易于消失。对高层次需要剥夺不像剥夺低层次需要那样疯狂抵制和强烈反应。③高层次需要满足能引起更满意的主观效果。④高层次需要满足有更多的前提条件。⑤高层次需要满足更接近自我实现。⑥高层次需要的追求和满足会形成更伟大、更坚强、更真实的个性。⑦高层次需要满足是无限的,低层次需要更躯体化、部位化,更有限度。

二、自我实现理论

　　马斯洛把自我实现看作是人的本质存在,是超越物质需要的高度精神境界。

　　(一)何谓自我实现

　　在马斯洛看来,自我实现就是一个人力求变成他能变成的样子。一个人能够成为什么就必须成为什么,必须忠实于自己的本性。自我实现的标准有两个:一是把自己的先天禀赋和潜能最大限度地显现和发挥出来;二是极少出现不健康和能力缺陷。自我实现表现出这样几个本质特征:①自我实现是在各种需要得到充分满足之后出现的高级需要,是人真正的存在状态。②自我实现的人是完全自由的,支配他行为的因素来自于自我选择。③自我实现的人在他所非常喜爱的工作中能显示出巨大潜能。④自我实现的人是摒弃了自私、狭隘观点的人。⑤自我实现是人创造性的最终实现。对一个人来说,达到自我实现意味着他更真正地成为自己,更完善地实现了他的潜能,更接近了他的存在的核心。

(二)自我实现者的人格特征

马斯洛通过对大学生的抽样调查,以及对历史上和当代著名学者、文艺家和政治领袖等的个案研究,概括出自我实现者的 15 种人格特征:①能准确、客观地洞察现实,并与现实保持良好关系。②能接纳自然、他人和自我。正确辨别周围事物,客观评价自己,对他人缺点有足够度量。③自发、直率和自然。一切都是自发的,不带强迫性。言谈直率,行为自然,不矫揉造作,不刻意哗众取宠。④以问题为中心,而不以自我为中心。热衷于解决现实问题,不是为了金钱、名誉、权力而工作,而是把工作看作最高享受。⑤有独立、独处的需要。独立性很强,能独立思维,自作决断,并按自己意愿活动。为了不受外界干扰,喜欢独处,离群索居。可能会招致他人误解,与人相处不好。⑥有很强自主性。行为动力来自内部潜力推动,不受环境支配,但能有效利用环境。⑦热爱生活,有反复欣赏生活的能力,对周围事物有持续新鲜感,即使重复进行同一活动也觉得趣味无穷产生新的感受。⑧常有高峰体验。马斯洛认为:"这种体验是瞬间产生的、压倒一切的敬畏情绪,也可能是转眼即逝的极度强烈的幸福感,或是欣喜若狂、如醉如痴、欢乐至极的感觉。[1]"凡产生这种体验的人都声称"感到自己窥见了终极真理、事物本质和生活奥秘,仿佛遮掩知识的帷幕一下子拉开了……像突然步入天堂,出现奇迹,达到尽善尽美"。可见,高峰体验是一种强烈的幸福感和成就感。它在不同人、不同活动中的表现方式不同,可以是作家完成了一部得意之作、音乐家的一次成功演出、某一科学真理的发现、一项创造发明等,也可以是家庭生活的美好感受、对自然景观的迷恋等。⑨有强烈社会责任感。对社会有强烈责任感,对他人有强烈同情心,愿意帮助他人等。⑩能与少数人建立深入、良好的关系。对他人有爱心和认同,能友好相处,但真正结为知己的朋友很少,这种关系的确立以共同价值观念为基础。⑪民主的性格结构。

---

① 马斯洛,等.人的潜能与价值[M].北京:华夏出版社,1987:366.

待人平等、宽容,能与各种性格、各个层次、各种信仰的人和睦相处。在他人面前显得谦虚,随时准备听取他人意见,虚心向有见识的人学习。⑫能对方法、结果进行辨别,有明确的伦理道德标准。注重结果而不是方式,善恶清楚,正误明了。⑬富有幽默感。且是善意的、有哲理的幽默。⑭富有创造性。能在各种活动如科学发明、社交、技术改造中表现出来。⑮有很强的独立性。有自己的信念,能独立思考并按自己的计划活动,能在不同社会文化环境中生存,不受社会文化束缚,对社会文化影响有很强的权衡、分析和辨别能力。

上述人格特征可作为健康人格的良好特征。自我实现者在人格特征上表现出许多常人所不具备的积极特点,说明人性是积极而健康的。当然,自我实现者也是普通人,并非尽善尽美,上述 15 种人格特征不一定都具备,他们身上也存在很多弱点。譬如,有憨直、轻率的行为习惯,易烦恼激动,刚愎自用,有浅薄的虚荣自夸,好炫耀自己,有时表现出超乎一般、令人吃惊、难以想象的冷酷无情。但自我实现者比一般人能更自觉地克服自己的弱点,弥补自己的不足,更接近完善的人性。

（三）自我实现的途径

为了让更多的人能顺利达到自我实现的目标,马斯洛提出要加强自我修养和完善人格结构等观点,并指出了通向自我实现的途径:①忘我的体验生活,全身心投入于事业。②面临前进与倒退、成长与安全之间的选择时,做出前进成长的选择,而不是退缩防御的选择。③承认自我的存在,让自己的潜能、天赋自发地显现出来,使其成为行动的最高准则。④勇于承担责任。遇到怀疑时,诚实地说出来,反躬自问,敢于承担责任。⑤培养兴趣爱好,有勇气做自己的选择。"倾听自己内在冲动的呼唤",据此采取正确的行动。⑥要经历勤奋的和付出精力的准备阶段。⑦创设条件实现更多的高峰体验。高峰体验是自我实现的短暂时刻,既可失去这些体验,也可创设条件使高峰体验更有可能多地出现。⑧要识别自己的防御心理,并有勇气放弃这种防御。马斯洛认为,每个人都有自我实现的潜能,只不过有些人多一点,有些人少一点,但他相信,每个人都会在某一点上达到最高境界。

三、高峰体验

高峰体验是马斯洛自我实现理论中的一个重要概念,它是人在进入自我实现和超越自我状态时所感受到的一种非常豁达与极乐的瞬时体验,是一种暂时的、非自我中心的完善和达到目标的状态。达到高峰体验时,人会感到自己与整个世界整合在一起,内部的对立、矛盾都被消除,产生天人合一的完善感。它可以改变个人及其对世界的感知,使人更有创造性。可见,高峰体验具有产生的突然性、程度的强烈性、感受的完美性、保持的短暂性以及存在的普遍性等,其强度既可以是极度快乐,也可以是宁静而平和的喜悦,是一种强烈的幸福感和成就感。马斯洛列举了高峰体验的一系列特征:整体意识、统一意识、感知丰富、全神贯注、审美感受、创造精神、真知灼见等。

高峰体验对于每个正常人来说都可以产生,且比人们预料的较多,但自我实现者能更多地产生和体验到高峰体验。高峰体验是一种身心融合的、发自内心深处的感受,此时人会产生一种返璞归真、天人合一的欢乐情绪。自我实现作为人的本性的实现是人与自然的合一,因而自我实现者能更多地产生高峰体验。马斯洛特别强调高峰体验与自我实现的密切关系,认为经常产生高峰体验是自我实现者的人格特征之一。由于自我实现是一个连续不断的渐进过程,要经历勤奋、付出精力的准备等,这种迈向自我实现的动态发展过程都有"高峰体验"的出现。它似乎是一种引导,引人达到更完善的自我实现。因此,高峰体验就成为通向自我实现的重要途径。马斯洛强调,能否创设条件使高峰体验更易于出现,是达到自我实现目标的重要途径。只有在生活中经常产生高峰体验,才能顺利达到自我实现。高峰体验对增强心理健康、塑造积极人生观、提高心理生活品质以及对社会的发展都有很重要的价值。

四、价值理论

马斯洛在后期著作中反复论证价值体系,提出"存在价值"的思想。他用潜能说明人的存在价值,即一种潜能就是一种价值,潜能的发挥即价值的实现。存在价值有:自主、幽默、完整、直率、公正、圆满、独特、嗜好、实效、善、美、全面等。如有爱的能力才有爱的需要,有智慧的天赋才有创造活动。"存在价值"如同需要一样在起作用,也称为"超越性需要"。这种需要如果被剥夺或不能得到满足,人将产生一种病症——"超越性病症"或"灵魂病"。比如,总是生活在说谎者中间而形成不信任任何人的病态症状。自我实现者总在某件事上充分挖掘自己的潜能,寻求自己的"存在价值"。

马斯洛以"存在价值"为基础,构建自己的价值论体系。其主要观点有:①人性是善的,恶是派生的,是基本需要没有得到满足引起的。②心理潜能高于生理潜能。③高级需要的价值高于低级需要的价值。④一个人表现的利他行为和自我需要的满足是完全一致的。⑤创造潜能的实现是人生追求的最高目标。⑥创造潜能的充分发挥就是一种最高奖赏,是"高峰体验"的出现。⑦自我实现者有发自内心的追求潜能发挥的倾向和以此为依据的自我评价能力。⑧高级需要、创造潜能只有通过后天学习和培养才能得到充分发挥。⑨潜能、价值与社会环境的关系是内外因关系。潜能、存在价值是内因,对发展起主导作用,社会环境是外因,对潜能、价值实现起到促进或限制的作用。⑩潜能、存在价值与社会价值无本质矛盾。需要层次越高,自私行为就越少。满足生存是为了自己,但追求爱、尊重则涉及他人,追求自我实现有利于社会发展。只有充分实现人的全部潜能或人性全部价值的人,在社会中才能充分发挥作用。

马斯洛以自我实现理论为核心的心理学思想,对科学心理学的发展及应用做出了较大贡献,特别是在社会应用方面产生了广泛影响。一是将健康人作为研究对象,并在健康人的人格特征、自我实现的机制和途径等方面进行了积极探讨。冲破了传统心理学在研究对象问题上的束缚。以往心理学在研究对象上存在着或是把人的心理肢解为元素,或是从动物研究推演到人,或是只关注变态人或对异常人进行研究,马斯洛从人本主义立场出发,采用现象学整体论方法,把健康的、具有真正社会意义的人确立为研究对象,且对开发人的潜能指出了方向和路经,增强了人类的自信和希望。在心理学研究上独树一帜,是科学心理学的一大进步。二是需要层次理论在现代行为科学和社会管理应用中占有重要地位。它是管理心理学的理论支柱之一。马斯洛认为,人除了经济目的和人际和谐的目的外,还有更高级的自我实现需要。现代管理学强调人在物质生活需要得到基本满足的条件下,要激励人创造潜能的发挥,就不能仅仅采用物质激励,而应重视人高级需要的满足。三是在扩大心理学研究范围及研究方法的多元化、整合化上做了开拓性工作。马斯洛以整合的思维对待心理学的对象和方法,强调以人为中心,以问题为中心,方法服务于问题的研究范式,在保留心理学自然科学取向的同时,把非主流的人文科学取向纳入心理学,对拓展心理学的研究格局,填补传统心理学空白发挥了积极作用。然而,马斯洛的理论也存在一定的局限性,过分强调生物因素在个体发展中的决定作用,他把需要如爱与归属、尊重、求知、审美、自我实现等看作是类似本能的固有倾向,把"存在价值"也看成是人固有的内在潜在能量等,而社会环境只是起到限制或促进作用。还有学者认为,马斯洛的研究方法客观可靠性低,缺乏客观标准和严谨性。

第三节　罗杰斯的自我心理学

罗杰斯(C. R. Rogers,1902—1987)是人本主义心理学创建者之一,美国著名心理治疗学家,来访者中心疗法的创始人。他是继马斯洛之后人本主义心理学的主要代言人。罗杰斯出生于美国伊利诺伊州。1919 年考入威斯康星大学农学院,1924 年获得历史学学士学位后进入纽约联合神学院工作,结识了心理学家华生和纽科姆,随后转入哥伦比亚大学主攻心理学,结识了精神分析学家阿德勒和临床心理学家霍林沃斯。1928 年获得哥伦比亚大学临床心理学硕士学位,之后受聘于纽约罗切斯特社会儿童研究中心的防止虐待儿童协会工作。1931 年以题为《关于儿童人格适应的测量问题》的论文获得了博士学位。1939 年出版《问题儿童的临床治疗》一书,使他声名鹊起。1940 年被美国俄亥俄州立大学聘为心理学教授。1942 年出版《咨询与心理治疗》一书,着重探讨非指导性治疗的理论和技术。1945 年应聘出任芝加哥大学心理学教授,并建立了一个咨询中心。1951 年出版其名著《来访者中心疗法》。1957 年他接受威斯康星大学邀请,任精神病学和心理学教授。由于对心理学系那种具有"老鼠倾向"的实验研究不满,辞去了心理学系的职务,保留了精神病学的教职。1961 年他出版了《论人的成长》,阐发了他对人的"实现倾向"的看法,其观点遭到怀疑甚至反对,失望之下便辞去该校职务,于 1962 年起在斯坦福大学行为科学高级研究中心任研究员。1964 年又到加利福尼亚州西部行为科学研究所任研究员,该组织着重于人本主义的人际关系研究。罗杰斯提出了促进正常个体交往的"交朋友小组"方法,并将之用于教育,出版了《学习的自由》(1969)和《罗杰斯论交朋友小组》(1970)。1968 年,罗杰斯离开西部行为研究所,进入加利福尼亚的人类研究中心工作。70 年代末期,他开始对超自然现象感兴趣,还尝试把交朋友小组的技术用于解决国际冲突,关注社会和国际政治问题等。

罗杰斯对美国心理学的发展做出了杰出贡献,赢得了许多荣誉。他是美国应用心理学会创始人之一,1944 年担任该学会主席,1946 年当选为美国心理学会主席,1949 年任美国临床和变态心理学分会主席。1956 年获得美国心理学会首届杰出科学贡献奖,1972 年获得美国心理学会杰出专业贡献奖,成为美国心理学会历史上第一个获得两项杰出贡献奖的人。

罗杰斯的主要著作除上述之外,还有:《心理治疗和人格改变》(1954)、《在来访者中心框架中发展出来的治疗、人格和人际关系理论》(1959)、《择偶:婚姻及其选择》(1973)、《卡尔·罗杰斯论个人力量》(1977)、《一种存在的方式》(1980)和《20 世纪 80 年代的学习自由》(1983)等。罗杰斯的心理学思想主要体现在他对人性的看法、提出人格的自我理论、创立来访者中心疗法和倡导以学生为主的教育思想等方面。

一、对人性的看法

人本主义心理学家很重视对人性的研究,对人性的看法影响其对心理学理论的建构。罗杰斯指出,人的本性是善的、积极的、可信赖的和富有建设性的,核心是自我保存与社会性。认为每个人都有一个基本的积极取向,朝向自我实现,朝向成长成熟,朝向社会化发展。他对现实中存在的"恶行"的解释是,虽然现实中有很多残暴和恶毒的行为,但并非人性所固有。在有利于成长和选择的氛围中,从未听说过有任何人选择残暴和破坏,选择似乎总是趋向于社会化和改善与他人的关系。罗杰斯认为造成恶行的主要因素是文化的影响,这种文化表现为物质丰富,商业化和技术化充斥整个社会,人类进入到从未有过的"精神孤独"时代。"我们的文化,愈来愈依赖于对自然的征服和对人的控制,正处于衰落中。"因此,希望培育出一种以人的情感为主要特征的文化,即"在一切人与人的关系中倾向无防范的开放,加强对作为一种身心统一体的自我的探索,更珍视他或她作为一个人的本来面目"。在未来文化中,人类行为的动机不是盲目地为"事业"或"生涯",而是对人的一种承诺,体现人固有的善性和独特性。罗杰斯还强调人性是发展变化的,他指出:"成为个人真实的自我,就是完全投身于一个生存过程。如果个人愿意成为真实的自我,他会在最大限度内促进自己的变化。"①而造成这种变化的原因,一是由于个体潜能中先天驱力的支配,二是由于社会和文化的不断发展改变了人的生存方式、行为方式和信仰,从而也增长了个体的意识经验。

罗杰斯关于人性是善的、人性发展具有建设性倾向的看法,构成了他的人格理论的基本前提。他对人格的基本假设是,人有一种先天的"自我实现"的动机,表现为最大限度地实现各种潜能的趋向。认为人格由两个主要结构组成,即有机体和自我建构。有机体是人的一切经验的聚合,是行为的"积极发动者",表现出一种先天的自我实现的倾向,这种力求实现内在潜能的倾向为有机体提供了动力,推动有机体做出对自己和社会都有建设性意义的行为,从而产生积极经验而形成健康的自我人格。

二、人格自我论

罗杰斯把自我视为有机体的主要心理成分,自我论是他的人格理论的核心,故称人格自我论。

(1)什么是自我? 罗杰斯认为,自我是指个人对自己的知觉、看法、态度和价值观的总和。如我的相貌如何,我的能力如何,我的为人怎样等。简而言之,自我就是自己对自己的了解和看法,是人对自己的知觉。值得指出的是,罗杰斯对自我的阐述有时交替使用自我建构和自我概念。自我作为人格的一种内在建构是不断发展变化的,随着个人经验的增加,人会逐渐丰富和改变对自我的认识。人最初形成的是自我经验,在此基础上逐渐形成自我概念,即形成与自我有相互联系的一切经验的总和,它是一种相对稳定的、有组织的、连贯而有联系的整体知觉模型。罗杰斯认为,自我概念是在个体与环境相互作用过程中形成的,儿童出生后,随着身心的成长,由最初的物我不分、主客不分到逐渐把自我与环境区分开来,并在语言的帮助下进一步分清了主我(I)与客我(me)。用罗杰斯的话说自我是指"那些有结构的、和谐一致的概念格式塔,其组成是对主我或宾我的特征的知觉,和对主我或宾我与他人和生活的各个方面的关系的知觉,以及与这些知觉有关的

---

① 叶浩生.心理学史[M].上海:华东师范大学出版社,2009:353.

价值观念"。① 自我概念一旦形成就不易改变,与其不一致的经验要么被拒绝,要么以歪曲的形式接受下来。譬如,一个孩子在自我概念中是个好孩子,但他经常打小弟弟。当父母对他批评或惩罚时,他会以"我是个坏孩子""父母不喜欢我"的形式曲解其自我接受经验,或者以"我并不喜欢打小弟弟"的形式否定其真正情感而拒绝经验。罗杰斯认为有两种自我概念,即现实中的自我和期望中的自我,或称现实自我和理想自我。现实自我是指真实存在的自我,是较符合现实的自我形象,能反映个人目前的真实情况。理想自我是指个人向往的、期望实现的自我形象。现实自我与理想自我的一致性程度标志着个体心理发展和心理健康的水平。两者的相关程度愈高,其心理愈是健康和谐,如果自我概念略低于理想自我,则导致自尊,个人对未来充满乐观态度,并有追求成就的"冲动"。反之,现实自我与理想自我相差很大则愈不健康和谐。

(2)自我的特点。①自我属于对自己的知觉范畴。包括对"我"及与"我"有关的人和事物的知觉的总和。②自我是组织化的稳定结构。虽然对经验有开放性,但"概念格式塔"的性质不变,它决定个人是否接受外界刺激的影响,以及接受什么样的影响。③自我并非弗洛伊德精神分析意义上的人格结构要素,它不是控制行为的主体。④自我作为一种经验的整体,主要是有意识的或可以进入意识的东西。随着自我经验的增加,个人会逐渐丰富和改变对自我的认识。

(3)自我的发展。罗杰斯认为,自我是由现象场变异而来。现象场即个人生活的全部经验。一个人的现在是他过去的缩影,是他全部经验的整合,自我由此变异而来。因此,影响自我发展的因素是经验,经验有个体经验和现象经验。前者是指凡对个人发展产生影响的经验,这些经验中有些能被个体意识到,而有些则意识不到。后者是指个人能意识到的经验。个体经验和现象经验可能是一致的,也可能是不一致的,当二者比较一致时,对自我发展产生积极作用,否则产生消极作用。在儿童自我的发展过程中,罗杰斯用"无条件积极关注"来解释自我发展的机制。无条件积极关注是没有任何价值条件的积极关注体验,即使自我行为不够理想,但仍会受到父母或他

① ［美］J P 查普林,T S 克拉威克.心理学的体系和理论:下册［M］.北京:商务印书馆,1989:286.

人的尊重、理解和关怀。如果父母的爱对孩子来说是有条件的，儿童就会建立价值的条件，以为只有某些条件下的行为才具有价值，从而极力回避那些不能获得赞赏的行为。这样，儿童就不能完整而健全地发展，由于他知道某些行为会被拒绝，从而不表现自我的所有方面。罗杰斯认为，心理健康的先决条件是童年时代的无条件积极关注。也就是说，无论儿童怎样行为，父母都应该对孩子展示出爱和接纳，这样，孩子就不会形成价值的条件，从而不会压抑自我的任何部分。只有如此，儿童才能形成良好的自我实现，成为一个具有健康人格的人。

(4)机能健全的人。机能健全的人相当于马斯洛的"自我实现者"，是自我发展的高级形式。罗杰斯把机能健全的人的特征概括为：①经验的开放性。②具有存在主义的生活方式。生活于存在的每一瞬间，对每一经验都具有新鲜感，适应性很强。③信任自己的机体。按照情境综合加工和权衡材料，全面考虑问题并迅速做出决定，在任何新情境中都能找到最恰当的行为方式。④富有自由感。⑤具有高度创造力。

三、来访者中心疗法

罗杰斯首创"来访者中心疗法"并将之发展成为当代有影响的心理治疗理论之一，这是罗杰斯对心理学的最大贡献。以往心理治疗十分强调治疗者的权威和指导作用，罗杰斯的治疗观则强调来访者的作用，起初他将自己的治疗命名为"非指导性治疗"（1942）。后来他发现治疗者在治疗过程中还是具有指导作用的，治疗者既要营造一种非常适宜的心理氛围，又要帮助来访者澄清自己的思想。但治疗者不应把来访者视为病人，而应看作是与其享有同等权利的参与者，相信来访者是能够了解自己的人。因此，罗杰斯于1951年又将治疗名称改成"来访者中心治疗"。到了1974年又改为"以人为中心疗法"，使这一方法可以扩展应用到家庭、社会等其他人际关系领域。此法体现了罗杰斯对人性的积极假设，即人性具有积极向上、自我实现的潜力。相信来访者对于什么是最好的有一个基本的了解，来访者既需要来自别人的积极尊重，也需要来自自己的积极尊重，应激发来访者内在潜力进行自我理解，产生自我指导的行为，达到自我治疗的目的。治疗者的任务在于创设一种温暖、友谊、令人可接受的气氛，以使来访者增强被尊重的体验。来访者决定咨询过程的进行和"公开"讨论的问题，治疗者不强迫来访者超越此时此刻的自我暴露,让治疗节奏自然进行。整个咨询治疗过程着眼于"此时此地",而非"过去"经验。只有这样,来访者就可不理会过去的失败,而是奔向好的目标,其实质是让来访者学会自我解决问题。

来访者中心疗法的治疗目标是达到人格的成长。一般来说,咨询治疗的目标有两类:一是问题解决目标,即减少症状痛苦、增强自信等。二是人格成长目标,即发展积极生活方式,减少人格冲突,增强人格整合等,目的是使人格发生积极变化。罗杰斯主张人格成长目标。这一目标的实现有赖于改变来访者的自我结构,对情绪经验的开放等。因此,应高度重视来访者与治疗者之间"心理气氛"的建立。

罗杰斯认为,来访者中心疗法的关键在于治疗态度和治疗气氛。成功的治疗并非依赖治疗者技巧的高低,而依赖于治疗者具有某种态度。他认为治疗气氛的作用远大于治疗技术作用,从而提出治疗的条件:①建立意义性联系,强调来访者存在的意义。②让来访者处于不一致状态,体验到焦虑脆弱。③治疗者和来访者保持真诚一致,消除沟通障碍,建立良好的治疗关系。④无条件积极关注来访者。对其表示真诚和深切关心、尊重和无条件地接受,这并不意味着完全认可其行为,而是通过无条件接受达到深层治疗。⑤同情性理解。深入了解和设身处地地体会来访者的内心世界,通过言语、非言语行为表达出理解,对其陈述给予反馈,使之有被人听到和理解之感。⑥来访者必须知觉到治疗者的同情性理解、真诚与积极关注,以建立富有建设性的交流关系。

来访者中心疗法的治疗过程主要有:①来访者主动求助。来访者要有改变自我的需要,否则难以成功。②治疗者向来访者介绍治疗过程,强调来访者作用。③鼓励来访者自由表达情感。无论表达什么,均应诚恳、友好对待。④治疗者能接受、认识、澄清对方的消极情感,深入对方内心深处,发现影射暗含的情感。⑤促进来访者成长。消极情感表达暴露后,滋生模糊、试探性的积极情感。⑥接受来访者积极情感,使其自然达到领悟与自我了解程度。⑦来访者开始接受真实自我,为整合奠定基础。⑧帮助来访者采取决定。如新决定、新行为。⑨疗效的产生。通过自我领悟,来访者达到对问题的新认识,从而使积极的尝试性行为产生。⑩扩大疗效。发展更深层领悟,扩大领悟范围。⑪来访者全面成长。这时来访者主动提出问题与治疗者讨论。⑫治疗结束。来访者感到无需再寻求帮助时,治疗即告结束。

来访者中心疗法的治疗技巧。罗杰斯的主要治疗技巧是会谈技巧,会谈技巧有 3 个关键:①特别强调治疗者的态度及治疗气氛。治疗者本人是治疗成功的最重要工具。②治疗的主要方法是同情式倾听。治疗者用积极、认真的动作表达深切同情。③治疗者心目中不时出现这样的问题:"他究竟在说什么?""他所表现的特殊信息是什么?"并及时表达出对来访者的真诚、兴趣、关怀和理解。会谈技巧主要是鼓励、重复和对感情的反应。总之,罗杰斯的来访者中心疗法就是在尊重来访者的前提下,相信他们具有成长的潜力及自我指导的能力,理解他们的经验与体验,真诚关注他们,以促进他们自我的发展,达到人格成长。因为人本主义表现出理解人、尊重人、更温暖、更友好的特征,故受到人们的普遍关注与欢迎。

四、"以学生为中心"的教育教学思想

罗杰斯将其人格理论和心理治疗理论应用到教育领域,形成了"以学生为中心"的教育教学观。认为教育应促进学生发展,使学生成为能适应变化、知道如何学习的"自由人"。"变化"是确立教育目标的依据。"自由"是重过程、不重静止的知识,传统教育背离了自由。因此,教育目标应是培养具有高度适应变化能力和内在自由特性的人。与传统教育注重知识接受、养成顺从特性的人相比,该目标有更大的灵活性、自主性和能动性。而要实现此目标,则应达到的条件是:①让学生形成主动学习。面向生活、正视问题和亲身体验是这种学习的关键。②教师对学生有真诚真实的态度。以真我与学生建立关系,才能取得理想教育效果。③对学生产生同情式理解。从内心深处了解学生反应,学会赞赏学生。罗杰斯认为,教学技能、课程计划、视听设备、讲授演示、图书资料等都不是关键,关键是教师与学生的关系。

罗杰斯强调以学生为中心的教学思想。教学中应该把学生作为一个完整的个体加以接受,作为具有各种感情、埋藏着大量潜能的尚未完美的人来看待。从学习过程而言,学生学习是一种经验的学习,以经验发展为中心,以自发性和主动性为学习动力。罗杰斯强调学生需要、愿望、兴趣与学习材料的关系,提倡有意义学习和主动学习。从教学过程而言,他提出"非指导性"教学理论与策略,强调教师信任学生,同时感到被学生信任。因而,对教师提出了一系列要求:①师生共同承担责任,一起订课程计划和管理方式

等。②提供各种学习资源、学习经验和资料等。③创造促进学习的良好气氛。④学习的重点是学习过程的持续性和学会学习的方法,内容是次要的。⑤学习目标由学生自定,学习评价由学生自己做出。教师热心反馈,以促进自我评价的客观性。

综上所述,罗杰斯对心理学的发展做出了杰出贡献。他以其积极成长的人性观和人格自我理论为基础,开创了心理治疗的新方法——来访者中心疗法,这种"以人为中心"的人本主义心理疗法,与行为疗法、认知疗法和精神分析疗法一同成为当代主流的心理疗法。他发展了心理学的人格理论,重视人格中自我的作用,强调健康人格的培养,对此后的心理学产生了重要的影响。"以学生为中心"的教育教学思想,强调尊重学生,发挥学生主观能动性,发展学生独立性和创造性,对当代西方教育改革运动产生了重要影响和促进作用。但由于罗杰斯的理论体系是建立在存在主义哲学和现象学的方法论之上,存在主义过分夸大人的主观能动性和"绝对自由",以及现象学将主观意识及其产物等同于事物本质的唯心主义倾向,在罗杰斯的观点中都有所反映。如只强调人的"自我选择""自我设计",而忽视了人的心理和行为的社会制约性,等等。

第四节　罗洛·梅的存在分析心理学

罗洛·梅(Rollo. May,1909—1994)是美国心理治疗学家,人本主义心理学的建立者之一,存在分析理论的创始人。罗洛·梅出生于美国俄亥俄州的艾达镇。1930 年在欧柏林大学获文学士学位。1930—1933 年到欧洲旅游和绘画创作,参加了精神分析学家阿德勒的暑期研讨班,深受阿德勒的影响。1934—1936 年在美国密歇根州立大学任学生心理咨询员,不久他被纽约联合神学院录取,研究存在主义哲学,1938 年获神学硕士学位,后在新泽西的蒙特克莱尔当了两年牧师。20 世纪 40 年代初,罗洛·梅进入当时由沙利文为基金会主席的威廉·阿伦森·怀特学院学习精神分析,新精神分析学家弗洛姆也在该校任教,罗洛·梅就是在这里接受了新精神分析社会文化观的影响。1946 年他自己开业,从事心理治疗,积累了大量临床案例。后来进入哥伦比亚大学攻读博士课程,以其亲身体验(期间感染肺结核有过深刻焦虑体验)和内心顿悟写出博士论文《焦虑的意义》,1949 年获哥伦比亚大学授予的第一个临床心理学博士学位。1952年罗洛·梅任怀特学院研究员,1958年任该院院长,1959年任督学和训练分析员。曾先后执教于哈佛、耶鲁、普林斯顿、哥伦比亚大学和纽约大学,最后成为加利福尼亚大学终身教授。1974年退休。还曾担任过纽约心理学会和美国精神分析学会主席等职务。

罗洛·梅一生著述颇丰,其中有些著作影响很大。他的《爱与意志》(1969)一书曾是美国最受欢迎的畅销书之一,荣获爱默生名著奖。与他人合作发表的《存在:精神病学与心理学的一种新维度》(1958),向美国人介绍了欧洲存在心理治疗,推动了存在主义在美国的传播和流行,也标志着美国本土化存在心理学的诞生。除上述之外,其他主要著作还有:《咨询的艺术:怎样给予和获得心理健康》(1939)、《焦虑的意义》(1950)、《对自我的追寻》(1953)、《存在:心理学与精神病学中的新维度》(1958)、《心理学与人类困境》(1967)、《力量与纯真:追寻暴力的起源》(1972)、《创造的勇气》(1975)、《自由与命运》(1981)、《存在的发现:存在心理学著作》(1983)和《我追求的美》(1985)等。最后一部著作是与施奈德合著的《存在心理学》(1994),书中他把人生的体验用于心理治疗,对他的一生作了最后的总结。

一、存在分析理论

罗洛·梅认为,只有从人的存在入手,才能把握人的本质。一切心理学,尤其是临床心理学,若要获得治疗的效果,必须预先澄清人的基本概念,即人的存在特征。他提出,人的存在是指人的整体存在,即人是有血有肉、有思想有意志的人,是"经验中的个体"。既是物质的也是精神的。心理学研究的首要对象应是个体的内在经验,而不应仅仅专注于外显的行为和抽象的理论解释。每个人最早接触的经验来自生活世界,且每天生活于直接接触的经验世界之中,若要正确认识人的存在的真相,揭示人的存在的本质特征,就必须重新回到生活的直接经验世界,再度去领悟、去感觉直接与我们接触的内在经验,然后把这些经验忠实地描写出来,这是罗洛·梅研究人的存在的重要方法。他的存在分析理论就是把存在主义哲学、现象学的现象分析和经验描述方法以及心理学研究、心理治疗结合起来的一种独特的研究取向。他把存在和对存在的分析视为人生的基础和心理治疗,并在此基础上形成和发展了他的存在分析理论。

（一）存在是人生的基础，唤起存在感是心理治疗的目标

罗洛·梅提出，人的存在指的是人的整体存在，既是物质的也是精神的。"存在感"是人对自己存在的内心体验。在自我发展过程中，存在感起着积极的整合作用，它调节、控制人的行为，使人在克服一切障碍的过程中逐步达到自我完善。心理治疗的最终目标是唤起患者的存在感，使其重新认识自我的价值。在他看来，人是一个有机统一体。人类的存在是多样性的，既有物质性的一面也有精神性的一面，既有理性和意识的东西也有非理性和无意识的东西，既有外部自然和环境的影响也有内部心理活动的作用。存在感能把个体的身与心、个体与自然和社会联成一体。心理治疗学家必须在承认人的基本存在的基础上，通过认真而合理的分析来确定心理治疗的目标，考察和验证其研究设想。如了解病人当前存在的状态及其存在感。

（二）发现存在感

罗洛·梅在《存在：心理学与精神病学中的新维度》一书中指出，心理治疗的核心过程是帮助患者认识和体验自己的存在。治疗者的任务除了对心理疾病进行命名和开药方外，更重要的是发现通往患者内心世界的钥匙，理解和阐明患者个体存在的结构，即发现存在感。为此，罗洛·梅提出了发现存在感的几条原则。

第一，"自由"是人类存在的基础。人类的潜能、责任感与存在自由是相互依赖不可分的，自由并不意味着可以为所欲为。罗洛·梅认为，自由有两个先决条件，首先是受时空限制，只有在有限的时空范围内，人才能在对其存在起作用的诸因素中自由地做出自己的选择。其次，是受遗传和环境的限制。人虽不能选择自己的遗传和环境，但能在一定程度上利用和改造遗传和环境的影响。因此，不论有多少决定的力量对人的存在起作用，人都能相对自由地塑造自己的存在。

第二，自由的个体是充分"个体化"的。即每个人的自我是各不相同的，具有独特性的。完整的、自由的个体，在接受了自己内部的各种意识和潜意识的影响之后，才能通过施展自己的自由来实现个体化，成为一个与他人不同的、自由决定自己命运的真实的自我。人格障碍的主要原因之一就是自我无法个体化，丧失了自我的独特性。心理治疗专家应帮助患者发现他真实的自我，发觉他自我中与众不同的独特品质。

第三，自由的个体必须与"社会整合"。罗洛·梅认为，人类自由的实

现,必须依赖自我与社会的协调。正常人能发现对社会有建设性的和可接受的活动方式,并以这些方式来表现自己的存在。社会整合就是指个人在保持自我独立性的同时,参与社会活动,进行人际交往,以个人的影响力作用于社会。"整合"不同于"适应",它体现了个人与社会的相互作用。适应偏重于社会的影响力,含有单方面让个人向社会迎合、屈服和附和之意。"整合"作用是双向的,既有社会影响、改变个人,也有个人影响社会甚至改革社会的含义。

第四,"宗教紧张感"。即存在于人格中的一种紧张或不平衡状态。它是保证个体存在,促使人格不断变化完善的动力因素。罗洛·梅认为,虽然个体是自由的、生活方式是确定的,但自由、个体性和社会整合并不是一劳永逸的,而是不断地需要更新。每一次更新都是一次挑战和创造的体验,都会使人产生一种"负疚感"、一种宗教的紧张感,是它推动着人格不断向前发展。由于他所受宗教教育和宗教思想影响,他把宗教紧张视为人的最深刻的道德体验,是对人生意义的最基本信念。他认为宗教具有动力性。健康的个体能创造性地承认自己的不完善性,并在宗教紧张感的驱使下,鼓起生活的勇气,克服阻碍自我发展的恐惧和焦虑,战胜自我,完善自我。他还主张健康人格所需要的并不是消除各种冲突,而是使破坏性的冲突转变为建设性的冲突。

第五,创造性生活的特点是"健康的自我表现"。罗洛·梅在早期著作中概要地描述了健康人的许多特点。如自主性、真诚、富有创造性、选择、责任心等。到后期他的研究扩展到包括对各种存在方式予以更深入的考虑。如爱、意志、焦虑及其象征表现等。他认为,这些特点的充分表现才构成人的全部自我。具有这些特点的人,才拥有健康的存在,才会体验到成熟的存在感。

(三)人的存在状态

存在主义哲学家通常把人类的存在划分为三个范畴,即人与物的世界、人与人的世界、人与己的世界,每个人都同时存在于这三个世界中,只有把三个世界结合在一起才能全面地解释人的存在。罗洛·梅据此提出了人的存在的三种状态。

一是人与环境的关系状态。这里的"环境"指"自然的世界",是一个有规律的和不断循环的世界,是世界万物的自然总汇。对人而言,除了自然环境之外,还包括个人先天的遗传因素、生理需求、本能、驱力等生理的内在环境。罗洛·梅认为,人类是被先天注定投入到这个世界上来的,这是一个"被投入的世界"。自然的世界是不以人的意志为转移的客观存在,在这一世界中,人必然要受自然规律的制约。所以,人必须接受和适应自然规律,必须处理好自我与环境的关系,学会适应环境。

二是自我与他人的关系状态。人际世界的标志就是"关系",它是社会活动的结果,是人的社会性的体现。罗洛·梅强调,人际关系的关键在于,在相互作用的时候彼此都受到影响,彼此都开始发展,都更加趋于成熟,人与人的关系是双向的。他还进一步强调了人与社会关系的重要性。人不仅被社会所改造和影响,而且也在不断组织和改造社会。人不仅是精神与肉体的统一体,而且是与社会的整合体。

三是人与自我的关系状态。这是人类所特有的自我意识世界,它以自我归属和自我意识为前提。人必须对自己有足够的了解和认识,把知己作为知彼的基础,这就需要有一种强烈的存在感,即人对自己存在的体验,其核心是自我意识。在自我意识的世界中,人可以清楚地观察世界,并与之发生关系,可以顿悟、理解世界上的事物对个人所产生的意义等。在罗洛·梅看来,现代人之所以丧失精神活力、缺乏经验和情感的实在意识,其缘盖出于放弃了人与自我的内在世界,导致了世界与自我的对立。当个人缺乏明确而坚强的自我意识时,其人际关系必将趋于表面化和虚伪化。

上述三种状态相互联系,彼此相关,同时存在,忽略或放弃任何一种,将难以真实而全面地揭示人的存在状态。

二、焦虑理论

焦虑和存在密切相连。焦虑是对存在构成威胁的一种现象,其威胁可能针对生命,也可能针对与生命同等价值的学习、理想、价值观等。焦虑威胁人的基本价值,因而也是人的价值观的一种基本表现形式。研究焦虑可以发现人的存在感和价值观,有益于心理健康的保持。

罗洛·梅把焦虑划分为正常焦虑和神经症焦虑。正常焦虑是与威胁相均衡的一种反应,不会产生压抑或内部心理冲突,是人成长过程中的一部分。神经症焦虑是对威胁的一种不均衡的反应,包含着严重的心理压抑和其他内部心理冲突。

关于焦虑的原因,罗洛·梅从4个方面加以阐释:①价值观丧失。现代社会是一个剧变的社会,人的价值观和伦理观处在新旧交替之中。现代人失去了3种基本价值观:一是健康的竞争观念被不健康的观念所取代。人与人之间成了竞争的敌人,敌意、怨恨增加了人的孤独和焦虑。罗洛·梅指出:"每一个人都成为其邻居的一个潜在的敌人……从而造成了许多人与人之间的敌意和仇恨,并增加了我们的焦虑和相互疏远。"二是解决问题时的理性与非理性的相互作用被所谓理性功效的信念所取代,片面强调理性作用而否认非理性的价值,导致人格分裂。三是面对庞大的社会机构,个体的价值感和尊严感丧失,社会问题无力解决,导致个人力量渺小。②关系感丧失。现代化生活给人带来了有用的科技成果,但人却越来越失去了与自然的和谐关系,失去了自我与自然的联系,焦虑就是对这种丧失的一种反应。③失去了以成熟的爱的方式与别人建立联系的能力。罗洛·梅认为,把性与爱相混淆是导致现代社会性混乱的一个根本原因。性是一种麻醉剂,虽然能使人暂时减少焦虑,但最终结果却使人的精神更加萎靡,无价值感和疏远加深。④空虚和孤独。由于价值观无法整合而造成价值的混乱,其后果是人们感到内心空虚和孤独。人格的统一性遭到破坏,个体不仅对他人和周围世界感到陌生和不可理解,对自己、对人类也模糊不清。在罗洛·梅看来,空虚感并不意味着人确实空虚或没有表现情感的潜能,而是由于感到自己既不能对外部事件加以控制,也无法对别人施加影响,无力改变周围世界。他指出,空虚和孤独之间存在着一种密切联系。在社会价值观发生剧烈变动和混乱的时代,人们面临困境时常常要依赖他人求得问题的解决,但生活现实与此大相径庭,想依赖他人摆脱困境可又不信任,越想与他人建立联系来避免孤独,反而越感到孤独。没有一个"关系相当确定的伙伴",舆论的压力会使人抬不起头来,结果会更加焦虑。

三、人格理论

罗洛·梅认为,人格是自由、社会整合、独特的个人生活过程的现实化,其人格理论比较重视心理健康与存在的关系。他提出人格构成的四因素:①自由。个人行为是在自由选择中进行的。由于人有自由,故人应对自己的行为负责。②独特性。自我区别于他人的独立性,自我独特性是心理健康的基本条件。人格障碍的主要因素之一就是感觉自我不是自我,自己不能接受或不能容忍自我。③社会整合。个体实现与社会的整合，达到适应社会。④宗教紧张。即存在于人格中的紧张状态，或人格中的不平衡状态。人体验到的内疚感就是宗教紧张的一个证明。理想与现实、做什么与不能做什么间的差距是内疚感的原因。摆脱冲突、取得平衡是心理治疗的首要任务。

另外，罗洛·梅还提出人格的基本特征：①自我核心或自我的独特性。个体在本质上是一个与众不同的独立存在。每个人都是独一无二的，没有人可以占有他的自我。人的存在需要保持自我核心，并以自我的存在为核心，使自我与他人、环境相区别。心理健康的基本条件就在于接受自我的独特性。②自我肯定。即保持自我核心的勇气。自我的独特性不会自然形成和发展，个人必须不断地鼓励自己、督促自己，使自我核心趋于成熟。把这种督促和鼓励称为自我肯定，它是一种生存的勇气，人应该有勇气在自由选择过程中实现自我存在的价值。如果没有勇气则无法形成自我，更不能实现自我。③参与和分享。个人在保持自我核心的同时，积极参与到人际交往世界中，与人与物分享和沟通。一个人在社会中生存，必须不断地与他人交往，同他人建立和保持必要的相互关系。保持自我独立与参与和分享必须适得其所，协调得当，均衡发展。既要保持独立，又不要过分强调独立，过分的独立和过分的分享都是非正常的表现。现代社会中许多人感到心灵空虚、孤独、生活无意义，在很大程度上是这两方面协调不当所致。④觉知。这是自我核心的主观方面，是对人的感觉、愿望、身体需要和欲望的体验。它是一种初级的经验形式，比自我前意识更加直接，包含着人的具体存在的体验。当个体受到威胁时表现为一种焦虑，进而转变为自我意识，它是自我意识的基础。⑤自我意识。人类具有的特殊的觉知现象，是个人跳出自我并反观自我的能力。它是人类最显著的本质特征，也是罗洛·梅思想的核心。罗洛·梅认为，自我意识作为人不同于其他动物的标志，对人类具有重要意义。它给人类启示了多种选择的途径，是心理自由的基础。它使人有能力超越自己，有能力拥有抽象概念和认知功能，能用言语和象征符号与他人沟通，利用过去经验发展自己、规划自己。⑥焦虑。人的存在面临威胁时产生的一种痛苦的情绪体验，是"个体对有可能丧失其存在的一种担心"。威胁不可避免，焦虑的产生也就是必然。由于焦虑直接威胁人的基本存在和自我意识，因而把它也作为人格的基本特征之一。只要自我意识到生命以及与生命同等重要的信念、理想和价值等受到威胁,焦虑便油然而生。焦虑不可避免,那么,产生一定程度和数量的焦虑也是正常的。

罗洛·梅在分析人格的形成和发展过程时,突出强调了自我意识、创造性活动、勇气和力量所起的作用。因此,影响健康人格的形成主要应包括以下因素:①自我意识和自由。罗洛·梅认为,自我意识是人从外部看待自我的能力,是在个体发展过程中获得的。清晰丰富的自我意识使个体拥有自我选择的自由,能为自己的发展负责,促进人格的健康发展。自由意味着人格的开放和具有灵活性,通过有意识地选择获得健康与整合。健康人格发展是一种有意识的、自由选择的过程。如果意识受到压抑,不能进行自由选择,人格就不能健康发展。②创造性活动。有创造性的人会细心审视过去和未来,积极地选择目标和价值,特别易于调整自己的内心冲突。在罗洛·梅看来,重新调整人格紧张或内心冲突是创造性的同义语。③勇气。人格的健康发展需要勇气。有勇气的人才能有尊严地实现其潜能,使人获得成长所需要的基本价值。勇气在人格发展中有 4 种不同的表现形式:身体勇气、道德勇气、社会勇气和创造的勇气。身体勇气即依靠自力更生、个人奋斗而成功的勇气,它使人能忍受常人难以忍受的痛苦,不会因一点儿小事而暴跳如雷。道德勇气能使人关注精神需要的满足,既能认识到自己的需要,体验到他人的痛苦,也能理智地承认自己有可能犯错误。社会勇气即与其他社会成员建立联系、获得真正友情的勇气,有社会勇气的人甘愿冒着丧失自我的危险。创造的勇气是一种能促使人与社会和谐共存、继续发展的新模式。罗洛·梅强调,生活的价值在于使个体成为一个有创造性勇气的人。④力量。罗洛·梅对人性持善恶共存的观点,力量则是使人进行选择、确定人格善恶的基础。为了说明力量对人格发展的影响,他将力量分为下面 5 种:存在的力量、自我肯定的力量、自我主张的力量、攻击的力量和暴力。在儿童身上表现为提出自己的需求,在一生中驱使人不断地实现自己的需要,直到生命的终结,这是存在的力量。自我肯定的力量伴随自我意识的发展而产生,在生活中表现为寻求自尊,希望得到社会认可,形成自信,相信自己是有价值的。自我主张的力量是当自我肯定受到他人力量的阻碍时所表现出来的一种较强烈的反应形式,是人格不愿意屈服于外界压力的象征。攻击的力量是当自我主张的力量长期受到压抑时而转向攻击,表现为攫取他人的东西,并声称那是自己的。若攻击的力量长期被否认和压抑,就会使人的自我意识减弱,导致神经症、精神病或暴力。暴力是指长期压抑使人产生无力感,从而引发持续焦虑而使人感到空虚,为了弥补空虚,许多人往往在暴力中寻求解脱和发泄。可见,暴力实际上是无力量的表现,而无力量是由于社会存在的不公和个人感到生活无意义以及人际疏远等引起的。

综上所述,罗洛·梅结合自己的人生体验和心理治疗实践,创建了存在分析心理学,他对人的存在的探讨、对人格和心理治疗的论述等,与人本主义心理学的基本观点一致,成为人本主义心理学的重要组成部分。其主要贡献表现在:促进了存在心理学和存在心理治疗在美国的传播和发展,存在分析理论、焦虑理论等丰富了人本主义心理学的理论研究,开创了 20 世纪70 年代后人本主义心理学中的一种新取向,对存在感、自我意识、社会整合、自由选择等的阐释扩展了人格心理学的研究范围,存在心理治疗深化了心理治疗的理论和实践,推动了心理治疗的发展。但罗洛·梅的存在分析心理学具有现象学和存在主义倾向,研究方法基本上是经验性的描述,有较强的主观性、思辨性,有些术语的含义非常模糊,难以进行客观检验,从而降低了其理论的科学性和整体性。

第十二章　进化心理学

进化心理学是近20年来在心理科学中出现的一种新的研究取向或新范式。美国心理学史家舒尔兹在2004年出版的《现代心理学史》(第8版)中称,积极心理学(第十三章述及)和进化心理学是当代心理学的最新进展。进化心理学以1989年美国人类行为和进化协会成立并出版《进化与人类行为杂志》为诞生标志,其主要代表人物有巴斯(D. M. Buss)、巴克尔(J. Barkow)、图比(J. Tooby)等。人是由生理和心理构成的有机整体,人的生理机制和心理机制是自然选择和进化设计的产物,都受进化规律的制约。进化决定了人们怎样去行动、思维和学习,进化使人的行为与世代以来形成的促进生存的方式相一致。进化心理学从适应和自然选择的角度探索人的心理和行为,作为整合心理学的一种尝试,它建立在对主流心理学的批评和反思的基础上,并吸纳了生物学和神经科学的研究成果,从而把心理学纳入到更广泛的知识体系中,开辟了心理学研究的一个新领域。

第一节　进化心理学产生的背景

进化心理学作为一门新兴的综合性学科,它的理论既根植于达尔文的进化论思想,又综合了现代生物学理论及心理学经典理论中有关心理机制的进化思想,特别是现代生物学中的社会生物学的发展为进化心理学的产生提供了重要的理论和方法论基础。

一、进化论思想背景

"任何称自己为进化心理学的运动都不能脱离达尔文、斯宾塞及其最适者生存的概念。只有那些具有某种特征的人才能生存下来,才能与具有同样特征的人一起繁衍后代,这样一种观念无疑既是达尔文和斯宾塞理论的基石,也是进化心理学的基础。①"可见,进化心理学的理论基础主要是达尔文的进化论思想。前已述及(第五章),达尔文的进化论把心理看作是生物进化赋予人的一种机能,强调心理对环境的适应作用。生存竞争、适者生存和自然选择是达尔文进化论中的 3 个重要思想。达尔文在 1871 年出版的《人类的祖先》一书中以大量证据表明,人也是从较低级的生命形态通过自然选择过程缓慢进化而来的,动物与人的生理和心理过程之间具有类似性和连续性,人类的许多心理能力都可以在动物身上找到痕迹。达尔文重视有机体适应环境过程中心理的演化及心理的适应机能,使得受进化论影响的心理学家更倾向于选择从心理机能入手研究人的心理活动,进一步了解心理如何在适应环境中发展以及在适应环境中发挥了哪些作用。

由于受进化论的影响,美国心理学家詹姆斯在其经典著作《心理学原理》中提出,人的行为之所以充满智慧并不是因为人具有更多的理性,而是因为人比其他动物有更多的本能。由于这些本能工作得很完善,所以我们必须根据这样的本能进行思维,而且也无法意识到本能对我们行为的控制。精神分析学家弗洛伊德也表现出进化论思维的特点,在他的早期理论中,把人的本能分为生命保存本能和性本能。达尔文曾经假定通过自然选择的进化和通过性选择进化的两种途径,前者强调的是个体的生存,后者强调的是种族的繁衍。可见,弗洛伊德的两类本能与达尔文的两种进化途径相一致,显示出进化思想的深刻痕迹。进入 20 世纪之后,行为主义强调环境的决定作用而否认本能作用,结束了本能论的兴盛,进化论的影响也逐渐让位于极端的经验主义观点。直到 20 世纪 70 年代之后,行为主义的极端环境决定论开始受到诸多挑战,如哈洛有关猴子的研究证实,实验室中喂养的小猴子在受到惊吓之后,并不是奔向给它提供食物的铁丝网状母猴,而是选择了另一个同是铁丝网状但罩了一层厚绒布的母猴。这说明小猴子天性中存在着某种行为倾向,而这种倾向是不能用环境强化理论来解释的。再如,通过条件反射的训练,人很容易形成对蛇、高空的恐惧,但却不易形成对另一些实物如汽车、电路板的恐惧。这些研究说明动物和人天生具有一种"预成性的"机制,外部环境并不是行为的唯一决定因素。心理学研究又开始为生物、遗

① [美]杜 舒尔兹,西德尼 埃伦 舒尔兹. 现代心理学史[M]. 叶浩生,译. 南京:江苏教育出版社,2011:417.

传和进化等研究取向提供新的机遇。

二、现代生物学背景

心理学与生物学有着千丝万缕的联系,甚至有的心理学家认为心理学就是一门生物科学。20世纪后期生物科学发展迅速,尤其是神经科学和基因科学得到了快速发展,其理论和方法技术极大地影响着心理科学的进展,进化心理学也正是基于心理学与生物学趋于整合的过程中产生的。现代生物学中的习性学与社会生物学为进化心理学提供了直接的理论基础。

习性学是研究动物在其自然环境中的习惯或行为的科学。它是最早从进化视角来研究行为的科学领域,强调决定行为的根本因素来自进化。动物学家用"固定行为模式"来描述动物先天具备的特征。譬如,劳伦兹有关鸟类印刻现象的实验表明,鸟类动物在出生后的第一时间里,将跟随任何移动的物体。这种倾向是"预成的",是在进化过程中形成的倾向。动物之所以在出生后的第一时间里跟随母亲,是因为这样做有重要的生存价值。自然选择促成了动物的跟随行为,否则就面临生存的危机,印刻行为有着适应性的价值和目的。习性学研究向我们提供了一个例证,即自然选择可以被应用到对行为的解释,也使心理学家重新考虑行为研究中的生物学因素,从进化的角度看待人的心理和行为。

自20世纪70年代后,习性学逐渐被社会生物学所取代。社会生物学从进化角度来解释人类的社会行为,认为吸引、养育、互助、攻击等行为是为了生存和繁衍而进化产生的,行为的目的在于基因的延续。试图依据达尔文的自然选择理论,用人的生物特征基因的保持和延续来解释人的社会行为。认为所有的社会行为都能找出进化的渊源,且人的社会行为也是由其进化的目的得以传递的。譬如,父母对儿女的牺牲行为被看成是有利于基因的保持,由进化决定的基因也决定了人们更愿意与亲属而不是陌生人合作。利他行为的存在也是如此,因为人类祖先在寻求生存的活动中发现,合作和帮助他人比纯粹的利己有更大的生存价值。社会生物学希望把心理学建立在进化论和遗传学的基础上,以便寻求现代行为的种族遗传学特征。虽然这种极端的观点遭到心理学家的反对,甚至进化心理学家认为社会生物学缺乏科学的基础,不承认进化心理学与社会生物学之间存在这种关系,但社会生物学从进化论视角探讨心理和行为的研究取向,与进化心理学的观点不谋而合,而且社会生物学的研究方法、研究成果在许多方面也构成了进化心理学的理论和方法论基础,进化心理学正是在这种心理学与生物学趋于整合的过程中形成的。正如进化心理学代表人物巴斯所言:"它是现代进化生物学与现代心理学的新综合。"

第二节　进化心理学的基本观点

什么是进化心理学? 目前尚未形成共识。"进化心理是心理学的最新取向。它认为人是一种生物体,进化决定了人们怎样行动、思维和学习,使其行为与世代以来促进生存的方式相一致。[①]"从进化心理学研究来看,进化心理学是心理学研究的一种新的思维方式,是探索人的心理机制形成及其影响的一种研究取向[②]。其基本观点有:过去(尤指人类的种系进化史)是理解心理机制的关键,人类进化过程中的身体结构、心理活动和生存策略等印记是探索心理机制的基础。心理机制是适应的产物,对适应机能和方法的分析是理解某些心理特征和机制产生的重要途径。心理机制是在解决适应问题过程中演化形成的策略,机制的组织特性是模块性,它可解释心理的复杂性和灵活性,是进化心理学的核心假设和基本特色。社会行为是心理机制和环境相互作用的结果,机制对环境影响高度敏感,是社会行为的前提,而环境影响机制表现的方式、强度及频率。

一、"过去"是理解心理机制的关键

进化心理学对心灵的理解采取的是"过去式"的思维方式,这与主流心理学不同。进化心理学家认为,当前的条件和选择压力与有机体当前的设计无关,不能说明有机体为什么能很好地适应以及怎样很好地适应。他们认为心理学的中心任务是去发现、描述或解释人的心理机制,而对心理机制的了解仅靠对现在心理和行为现象的社会文化层面的表层分析是远远不够的,"过去"才是了解现在的关键,要充分理解人的心理现象就必须了解这些心理现象的起源和适应功能。这里的"过去"不仅指个体的成长发展经历,

---

① [美]杜 舒尔兹,西德尼 埃伦 舒尔兹. 现代心理学史[M].叶浩生,译. 南京:江苏教育出版社,2011:416.

② 叶浩生.心理学通史[M].北京:北京师范大学出版社,2011:497.

更主要的是指人类的种系进化史。在人类进化过程中,过去不仅在人类行为、身体和生存策略方面刻下了深刻的印记,同样也在人的心理和相互作用策略方面留下了烙印,成为探索心理机制的基础。

对心灵的解释可以采取两种观点:一是邻近的解释,即寻找时间和空间上接近的原因;二是终极的解释,即寻求最终的、根本的原因。进化心理学家认为,一切心灵问题的终极解释最终归结于遗传的生物、神经结构或装置。人类祖先在漫长的进化过程中,为了适应复杂的生存环境,已经形成了形态各异的神经回路,这些神经回路就表现为各种心理机制,而人的所有行为都是由特定的心理机制决定的。面对同一刺激,人与动物反应不同、男性与女性反应不同、人与人有较大人格差异等,皆因心理机制不同导致。正如巴斯所言:"所有的心理学理论,无论是认知的、社会的、发展的、人格的或临床的,都蕴含了内部心理机制的存在。不幸的是,这些机制的精确特性经常没有得到清楚地阐明。然而,尽管缺乏明晰性,但人们都清楚地意识到,没有这些心理机制就没有行为。"

二、心理机制是进化的产物

进化心理学家从种族进化的角度,以遗传学的观点解释心理的构造和意识的机能,主张心理机制是进化的产物。那么如何进化呢? 他们认为,复杂的神经回路和相应的心理机制产生和发展的源泉来自自然选择的进化。任何一种神经回路或者心理机制,如果它有利于有机体的生存和繁衍,具备这一机制的有机体就有更大的生存机遇。如果在自然选择作用下,神经回路或心理机制可以成功地帮助我们的祖先解决生存或繁衍方面问题,它就得以保存。所以,现代人复杂的神经系统和心理机制是人类适应环境的产物。

除此之外,特定的心理机制的形成与人类祖先面临特定的生存环境有关,人容易形成对一些自然物如蛇、高空的恐惧,但很难对现代人造物如汽车、电视形成恐惧。这是因为,对于我们祖先而言,如果具有了对蛇和高空的恐惧,就会努力避开蛇和高空,从而提高了生存的可能性,在自然选择的情况下,这种特定的心理机制就得以保存下来。而现代的人造物,在我们祖先的经验中没有这类事物,也就不存在恐惧这类事物的心理机制。现代人大部分心理机制都是通过这种方式产生的,或者现代人的一些复杂高级的能力是人类祖先原始心理机制的延伸。譬如,当人类祖先开始直立行走时,为了保持行走的稳定,他们不得不形成良好的平衡感。现代人不仅可以直立行走,还可以完成平衡木、滑雪等更加复杂的动作,而这些行为都是直立行走能力的副产品和延伸。

三、心理进化的动力来自压力与适应

进化心理学认为,进化的动力源自生存与环境的压力,心理机制是人在对压力的适应和选择中形成和发展的。一是生存压力与适应是心理机制进化的首要动力。为了搜寻食物,早期人类可能就已经拥有了基本的心智机能,在寻找、加工和处理食物的过程中,由于对制造和使用工具等复杂行为能力的需要,人类的逻辑思维、记忆等高级心理机能也慢慢得以进化和发展。二是社会压力与适应是心理机制进化的环境动力。稳定社会群体的出现导致了群体成员地位的不断分化,性别角色明显化、群体冲突等是对人类发展具有重要意义的社会现象。在合作和竞争中,群体和个人面临的选择压力急剧上升,人类的自我意识和心理机制也日趋复杂化和专门化。三是生殖和繁衍的压力与适应是心理机制进化的核心动力。从进化角度看,繁殖后代具有比生存更为重要的意义和价值。人类要成功地繁殖后代,就必须解决同性竞争、配偶选择、怀孕、配偶保持、亲本投入等问题。早期人类在面临和适应这种生殖和繁衍压力的历程中,历经繁复的自然选择,使得那些生殖能力突出、体魄强健、智慧出色、个性适宜的个体或族群得以延续和壮大,同时也使得相对优越的心理机能随之得到遗传和进化。

四、心理机制的“模块性”观点

进化心理学家假设,人类祖先在漫长的进化过程中形成的复杂多变的心理机制具有“模块性”特点,每个模块都具有特殊化的结构和功能,在人与外界环境互动中发挥作用。按照传统心理学观点,心灵的认知功能在整体上具有一般性。在认识世界过程中,认知的基本程序是通用的,可应用于任何问题解决领域,但进化心理学拒绝这种观点。在进化心理学家看来,在生物属性上,人类存在的心脏、肝脏等器官执行的都是身体某种特殊功能,正如不存在一个一般性的生理机制执行身体的所有功能一样,也不存在一个一般性的心理机制。人类祖先所面临的环境是极其险恶和复杂的,每一种

生存压力和问题都有其特殊性,成功地躲避野兽的攻击并不代表能成功地找到食物,找到食物也不意味着能养育后代,每一种问题都需要特殊的解决方法。于是,大量适应问题的解决不能依靠少数几种心理机制,人类心灵通过众多适应问题的解决过程就形成了大量特殊的心理机制,心灵的模块性就是在这样一种过程中形成和发展起来的。因此,心理机制是在解决适应问题过程中演化形成的策略。机制的组织特性是模块性,模块的基本逻辑由遗传程序决定,活动方式是自然选择。模块性可解释心理的复杂性和灵活性,它是进化心理学的核心假设和基本特色。

五、行为是心理机制和环境互动的结果

进化心理学认为,人的行为是心理机制和环境相互作用的结果。心理机制是社会行为的前提,它对来自社会环境的影响高度敏感,社会背景影响心理机制表现的方式、强度及频率。从历史角度看,社会环境的压力是心理机制进化的动力之一,人类心理模块的高度分化及其复杂性也表明,人类生活以及社会环境对心理机制的影响力。从现实角度看,环境因素对心理机制的表现也会产生一定影响。如个体的发展经历会使个体采用不同的行为策略。性侵犯的心理机制在缺少配偶资源的时候更可能出现等。因此,社会行为是心理机制和环境相互作用的结果。

第三节　进化心理学的相关研究

一、有关认知心理问题的研究

信息加工认知心理学是建立在"人的认知结构在目标上具有普遍性,在内容上具有非特异性"这一基本预设之上,即人使用一种普遍适用的机制对不同的认知目标和内容做出相应的反应。这些普适机制包括推理能力、学习能力、模仿能力、手段与目的的关系的能力、记忆能力、计算能力和形成概念的能力等。但进化心理学家反对这一基本预设,认为整个认知系统是一种各个不同信息加工机制共同组成的复杂的集合体,尽管它们具有内在相关性,但对解决特定类别的适应性问题而言,其在功能上是特殊的,而非同一的、普适的。因为心理机制是人类在解决特定适应性问题的过程中进化而来的信息加工装置,不同类型的适应性问题进化而来的是不同的信息加工

装置,每种装置本身在本质上具有特异性。

传统的认知心理学认定心理机制具有普适性和非特异性的原因在于,其研究建立在功能不可知论的假定基础上。基于这一假设,他们在研究过程中通常采用的是一些脱离现实生活的无意义材料或一些极易操作和表征的刺激,尽管运用它们证实了心理机制的普适性,但却未必反映人的信息加工机制本身。因此,进化心理学强调,信息加工机制的研究决不能脱离具体的适应功能,功能分析在人类认知研究中具有独特的意义和地位。进化心理学坚持功能分析研究的结果将会证明,这种内在机制在功能上具有特异性,是专门化了的适应装置或神经回路。如在有关空间定向能力的研究中,传统研究侧重对该能力构成及其个体差异的探索,而进化心理学则强调从进化与适应角度对之进行研究。

进化心理学有关认知的研究试图表明,人类认知源自不确定条件下的问题解决历程,特定类型的问题以特定的认知模块或神经回路予以解决。人的认知系统具有模块性,是由一系列模块组成的、用以解决不同适应性问题的结构。

二、有关社会心理问题的研究

进化心理学为社会心理学研究提供了一种新视角。有些社会心理学家已经开始从进化的视角研究社会心理学的相关问题,如性别角色意识、自我意识、群体意识、社会态度等,提出了不同的理论和假设。

关于性别角色意识,进化心理学强调从适应的角度研究性别角色意识的差异,男性与女性所面临的适应问题的不同源自生殖和繁衍。巴斯(1996)认为,生殖和繁衍对男性和女性都是极其重要的,但在此过程中面临适应问题,男性和女性存在着很大差异。首先,男性和女性的繁殖成本不同。其次,男性和女性的生殖能力不同。再次,对男性而言,父亲身份比女性的母亲身份具有更大的不确定性。最后,对于女性而言,成功地繁殖和抚育后代在很大程度上依赖于其对伴侣的成功选择。能否提高繁殖成功率的一个关键,是能否成功选择具有亲本投资能力和意向的男性来分担繁殖任务。这一点对于男女都具有明显的适应意义。一方面,男性必须积聚足够的资源用于亲本投入,才能在同性竞争中取得优势,以获得女性的青睐,从而得到更多的繁殖机会。另一方面,女性必须有足够的觉察能力以洞悉潜在伴侣的亲本投资能力和投资意愿。进化心理学认为,男女两性所面临的适应问题的差异,是导致二者性别意识、择偶取向乃至人格特征差异的重要因素。由此对两性差异进行大胆的推测,而且部分已经得到了证实。比如,女性倾向于选择比自己年长且具有经济实力的男性为伴,倾向于采取长期配偶策略等,而男性则倾向于寻求更多的伴侣,倾向于采取短期配偶策略,倾向于选择比自己更年轻的配偶等。

三、有关人格心理问题的研究

进化心理学强调应以进化的视角审视和研究人格问题,认为人格特征及其行为表现是以心理机制为基础。人格的心理机制与其他机制一样,也是人类长期进化的产物。目前进化心理学在人格心理学领域的研究,主要集中在对人格特征的性别差异及其形成因素的探索。也有一些对人格特征的传统理论作进化论的阐释的研究。

从进化的观点看,男性要满足种族延续的需要,最简单、最好的方法是尽可能多的繁殖。研究证实,男性更喜欢那些外表有吸引力、比自己年轻的女性,倾向于根据繁殖能力的生理指标选择配偶。女性种族延续需要的满足也是通过繁殖来实现,但女性在配偶选择的人格特点上,与男性有很大的不同。研究证明,女性更希望选择那些具有为后代提供生存保障能力的男性为婚姻伴侣。

进化心理学还对一些传统的人格理论作了进化论的解释。进化心理学者认为,目前人格心理学领域中流行的五大人格的构成因素,即外倾性、开放性、公正性、宜人性和神经质,实际上是对人类适应的"社会图景"的各大维度的概括和总结。这些维度从不同侧面反映了社会中不同个体的社会地位、人际关系、利益分配和发展前景等。在人类进化过程中,只有那些能准确识别并做出适当反应的个体,才能有效地解决适应性问题,也就具备了选择优势,从而才可能有更多的繁殖优势。

四、有关发展心理问题的研究

在这一领域,进化心理学需要优先解决的问题是,重新审视和重构发展心理学的传统理论和假设,因为发展心理学涉及种系和个体心理发展等领域,并且它在进化心理学之前,就已经把达尔文的进化论思想贯穿到有关种系心理发展的很多理论之中了。

目前进化的发展心理观仍处于发展和完善阶段,这方面有影响的观点主要有以下3个方面:第一,有关心理发展的渐成性。进化的发展心理学强调,心理发展和行为表现是有机体与环境交互作用的结果。任何事物都不存在单纯的遗传或环境影响,人的心理发展是随着持续出现的结构和机能之间的双向交互作用而不断发展的。从这一角度来讲,进化心理学并不是纯粹意义上的遗传决定论。进化心理学者认为,遗传素质的体现与否以及遗传素质体现的个体差异,主要受个体所面临的内外因素的共同作用。第二,有关人类童年期延长的理论解释。进化的发展心理学主张,人类童年期延长的主要功能仍然是适应性的。童年期延长的结果是使儿童的大脑有足够的时间接受大量的经验,能弹性地掌握人类文化的各种社会技术和技能,从而更有利于人类的生存和繁衍。第三,有关认知机制的领域普遍性和领域特殊性的关系问题。进化的发展心理学认为,尽管心理机制在本质上是领域特殊的,但在智力等一些方面则包括领域普遍性和领域特殊性机制,两种机制相互作用产生适应的行为模式。

综上所述,进化心理学为解释社会心理现象提供了比较全新的视角。进化心理学利用进化生物学的知识,研究人类种族进化进程中留下的心理痕迹,探讨妒忌、配偶选择、社会交换、攻击、语言等各种社会行为的种族遗传基础。进化心理学在信奉进化论这一点上与机能主义具有相似性,但它更多地利用了进化生物学的知识,超越了机能心理学的工具主义意识观。因此,进化心理学促进了科学心理学更为全面地认识心理和行为。根据进化心理学的基本观点,自然选择的进化是行为的根本原因。行为的决定因素并不局限于个体生活史,更重要的决定因素是种族进化过程。尽管我们并不认为所有的行为都是种族进化的遗留物,也不认为所有的社会行为的根本目标是生存和生殖,但探究行为的终极原因是必需的,是全面理解行为必须迈出的一步。因而进化心理学的主张对于全面、深入地理解心理和行为的原因具有积极的意义。进化心理学也促进了心理学相关学科的发展。首先,表现在认知科学领域,进化心理学的"模块"假设对认知科学研究语义知识在头脑中的组织结构有启发意义,有助于细化对于概念知识组织的研究。进化心理学中的大脑功能领域特异性的观点也对认知科学产生了巨大影响。其次,有关适应性的观点有助于人们理解发展的过程和内容,对发展心理学产生了一定影响。再次,促进了社会及人格心理学研究,有助于我们重新审视和反思心理学的这些传统研究领域可能存在的问题,以及寻求可能的创新思路。

然而,进化心理学在方法论方面存在着严重缺陷。进化心理学独有的方法就是要提供关于人类的自然选择和进化史的证据,实际上只不过是进化史的研究。进化史有可能产生迄今为止未知的心理机制的线索,但显而易见的事实是,当代心理学对心理机制的更多发现恰恰是非历史地得到的。进化心理学为心理机制所提供的"证据"是贫乏薄弱的、推测性的,很难进行重复实验。非历史的探讨也能产生历史的探讨所不能产生的结果。进化心理学自然选择的机制对现代文化的新颖性和多样性不能进行科学的解释和说明。进化心理学忽视了"文化"能加速进化的重大意义。聪明的旅行者看到异乡的新产品,就可能把这个新发明引进到自己的家乡,从而改变家乡的文化,促进文化的变异,这是达尔文式的缓慢进化无法想象的。文化在进化中的巨大能动性作用被进化心理学家忽视了,这必然会导致进化心理学的科学性受到严重质疑。

第十三章 积极心理学

积极心理学是 20 世纪末在美国心理学界兴起的一个新的研究领域,以塞里格曼(E. P. Seligman)和西卡森特米哈伊(M. Csikszentmihalyi)2000 年 1 月在心理学杂志《美国心理学家》(第 55 卷第 1 期)上发表的《积极心理学导论》为标志。2002 年,塞利格曼出版《真正的幸福:使用积极心理学,实现你的潜能》一书,美国《新闻周刊》发表文章赞扬该书,称积极心理学运动为"心理学研究的一个全新时代",在心理学界和公众领域受到极为热烈的欢迎,越来越多的心理学家开始涉足此领域的研究。积极心理学利用心理学目前比较完善和有效的实验方法与测量手段,致力于研究人类的发展潜力和美德等,倡导心理学的积极取向,关注人类的健康幸福和和谐发展,逐渐形成了一场积极心理学运动。

第一节 积极心理学产生的背景

一、社会背景

从科学心理学的发展历史来看,一种大的理论体系的产生或研究方向的重大转变都有其复杂的社会历史原因,积极心理学的产生也不例外。首先,积极心理学的产生有着特定的时代背景,它是对当代社会中"不断加剧的种族和宗教冲突进行反思的结果"[1]。虽然目前人类已经创造了高度发达的物质文明,但种族和宗教冲突还是没有缓解,一些冲突甚至造成了人间悲剧,如欧洲的科索沃战争、亚洲的中东地区战乱不断等,这些悲剧使人们不得不深思种族和宗教冲突的根源。为什么同样存在种族和宗教矛盾,有些

---

[1] 任俊. 积极心理学[M]. 上海:上海教育出版社,2006:41.

地区能和平相处而有些地区却酿成悲剧,尽管这是一个复杂的社会问题,需要社会各方面协同努力才能解决,但有一点值得人们去深思,这就是从人性的共同部分去寻找解决的方法。人性究竟是什么,包含哪些根本特性,历代学者有多种看法。然而,人性共同的部分即是人性的积极一面,不管是哪一个民族或哪一种宗教信仰的人,他们都有快乐、自尊、满意等积极品质,并把这些作为自己追求的生活目标。当各民族和各种宗教信仰的人都努力实现各自的这些积极品质,都过着类似的幸福生活时,这些冲突和争端或许会停止。其次,高科技的发达和社会经济的繁荣并没有给人类带来想象中的幸福。20 世纪 50 年代以来,西方发达国家许多方面都出现了令人瞩目的进步,如物质生活水平提高、医疗卫生条件有了明显改善、青少年受教育水平大幅提高等,但也有一些方面不仅没有提高甚至还倒退了。以美国为例,抑郁症患者人数增加、不少人的安全感受到威胁、青少年犯罪、自杀、吸毒现象明显增多等。最后,由于西方民主运动的发展和自我认识的提高,人们对个人生活质量的要求越来越高。社会中越来越多的人希望有更多的时间与自己的亲人和朋友度过,并且把这些看作是有意义的幸福生活,而不是去挣更多的金钱或物质。可见,高品质的生活和实现物质生活与精神生活的和谐发展成为人们追求的目标。心理学工作者抓住这一机遇,让心理学从治疗疾病、解决问题走向建立良好的心理状态、发展个体潜力和价值以及让人拥有幸福感。在这样的社会历史条件下,积极心理学应运而生。

二、心理学背景

塞里格曼认为,积极心理学渊源于奥尔波特的人格特质理论和马斯洛的人本主义心理学。20 世纪 50 年代末在美国兴起的心理健康运动也对积极心理学发展起到了极大的促进作用。因此,从学科背景来看,积极心理学的产生主要受到人格心理学、人本主义心理学和心理健康运动的影响。

(一)人格心理学

积极心理学渊源于奥尔波特的人格特质理论。奥尔波特认为,人格是个体内部那些决定个人特有的行为与思想的心身系统的动态结构。人格的这种动态结构反映了它是一种发展的、变化的结构,是一种动态平衡。个体的动机系统为人格的形成提供动力,但动机与人格的关系又不是简单的线性决定关系,动机具有一种机能自主的特性。即任何一个由学习获得的动机系统,只要这种动机包含的紧张与发展形成这一习得动机系统的先行紧张,则这一习得的动机就表现出了机能自主性。动机一旦获得了机能自主,就变成了自给自足的"自成体",而不是依赖原来的紧张。动机的机能自主特性使个体的人格保持着动态发展,塞里格曼正是从这些观点中受到了启示,逐渐形成了积极心理学思想。积极心理学的产生受到奥尔波特人格理论的影响大致经历了以下过程:首先,塞里格曼发现动物的习得性无助现象;其次,他推论出人也有习得性无助类人格特质;再次,推论出人也可以习得性乐观;最后,提出积极心理学理论。

具体来讲,1967年塞里格曼在宾夕法尼亚大学学习时,第一次去教授实验室发现了一个奇怪的现象。当时教授及其助手们正在做一个实验,将一个大笼子用一个矮栅栏隔断成两个小笼子,狗可以轻易跨过矮栅栏,在两个小笼子中,一个有电击,另一个则没有。教授和他的助手们希望狗受到电击或听到与电击相关联的声音后,能快速逃到另一个小笼子里躲避电击,但实验进行得很不顺利。狗受到电击或听到与电击相关联的声音后却一直不动地蹲在那里,发出吠声,在场的人都无法解释这种奇怪的现象。塞里格曼从这一现象受到启发,他发现狗在此之前已经受到过多次电击,不管声音什么时候响,也不管狗做怎样的挣扎,狗从来就没有逃脱过电击。这种再怎么努力也逃脱不了电击的经历逐渐使狗形成一种"习得性无助"。改换一个情景,虽然它通过努力能逃脱电击,但这种"习得性无助"的特性使它仍然以为不管怎样努力都逃脱不了电击。塞里格曼依据这一发现推论出,人类存在的诸如压抑的心理问题的主要原因也可能是由于形成了"习得性无助"类人格特质,即对现实具有了一种无可奈何的心理,而不是真正无法解决自己的问题,此后的诸多研究证实了塞里格曼的这一推论。

20世纪80年代,塞里格曼又做出"既然压抑等消极品质能通过一定的学习获得,那么乐观等积极品质也能通过学习获得"的一个新推论。于是对其理论做进一步的修改和扩展,他把修改和扩展后的理论命名为"解释风格",并用此理论来对人格进行描述,把人格分为"悲观型解释风格"和"乐观型解释风格"。"悲观型解释风格"的人,认为失败和挫折是由自身原因导致的,这种失败和挫折是长期的和永久的,会影响到自己所做的其他事情。因此,这一风格的人更易形成抑郁。"乐观型解释风格"的人,认为失败和挫折是外因导致的,它们是特定性的情景事件,只限于此时此地,是暂时的。到了20世纪90年代末,塞里格曼在这些观点的基础上最终提出积极心理学理论。

(二)人本主义心理学

积极心理学的另一个心理学渊源是人本主义心理学。尽管积极心理学的创始人塞里格曼多次批判人本主义心理学,但从积极心理学的研究主题来看,显然是受到了人本主义心理学的影响。人本主义心理学具有一个充分体现人性意义的主题,就是要使人生活得更像人,这也正是积极心理学研究和追求的主题和目标。积极心理学和人本主义心理学的密切联系主要体现在以下3个方面:一是两者都强调研究人性的善或积极的方面。马斯洛强调心理学不能局限于研究人类消极的方面,应研究人类积极的方面。罗杰斯认为人在本性上是富有建设性的,只要我们用积极和亲切的态度去对待他们,每个人都会成为充满爱和期望的人。积极心理学认为,"积极"是属于人本能的重要组成部分,强调心理学要研究人的积极力量和积极潜力,研究人类"积极"的机制。可见,积极心理学和人本主义心理学有着重要的共同之处。二是两者都强调积极体验在人类发展中的作用。马斯洛提出高峰体验和高原体验,前者是一种短暂的、强烈的和不可预料的积极体验,而后者是一种持续平稳的、宁静而平和的积极体验。但不管哪一种体验,都与积极心理学提出的感官愉悦和心理享受相似。罗杰斯提出"来访者中心疗法",以及后来发展成为的"以人为中心疗法",其本质就是让人有一种积极的体验,即被接受、被理解、被尊重的体验。强调"随着个人意识和体验到他们的权利、能力和自由,他们就会释放出创造力"①。这与积极心理学增强人的积极体验是实现生活幸福的途径类似。三是两者在心理治疗方面的观点具有很多共同点。两者都强调治疗者要对当事人提供无条件的尊重和真正的关怀,要对当事人有同情性的理解和移情,强调当事人自己的自助变化。因此,人本主义心理学对积极心理学的影响不容忽视,它更多的是以经验教训的方式影响着积极心理学的发展。

(三)心理健康运动

20世纪50年代末,在美国开始出现了初级预防和增进幸福这两项心理健康运动。当时美国心理健康联合委员会为了推动国内的心理健康运动而推出了一套关于心理健康方面的丛书,其中在《积极心理健康的当代理解》一书中,首次提出了"积极"的概念,并提出从6个方面定义积极的心理健康的性质,即积极的自我态度;全面的成长、发展和自我实现;整合性,一种集

---

① Rogers C. A Way of Bing[M]. Boston:Houghton Mifflin,1980:356.

中统合的心理功能;自主发挥功能的能力;对现实的准确认知;能掌控自己周围的环境①。提及初级预防和增进幸福等心理健康运动对积极心理学的影响,还有心理学家霍利斯特(W. G. Hollister)和安东诺维斯基(Antonovsky)各自创造的专门用来描述身体和心理感受到的积极体验的词"stren"和"健康机理"这一专门术语"salutogenesis"。这些概念的出现对积极心理学运动具有极大影响力。

三、哲学背景

积极心理学的哲学基础主要有两个方面:一是古老的东方哲学——主要是佛教文化;二是社会建构主义。"苦难"(Dukkha)、"轮回"(Reincarnation)、"因果报应"(Karma)等概念构成了佛教文化的基本框架,佛教的一切哲学思想都是在这个框架中建构起来的。佛教文化思想的核心主要包含了4条基本原理,佛教称为"四条高尚箴言",分别是 Dukkha 箴言(人的苦难)、Tanha 箴言(人的欲望)、Nirvana 箴言(苦难中的涅槃)、Magga 箴言(摆脱苦难的路经),这些原理在中国被称为"苦、集、灭、道四圣谛"。积极心理学的许多思想都可以在这里找到根源。

Dukkha 箴言主要是对苦难的分析和理解。在佛教文化里苦难有两方面的含义:一是 Dukkha 箴言认为这个世界有许多让人不快乐的事件,如个人生活不幸、孤独、焦虑、饥饿等,人在面对苦难经历时都是脆弱的,会暴露出自己天生的一些弱点。二是 Dukkha 箴言强调变化的理念,认为这个世界没有什么东西是永久的,一切都会发生变化。一个人的苦难或幸福也都有可能随时发生变化,这一思想强调了苦难与幸福的轮回思想。Tanha 箴言把人类苦难的原因由外在转向了内在,认为苦难是由于人存在本性上的弱点,是人内心深处许多欲望骚动使人处于苦难的境地,并使人变得脆弱。这些欲望有两种:一是想获得的欲望,如食物、性和友谊等;二是想逃避的欲望,如痛苦、烦恼、伤心等。佛教的这种思想突出了人的主体性,苦难、幸福与否不在于外在条件,而在于人内心的思想,不要总是怨天尤人。它对积极心理学有深刻影响,提醒人们事件是客观的,但对它的体验人是可以把握的,人可以用积极的态度去对待生活中的任何事。Nirvana 箴言——关于涅槃,知道了苦难的原因就可以想办法来达到结束这种苦难的思想境界,佛教提出了

① 任俊.积极心理学[M].上海:上海教育出版社,2006:47.

涅槃的思想。涅槃思想的核心是改变自己的生活状态,主要是改变内心的欲望,并以此来摆脱苦难而达到无苦境界。改变欲望是指把欲望本身缩小或取消,使之不再有力量来驱动我们。Nirvana 箴言认为当你受到侮辱时,你可以用你的智慧和良好的幽默甚至主动的关心来应对,这一过程不需要人付出太多的心理能量。当然要真正做到通过改变欲望来使自己获得涅槃有一定困难,佛教修行的最终目的就是为了获得这种能力。Magga 箴言提出获得涅槃的 8 条路经[①],分别是:①对事物或事件要正确地理解。要努力理解看到事件本质,不要被表面现象所迷惑。②要有正确的思想。要冷静善待周围的人和事,多从好的方面去想他人,不要有损害他人的想法,即使他人有冒犯言行时也不要有报复思想。③要有正确的表达方式。要诚恳地、温和地与他人交流,成为值得他人信赖的人,即使有可能伤害到自身利益也要敢于讲真话,不要说他人的坏话或冒犯他人的的话。④要正确地行为。核心是不杀生、非暴力。与此同时,要多做善事,多做有利于他人的事,不要由着自己的欲望行事,更不要惹是生非。⑤要正确地谋生。人要生存,但不能为了生存而不择手段,要靠自己的劳动获得生存,不要靠欺骗、剥削、行贿和损害他人利益的行为来维持生计。工作要尽心尽力,不能总盯着金钱或报酬。⑥要正确地努力。要把有限的精力用在正确的地方,主要用在控制自己的欲望上,克服懒惰、过分焦虑、疑心、恶意和对财富的贪婪五方面的障碍,只有克服了这些障碍,人才能使自己变得更沉着、更有耐心。⑦要小心谨慎地多反省。谨慎地说,谨慎地想,谨慎地做,小心谨慎地生活,时时反省自己。⑧要经常地沉默冥想。经常地静坐深思是东方传统中最重要的一种修身养性方式,有利于身心健康。Magga 箴言把①②两条合起来看作是一个人修行的"智慧"部分,把③④⑤条看作是一个人的"道德伦理规范"部分,把最后 3 条看作是一个人修行的"心理训练"部分。涅槃是佛教修行的最高目标,但涅槃的获得并不是什么神的作用,而是人们改变自己欲望的一种结果。佛教文化的这种特性使它不仅成为积极心理学基本观点的理论来源,同时也在方法论上对积极心理学产生了一定影响。如强调通过无条件积极应对来改变个体的内在欲望,提倡静思默想来把握生活的意义、幸福感与涅槃状态等。积极心理学运动的重要发起人西卡森特米哈伊,在著作中曾多次应用佛教有关涅槃的观点来说明心理的福乐状态和创造性状态。以上说

---

① 任俊.积极心理学[M].上海:上海教育出版社,2006:51.

明东方的佛教哲学文化对西方的积极心理学有着重要影响。

　　建构主义是一种重要的哲学思潮,最早产生于知识的社会学,代表了一种知识观和方法论,后来逐渐发展成为一种哲学方法论。其核心含义是,人类并不是发现了这个世界,而是通过引入一个结构(或借助语言的媒介)在某种意义上创造了这个世界。社会建构主义是建构主义的一个重要类目。社会建构主义认为,既不是来自客观世界所固有的本源,也不是来自主观的被认识的世界,意义是来自社会共同体的一种主动建构。这里的意义是指在主客二元世界里对应的心理的、语词的、知识的世界,主要是对世界的一种表征。在社会建构主义的影响下,积极心理学也强调意义的重要性,认为意义寻求是人类的一种基本需要。因此积极心理学强调心理学除了致力于病理性的研究外,更需要关注人积极力量和积极潜力的研究,这才是人类生活意义的真正所在。人类生存的永恒主题是为了生活幸福而活着,而不是为了没有问题而存在,心理学只有把价值核心定位于此,才能真正实现其价值的平衡。同时,人类的这些意义需要的满足必须借助于主体积极主动地寻求和合适的外在社会条件的帮助,人类心灵深处确实有积极的部分,但它需要维护和激励,积极心理学与建构主义在这方面有很多相似之处。

　　概而言之,社会建构主义对积极心理学的影响主要表现在两个方面。一方面是人类的"积极"与"消极"的意义特性不是本能基础上的必然,而是在一定程度上的一种建构。每个人都参与了他经历的、能做出反应的、相互联系的周围世界的建构,他的思想不仅仅是他本能的自然演化,而是他与周围世界互动的结果。正如社会建构主义所指出的,人们的思想、信念或观念等是人们的社会实践和社会制度的产物,或者是相关的社会群体互动和协商的结果,因而在发展过程中就会出现较大的差异性。从心理学发展来看,过去相当长一段时间内建构出了一套病理性机制,较多地关注了个体的心理问题、心理缺陷,导致出现一种怪现象,即心理健康研究越发达,人们的心理问题反而越多,不但没有解决问题,反而制造出更多问题,"积极"的少了,"消极"的多了。心理健康研究究竟应该建构什么? 值得深思。另一方面是"积极"和"消极"是人类自身主动寻求的结果。每个人都是一个自我组织的人,其活动从本质上说都是为适应周围环境的一种自我表达方式。这种方式往往是个人在生存和发展过程中,面临挑战、应对挑战而形成的一套应对模式,它决定着个人的一切行为。应对模式具有积极或消极的性质,当个体总是主动用积极的行为来应对面临的问题时,就会形成具有积极性质的应对系统,已经形成的积极应对系统会促使自己在今后采取更多的积极行为,反之亦然。因此,在每个人的应对模式中都包含有积极行为和消极行为,其应对模式的性质取决于积极行为与消极行为所占的比例,若积极行为多于消极行为就是积极应对模式,反之则为消极应对模式。积极心理学就是要研究人类是怎样建构起自己的"积极",在建构"积极"的过程中有哪些规律等。

第二节 积极心理学的目的、方法和基本观点

一、积极心理学的含义

谢尔顿和劳拉·金(Sheldon & Laura King)的定义道出了积极心理学的本质特点,"积极心理学是致力于研究人的发展潜力和美德等积极品质的一门科学"[①]。积极心理学主张研究人类积极的品质,充分挖掘人固有的潜在的具有建设性的力量、美德和善端,促进个人和社会的发展,使人类走向幸福。因此,积极心理学是利用心理学目前已比较完善和有效的实验方法与测量手段,研究人类的力量和美德等积极方面的一种心理学思潮。

积极心理学是心理学研究中的一种新型模式,它是相对于消极心理学而言的。所谓消极心理学,主要是以人类心理问题、心理疾病诊断与治疗为中心的。在过去一个世纪的心理学研究中,我们所熟悉的词汇是病态、幻觉、焦虑、狂躁等,较少涉及健康、勇气和爱。在消极心理学的影响下,理解和解释人类的消极情绪和行为似乎成了许多心理学家的主要任务。当然,消极心理学在过去一段时间内确实对人与社会的发展做出了较大贡献,但事实是患心理疾病的人口数量随着时间的推移而出现了成倍的增长,这一现象似乎和心理学的实践初衷相违背。这种以消极取向的心理学模式,缺乏对人类积极品质的研究与探讨,造成了心理学知识体系上的巨大空缺,限制了心理学的发展与应用。积极心理学呼吁,心理学应该是研究人类优点的科学,必须实现从消极心理学到积极心理学模式的转换,要研究人类的积极品质,关注人类的生存幸福与发展。

---

① Sheldon K M, Laura King. Why Positive Psychology Is Necessary[J]. American Psychologist, 2001,56(3):216.

二、积极心理学的目的

积极心理学以研究人的积极力量和积极品质为核心,本质上并未超出传统的主流心理学,只是用平衡的心理学取代倾斜的心理学——不要过分关注"问题"而忘记了人还有积极力量和积极品质。因此,积极心理学只是对传统主流心理学的修正和完善。

积极心理学的目的有两个方面,即最终目的和直接目的。从直接目的来看,主要是反对过去心理学表现出的消极特性,从而寻找"人类有效地充分发挥自己积极功能的本质是什么,什么样的人能够获得更好的进化性适应技能和学习技能,尽管面临许多困难,但大多数人仍然会设法使自己过一种有尊严、有目的意义的生活,对这一现象又怎样解释呢"(Sheldon & Laura King,2001)①。也就是力求寻找到现象世界背后的规律,即能使普通人生活得更幸福、更有意义、更圆满的规律,这与传统心理学的信念一脉相承,都是通过现象来找到事物背后的客观规律,从而把握事物的真实意义。积极心理学的最终目的有 3 个方面的内容:一是不仅要关注治疗人的心理疾病,还要关注如何给人力量和信心;二是不仅要关注人的弱点,更重要的是关注人的长处,使每个人的生活更有活力和更圆满;三是不仅要让普通人生活得充实,还要从社会人群中区分出天才,并使这些有天赋的人尽可能好地发展和获得更好的成就。

三、积极心理学的方法

积极心理学继承了传统主流心理学的实证主义方法论思想,在研究方法上主要利用心理学目前比较完善和有效的实验方法和测量手段。虽然它的研究方法没有什么新的突破,但在它的研究领域还是运用主流心理学在发展过程中积累的一些方法,如实验法、测验法、比较法、访谈法和调查研究法等。在主观幸福感、积极情绪和积极人格的研究中主要采用测验法、结构方程模型、访谈法和问卷法等,在积极情绪及其与身心健康关系的研究中主要使用实验法、干预手段和结果检验等,在创造力和脑机制研究领域中把实验法与访谈、问卷调查法结合使用。

但积极心理学在具体方法的应用上还是有自己的一些特点,它比传统

---

① 任俊.积极心理学[M].上海:上海教育出版社,2006:65.

主流心理学采取了更宽容、更灵活的态度。在以实证方法为主的同时也不拒绝非实证的研究方法,比较客观全面,切近人的心理实际。如在研究人的"积极"的进化和发展时采用了大量的演绎推理,甚至用文化解释学方法来阐述个体的发展历程。凡是对研究人的良好品质和积极力量有益,不管是实证主义的方法,还是人本主义的方法,甚至是哲学思辨的方法,积极心理学都可以接受。可见,积极心理学更关心研究的问题而不是研究方法,只要能充分解释研究内容和相关问题,达到研究的目的,不管什么样的研究方法都可以采用。

四、积极心理学的主要观点

(一)反思和批判传统的消极心理学

积极心理学把二战以来的心理学从性质和价值认定上概括为消极心理学,这也是积极心理学最引人注目的一点。从科学心理学产生以来,出现了很多流派,建构了多种理论模型,都试图能够找到解释所有心理和行为的理论。主流心理学中的行为主义、精神分析和信息加工认知心理学,在对人性的认识上存在共同的特征,即否认人性的独特性,坚持人的心理是机械的、被动的和简单的,人的行为是由外界环境决定的,或者是由本能驱动的。这种人性假设异化了人性,抹杀了人的主体性、积极性和能动性。积极心理学反对这种消极悲观的人性假设。

积极心理学把以矫治社会或人存在的问题为中心的心理学称为"病理式"心理学,也称消极心理学。消极心理学关注心理的消极层面,强调对心理疾病的预防和治疗。把心理问题等同于身体疾病,去除心理问题如同去除身体疾病一样,心理学的核心任务就在于对问题的修复,期望通过修复损坏的部分来达到心理健康。使得心理学成为具有病理学特性的"类医学",心理学是"治问题"的科学,以发现社会或人存在的问题为工作出发点,以纠正这些问题为最终归宿。在研究取向上,消极心理学感兴趣的是人或社会存在的问题,工作重心常常放在少部分问题成员身上,而把心理学促使全体社会成员积极主动发展并幸福生活的功能置之一边,过分强调矫治功能,习惯于从问题入手来开展工作,而不知道如何对待良好条件下的社会成员。消极心理学的理论导向会使人对社会文化的不平衡(总是偏向问题的一面)所产生的危险逐渐变得麻木不仁,在这种文化氛围中人会变得被动和因循守旧,逐渐失去创新和创造的精神。值得指出的是,人生命的全部意义都是由社会赋予的,如果社会总是在寻找每个人的问题和缺点,总是在限制人正常的积极功能的发挥,这对全体社会成员来说真是一种不幸。因此,积极心理学认为,消极心理学的研究取向在某种程度上背离了心理学研究的本意。事实上,每个社会成员都是一个独立的自我决定者和自我实现者,他们都具有自我选择和自我激励的功能,也都需要心理学的指导,心理学应该是面向大众的一门科学,应帮助指导所有的人,而不仅仅是有问题的社会成员,心理学应让更多的人过上更幸福和更健康的生活。

（二）秉持积极的研究价值取向

积极心理学对人性持有积极的态度,认为人的生命是开放的、自我决定的系统,个体既有潜在的自我内心冲突,也有潜在的自我完善能力,一般来说都能自己决定自己的最终发展状态。基于积极的研究价值取向,积极心理学选择积极情绪体验、积极的人格特征、积极情绪与健康的关系、创造力和人才培养等作为其主要的研究内容,并把工作重心放在培养和开发个体自身的潜力,通过发挥其固有的积极力量获得幸福生活。积极心理学正是以这种价值取向为核心而逐渐成长起来的一种新的研究范式。

（三）强调研究每个普通人的积极力量

积极心理学提倡用开放的和欣赏的眼光来看待每一个人,强调心理学要着重研究每一个普通人的积极力量,即正向的、具有建设性的力量和潜力。具体来说,积极心理学主要从3个层面来研究每个人的积极力量。其一,在主观层面上主张心理学要研究个体对待过去(满足、满意、骄傲、安宁、成就感等)、现在(高兴、幸福、福乐和身体愉悦等)和未来(乐观、充满信心和希望等)的积极主观体验。提倡要满意地对待过去,幸福地接受现在,乐观地面对未来。其次,在个体层面上,积极心理学主张要研究积极人格。这是积极心理学研究的非常重要的一个方面,提出了自己独特的人格分类标准,即乐观型解释风格人格和悲观型解释风格人格,还特别强调重点研究人格中包含的积极方面和积极特质,特别是研究人格中关于积极力量和美德的人格特质,如研究了包括智慧、友好、尊严和慈祥等在内的24种人格特质及其形成过程。其三,在集体层面上,积极心理学主张研究积极的组织系统。在这方面,积极心理学主要研究了家庭、学校和社会,提出这些组织系统的建立要有利于培育和发展人的积极力量和积极品质,要以人的主观幸福感为出发点和归宿。

（四）提倡对问题进行积极的解释

积极心理学把个体心理和社会心理的研究并重，强调内在积极力量与社会文化环境因素对行为的共同影响和交互作用。然而，人们的生存环境并不总是安全的，个体也并非是尽善尽美的，出现这样或那样的问题不可避免。当问题出现后，作为一个自在的人，每个人都可自由地选择自己的思想，对问题做出自己的理解，可从积极的方面去解释它，看到它好的一面，也可从消极的方面去解释它，看到它不好的一面，因此，积极与消极是掌握在自己手中。积极心理学提倡对个体或社会具有的问题要做出积极的解释，并使个体或社会能从中获得积极的意义。并认为心理问题本身虽然不能为人类增添力量和优秀品质，但问题的出现也为人类提供了一个展现自己优秀品质和潜在能力的机会[①]。从积极心理学视角出发，可从两方面寻求问题的积极意义。一是从探寻问题产生的原因中获取积极意义。按照归因理论，把原因归结为可控制的、暂时的就会以一种积极的态度去面对和解决问题，反之则会出现消极的态度。积极心理学常从另一个角度或用另一种文化来对问题做出新的解释和理解。从哲学角度看问题，积极与消极是相互依存并可以转化的，创造条件促使消极向积极转化。从文化角度来看，文化选择和解释不同，对有些现象或问题的看法有时截然相反，有些心理行为在某种社会文化条件下是正常的、积极的，但在另一社会文化条件下则是消极的、变态的。因此，可从问题产生的多种原因中求得问题的积极意义。二是从问题本身去获得积极的体验。从消极事件或问题中寻找积极意义，通过积极的认知抵制或降低消极情绪的产生和体验强度。

第三节　积极心理学的研究内容

积极心理学主张对人类最理想机能进行科学研究，发现使个体、团体和社会良好发展的因素，并运用这些因素来增进人类健康和幸福。其研究内容主要有以下几个方面。

一、积极情绪体验

积极情绪体验是积极心理学研究中极其关注的中心之一。从目前大多

---

① 任俊.积极心理学[M].上海:上海教育出版社,2006:37.

数心理学研究的共同趋势中可以总结出,积极情绪主要是指能激发人产生接近性行为或行为倾向的一种情绪。其中,接近性行为或行为倾向是指产生情绪的主体对情绪对象能够出现接近或接近的行为趋向。积极心理学家弗雷德里克森(B. L. Fredrickson)在2001年,提出了积极情绪扩建理论,认为某些离散的积极情绪,包括高兴、兴趣、自豪和爱,都能在当时特定的情景下促使人冲破一定的限制而产生更多的思想,出现更多的行为或行为倾向。积极情绪能扩建个体即时的思想或行为资源,并能帮助个体建立和增强持久的个人发展资源,如增强人的体力、智力、社会协调性等[1],而这些资源从长远角度、用间接方式给个体带来各种利益。除此之外,积极情绪还有一个功能,那就是它能使人释放由消极情绪造成的心理紧张。长期的消极情绪体验会给人造成严重的心理紧张,使机体长期处于应激状态,对人的身体健康非常有害。而积极情绪通过自身的扩建作用能控制或缓解由消极情绪导致的心理紧张。

积极心理学依据积极的不同特性,把积极情绪体验分为感官愉悦和心理享受。感官愉悦是指机体消除自身内部紧张力后的一种主观体验,它来自自我平衡的保持,是个体感觉器官放松的结果。心理享受来自对个体固有的某种自我平衡的打破,超越个体自身的原有状态,如学生解决了某个疑难问题、运动员创造奥运会新纪录等。心理享受与感官愉悦相比,更有利于个体的成长和积极品质的培养,从而积极心理学主要以培养和增进心理享受为核心。但是要是有机会让人们去选择感官愉悦和心理享受时,绝大多数人都会选择感官愉悦,因为它更直接,更接近人的本能,几乎是一种自动化的反应。如多数人宁可看电视、玩游戏也不会去阅读对他们有用的书,即使他们知道看书可以给他们带来长期的生活享受,而看电视、玩游戏带来的只是一时的感官快乐,因而积极心理学也不能忽视感官愉悦的培养。

积极心理学还主张从时间状态把积极情绪体验分为对待过去、现在和将来的积极情绪体验。在对待过去方面主要有满意、骄傲、成就感等积极体验,对待现在方面主要有福乐、高兴、幸福、身体愉悦等积极体验,对待将来方面主要有乐观、充满信心和希望等积极体验。下面主要介绍其中最具代表性的几种积极情绪体验。

[1] Fredrickson B L. The Role of Positive Emotions in Positive Psychology :The broaden – and – build theory of Positive Emotions[J]. American Psychologist, 2001,56(3):218–226.

（1）生活满意。个人要满意地对待过去,就必须要正确地理解过去。过去经历对个人现在或将来产生影响,往往是通过个人回忆激发的情绪体验而起作用的,并不是经历过的事情本身在真实地起作用。每个人都有过去,过去的有些事会让我们感到愉快,有些则让我们伤心,但不管是伤心还是愉快,事情已经过去,即使我们对过去那些不幸总是耿耿于怀,那些事件本身也不会改变,但由此产生的消极体验可能会使我们现在的生活更不幸。所以,我们应该积极地、满意地对待过去。

美国心理学家布里克曼和坎贝尔(Brickman & Campbell)提出生活满意点理论来解释过去对现在和将来的影响。生活满意点指的是一个人生活满意的基准线①。有些人的生活满意基准线很高,即基准线包含的范围很广,这些人对自己的大部分生活都感到满意;而有些人的生活满意基准线很低,基准线包含的范围相对很窄,对生活很苛刻、事事都不如意,这些人对自己的大部分生活都不满意。也就是说,过去的生活经历对现在和将来产生影响主要是通过个人生活满意基准线来实现的。然而,个人的生活满意点可以随着生活阅历、重大事件和我们的认知而发生变化。当我们积极对待过去的一切时,我们就会产生相应的积极情绪体验,而这种体验逐渐被整合（大脑加工）到我们的生活满意点之中,使我们的生活满意基准线得以提高,反过来则会使我们更加满意地、积极地对待自己现在和将来的生活。一个人之所以是现在这种状态,在很大程度上是自己过去的经历所为,无论我们过去怎样,现在已经走过来了,能坚强地走过来就是胜利。因此,为了获得长期的幸福生活,积极满意地对待过去,应选择以往生活经历中对我们一生幸福更有价值的体验。

（2）主观幸福感。幸福是一种主观性很强的体验,是个人根据自己的标准对其生活质量进行综合评价后的一种积极体验,因此也称为主观幸福感。积极心理学也持同样观点,认为主观幸福感是指个体主观上认为自己现有的生活状态正是自己心目中理想的生活状态的一种肯定态度和感受②。美国心理学家狄纳(Diener,2000)概括了主观幸福感的3个特点。一是它存在于个体的体验之中,具有主观性。个体是否幸福主要依据自己定的标准来判断。二是个体没有消极的情绪体验,且能体验到积极的情绪。三是它是

① 任俊. 积极心理学[M]. 上海:上海教育出版社,2006:149.

② Diener E. Subject Well - Bing: The Science of Happiness and a Proposal for a National Index[J]. American Psychologist, 2000,55(1), 34 - 43.

指个体对其整个生活评价后的总的体验,不是对个体某一单独的生活领域评估后的体验。积极心理学把主观幸福感看作是一个人积极体验的核心及生活的最高目标。

对主观幸福感的研究始于 20 世纪初期,之前的早期先哲或后来的功利主义者,对幸福感或主观幸福感的研究是建立在理性基础上的推测和分析,更多的是一种思辨。进入 21 世纪后,特别是随着积极心理学的兴起和发展,主观幸福感引起了越来越多研究者的兴趣。对积极心理学来说,主观幸福感既是它研究的立足点,更是它追求的最高目标。目前有关主观幸福感研究的理论很多,譬如,对主观幸福感生成的研究,其主要理论有实现论、信息加工判断理论和基因或人格特质理论。实现论强调需要、期望和目标等在主观幸福感形成中的作用,信息加工判断理论强调认知的影响,基因或人格特质理论强调遗传素质的作用。也有的认为,心理现象是多种因素综合作用的结果,把这三种理论结合起来也许能更全面地反映主观幸福感的生成。在上述研究基础上,心理学家们又对主观幸福感的影响因素进行分析和归类,其主要思路是,先通过比较幸福与不幸福的人之间的不同来寻找影响的具体要素,再根据找到的各种要素编制测验量表,最后运用技术手段对测量数据进行分析处理,证实各要素的作用并对其进行归类。已形成的具有代表性的理论主要有两种:

①二因素论,认为影响主观幸福感的因素主要有两方面:一方面是相对比较稳定的因素,包括个人的社会背景、人格特质、社会网络系统(家庭、单位等)等。这些影响因素也被称为"心理储备",它对个人的主观幸福感起着稳定而持久的作用。另一方面是常变因素,主要指个人在特定时间里因满意事件或不幸事件而导致的心理变化,也称为"心理收入"。个人所体验到的主观幸福感是他的"心理储备"与"心理收入"之间动态平衡的结果。无论个人的"心理储备"怎样,它都要与他的"心理收入"相整合才能起作用。有最好的"心理储备",但"心理收入"总是处于负值状态,即总是体验生活中这样那样的不幸,也就经常体验不到主观幸福感。二因素论与人们的日常生活经验比较接近,易为大多数人所接受,具有普适性。它与大多数积极心理学家对主观幸福感的理解是一致的,也就是主观幸福感由三部分内容组成,即生活满意、积极情绪和消极情绪。"心理储备"在某种意义上就是个人对自己生活的总的看法,而"心理收入"则是个人积极情绪与消极情绪综合的结果,它们共同决定一个人的主观幸福感。

②多因素论,认为影响主观幸福感的因素有环境、生理、交往、文化、成就等因素。环境因素最为复杂,包括地理位置、身体状态、休闲娱乐、受教育状况、工作和财富等,生理因素主要包括基因条件、由遗传获得的人格特质等,文化因素包括个人所在社会的特定意识形态以及与之相关的风俗习惯、社会制度等,交往因素包括亲戚关系、朋友关系、夫妻关系、各种成员关系等,成就因素包括个体在生活和工作等方面取得的成功等。事实上,每个人的幸福感都是一种非常个性化的体验,有时可能是一种想象,有时可能是一种感受,有时也可能是一种记忆,任何人都不可能用特定的几个因素来涵盖它的全部意义。因此,当代大部分积极心理学家不再以寻求影响主观幸福感的所有因素及其分类为目标,而是把研究重点放在一些具有实际意义而又被大多数人关心的因素上,如经济条件、社会文化、人际交往、个人期望、宗教信仰和人格因素等。这种研究能表现出更大的实用性和灵活性,已成为当代积极心理学研究的一个总的发展趋势,国内外相关研究丰富多彩。

(3)福乐。这一概念最早由西卡森特米哈伊提出,福乐是指个人对某一活动或事物表现出浓厚的兴趣并能推动个人完全投入其中的一种情绪体验。它是一种包括愉快、兴趣等多种情绪成分的综合情绪,而且这种体验是由活动本身而不是外在其他目的引起的。福乐状态的主要特征有:①个人把注意力高度集中在当前从事的活动上;②意识与正在从事的活动合二为一;③自我意识暂时失去,短时间忘记自己的身份;④能认识到个人有能力掌控自己当前所做的行为活动,即能认识到自己能应对即将出现的后续行为并能做出适当的反应;⑤出现暂时的体验失真,觉得时间过得很快;⑥活动体验成为活动的内在动机,完成活动就是进行活动的最好理由。由这些特征可以分析出,福乐产生的基本条件主要有三:一是挑战与才能的相互平衡。挑战是指个人通过努力克服困难完成的一种任务或能胜任的一种活动。才能是指与从事的活动相匹配的技能和技巧等。挑战与才能本身不一定能形成福乐,只有当二者相互平衡后,即经过努力后个人的才能正好能胜任相应的挑战,福乐才会产生。二是从事的活动要具有一定的结构性特征。即活动具有确定的目标、明确的规则和相应的评价标准,是可操作和可评判的。只有具有结构性特征的活动才有可能让人产生福乐,并不是所有挑战性的活动都能让人产生福乐。三是主体自身的特点。主要是人格方面的一些特征影响福乐的产生。西卡森特米哈伊把更容易产生福乐的人格称为

"自带目的性人格"①。自带目的性人格的人把生活本身看作是一种享受，"做任何事情总的来说是因为自我的原因，而不是为了获得任何其他的外在目的"，对生活充满好奇和兴趣，生活中比较有耐心和坚持性，能更多地从内在动机方面对自己的行为做出自我奖赏。福乐是在人高度集中注意时才会产生，因此人在注意集中方面的特征对福乐的产生有着特别重要的影响。另外，为了进一步理解福乐状态，还需了解与福乐状态相对应的两种典型的非福乐体验，即分离体验和茫然体验。分离体验是由于外在压力而产生的一种不愉快体验。此时个体的行为完全是迫于外在压力，而不是出于自我的利益，是没有自我参与的一种被动行为，或者说自我与行为本身出现了分离，自我的许多特性不能在行为中得到体现，伴随这种行为产生的体验就是分离了自我的心理体验。茫然体验是对自己的生活环境一无所知，对自己行为的将来结果不能确定而产生的一种心理体验。如果一个人从事的工作或活动不是自己真心喜欢的、是迫于各种外在的原因，加之又没有特别的业余爱好，他就可能产生分离体验和茫然体验这两种非福乐体验。

（4）乐观。它主要是指个体对自己的外显行为和周围存在的客观事物能产生一种积极体验，体现了一种坚信美好必将战胜邪恶的坚定信念。积极心理学对乐观持有一种综合论：首先是个人天生的遗传基因为其提供了一个乐观基准线，不同的人在这方面会有或多或少的差异；其次是个人的后天经验和学习进一步加深了其乐观或悲观的程度。对于这种乐观或悲观的程度，赛里格曼和他的同伴用"解释风格"来加以说明，解释风格这一概念源于赛里格曼的"习得性无助"理论（前已述及）。赛里格曼认为，乐观其实就是一种由学习而来的解释风格。"乐观型解释风格"的人之所以乐观，主要是因为学会了把消极事件、消极体验以及个人面临的挫折或失败归因于外在的、暂时的、特定的因素，而这些因素不具有普遍的价值意义。与此相反，"悲观型解释风格"的人之所以悲观，是因为学会把消极事件、消极体验以及个人面临的挫折或失败归因于内在的、稳定的、普遍的因素。而对于积极事件和积极结果的解释，乐观的人会把它看作是内在的、稳定的、普遍的（与自我有关），而悲观的人正好相反（与自我无关）。乐观型解释风格的形成主要受三方面因素的影响：①个体的遗传基因。神经科学研究证明，不同的先天基因条件使个体形成了不同的气质，构成不同解释风格形成的基础。②个

---

① 任俊.积极心理学[M].上海：上海教育出版社,2006：160.

体的生活环境。尤为重要的是个体赖以生存的生活小环境,如家庭、社区、学校等。父母亲特别是母亲的解释风格对儿童有较大的影响。③个体日常生活中的体验。主要是儿童从父母、老师和其他成人那里获得的体验。包括从成年人对儿童的评价方式和儿童遇到的一些重大生活事件中获得的体验。对于乐观的培养,积极心理学主要强调通过对上述后两个因素施加一定的影响,从而促使个体形成乐观型解释风格。

二、积极人格

(一)积极心理学人格理论的基本观点

积极心理学对人格的研究主要是在个体水平上探讨积极人格特质及其形成,虽然提出的人格理论还不尽完善或成熟,但从已有研究来看,积极心理学的人格理论突出强调以下观点:

(1)提倡研究积极人格特质。积极心理学主张,人格研究不仅要研究问题人格和影响人格形成的消极因素,更要致力于研究良好人格和影响人格形成的积极因素。要在既研究消除各种人格问题的同时,也要致力于研究助长良好人格的积极方面,成为一种平衡的人格心理学。彼得森和塞里格曼曾在2001年做过一个积极力量的行为分类评价系统,其中包括良好品德和性格类积极力量[①]。良好品德是核心,主要有智慧、勇气、仁爱、正义、节制和卓越等6种,也称六大美德,被认为是人类进化过程中形成的具有生存价值意义的心理机制。性格类积极力量有24条,是确保个体能获得良好品德的重要途径,这24条性格类积极力量就是积极心理学研究的24种主要积极人格特质。其中乐观在研究中最受关注,乐观能使人看到更多更好的方面。积极心理学强调人格心理学必须研究人内心存在的积极力量,只有人固有的积极力量得到培育和增长,人性的消极方面才能被消除或抑制。

(2)积极心理学强调人格形成过程中各种因素的交互作用。一方面,应承认个体特定的生理机制会产生与它相应的行为模式,但这种生理机制对行为模式的影响既不是直接的,也不是不可避免,更不是持久的。人不是按照由基因图谱规定的固定路径来发展自己的,人格是生理机制、外在行为和社会文化环境共同影响的合金。另一方面,外在行为和社会文化环境对人的生理机制会产生重大影响,并在一定程度上改变某些生理机制的功能和

---

① 任俊.积极心理学[M].上海:上海教育出版社,2006:208.

结构。积极心理学不忽视先天生理机制的影响,但更强调后天社会文化环境对人格的影响。在生理机制、外在行为和社会文化环境三者的交互作用中,积极心理学强调人格首先是一种外在的社会活动,然后在生理机制作用下内化为一种稳定的心理活动。因此,人格是个体内化外在活动的结果,而在外在活动内化为内部心理活动的过程中,积极体验发挥着重要中介作用。

(3)积极心理学强调能力和潜力在人格形成中的作用。积极心理学认为人格的形成和发展是一个人主动建构的过程。人格心理学在研究人的心理问题时也应研究人的积极力量、积极人格。积极人格特质主要是通过对个人现实能力和潜在能力的激发和强化,使某种现实能力或潜在能力变成一种习惯性的工作方式,促进积极人格特质的形成。潜力总是在特定社会环境中与其他事物发生关联时被意识到,一旦潜力被意识到就会表现出与现实能力同等重要的作用。因此,在积极人格建构过程中,不仅要关注外在的现实能力,也要关注内在潜力。

(二)积极人格形成的动力

美国心理学家迪西和赖安(E. L. Deci 和 R. M. Ryan)的自我决定理论认为,与人其他方面的发展一样,人格的形成和发展也需要某种动力,这种动力主要来自个体的动机,包括内在动机和外在动机。该理论强调人固有的发展倾向和心理需要的重要性,主张通过研究人心理需要的满足来说明各种动机在人格发展中的推动作用,特别关注个体为什么会在某一时刻选择某些信息而不选择另一些信息作为自己人格材料的一部分。

(1)内在动机。即活动动机是出于活动者自己且活动本身能满足活动者的需要。内在动机具有满足个体内在心理需要、由个体自身兴趣引起、没有任何外在奖励和具有一定挑战性等特征。由于内在动机与先天需要和积极倾向密切联系,能反映出人性中的积极潜力,因而它所支配的行为不仅容易成为人格的组成部分,也能增进个人的幸福感。一些心理学家在实证研究的基础上提出人的三种先天心理需要,即胜任的需要、自主的需要和交往的需要。认为这些需要的满足既是个体内在动机形成的基础,也是自尊人格形成的直接动力,更是建构个体社会性发展以及个人幸福的必要条件。

(2)外在动机。即由活动的外在因素或追求活动之外的某种目标引起的动机。虽然内在动机在积极人格形成中起着重要作用,但它不是积极人格形成的唯一心理动力,外在动机在积极人格形成中的作用也不容忽视。

在实际生活中人在做出许多决定时,经常会受到外在动机的影响,特别在成人身上的表现最为明显,成人的许多行为都是迫于外在的社会压力和社会责任感。当然,外在动机行为有时也表现出自主性,这就需要把外在调节的意义或价值与自我进行整合。

(三)积极人格培养的主要途径

人格心理学研究表明,人格的形成主要依赖于个体后天的社会生活经验。因此,积极心理学把增进积极体验和培养自尊作为培养积极人格的主要途径。首先,增进积极体验。积极体验是指个体满意地回忆过去、幸福和从容不迫地享受现在,并对未来充满希望的一种心理状态。人在积极体验条件下产生的新要求主要来自个体自身内部,是人对内在动机的觉知和体验,因此,它更容易与个体先天的某些生理特点发生内化而形成某种人格特质。积极体验中有两种心理状态即感官愉悦和心理享受。与感官愉悦相比,心理享受常与个体的创造和创新相关,从而更具社会意义和个人意义,更利于个体成长和幸福感的产生,积极人格的培养应以增加个体心理享受类体验为核心。然而,心理享受的获得在很大程度上依赖于感官愉悦。因此,在增进积极体验方面,积极心理学重视积极体验的影响因素,如个体追求积极和快乐体验的内在动机、外部社会文化环境因素等。其次,培养良好的自尊。自尊由自我派生,各人的自尊程度存在差异,有高自尊和低自尊之分。高自尊是指个体具有的良好自尊,这是积极心理学范畴的特定概念之一。高自尊的人能很好地管理、监督和觉知自己,能有效应对各种挑战和问题,在生活中表现出灵活、有恒心和希望,在工作中表现出责任心、主动性和创新性,待人诚实、宽容和有爱心,相信自己在社会中的价值和意义,能很好地接受别人的尊重和期待,具有较明显的心理健康和心理幸福。低自尊是一种非良好自尊状态,容易导致心理烦恼和抑郁等。另外,还有极高的自尊,它是一种自恋,其背后可能与自卑相联系,因而不把极高自尊归入高自尊范围。自尊往往来源于个体周围人对他的看法,特别是对自己有重要意义的人对他的看法,培养良好自尊应重视这些影响因素。

三、积极的社会制度

积极的社会制度主要包括积极的国家制度、积极的工作制度、积极教育、积极的家庭系统等。

积极的国家制度是指国家要在各种方针政策制定、社会舆论营造、国家发展计划的编制等方面要体现出积极的意义,要以提高民众生活质量为核心。一方面要树立国家发展的新目标,透过这一目标可以让公民看到国家所寻求的发展之路、发展动机及其背后的意义价值。从积极的国家制度的概念可以看出,应建立一个完全以人为本的国家发展的新目标,即以民众高质量生活为核心的国民幸福总值。财富的增长从根本上是为提高民众生活质量而服务的,高质量的生活不仅包括财富,还包括环境无污染、文明执法、社会诚信、心理健康等。这些均需要国家以目标的形式间接或直接地标示出来,国家发展目标除了发展经济,还要让民众感觉到生活有意义和有价值。另一方面,国家要明确政府的职能。政府职能应体现以下内容:一是必须向社会提供足够的公共物品。政府向社会提供公共物品的多少能直接体现民众的生活质量,尤其能体现低收入民众的生活质量。二是应优先增加穷人的财富。增加穷人的财富比增加富人的财富更有利于提高全民的生活质量和社会的安定和谐。三是政府应减少对富人、金钱财富和奢侈品的过分宣传,弱化民众在金钱和物质方面的竞争。四是提高民众的心理健康水平。官方机构应对民众的生活满意度和幸福度进行调查,并将调查数据作为制定各种方针政策的依据。

积极的工作制度不仅是指向工作任务或目标,更重要的是用来增强员工对工作的满意度。目前心理学界对工作制度的制定主要有以下几个模型:第一,工作特性模型。核心是把工作中最具代表性的 5 大特征因素抽出来,然后针对每一特征因素制定相应的工作制度。5 大特征因素分别是[1]:①技能的多样性,这使工作更有挑战性。②任务的统一性,有利于个体在工作中得到发展。③任务的重要性,使工作更具价值和意义。④任务的自主性,增加个体对工作的控制感。⑤任务的反馈性,及时反馈会增加个体的工作动机。前 3 种因素会使个体理解工作意义,第 4 个因素会导致个体对工作结果的尽责,最后一个因素决定个体对造成结果的起因的了解,三者结合起来构成对工作的满意度。当个体对工作产生满意感之后将会尽心尽力地工作,自然也会提高工作质量。第二,要求与控制模式。员工的工作任务要求由他自己提出,在工作中处于一种主动型工作状态,在实现任务要求时管理人员或管理部门要为员工留下一定的自我决定余地。管理者或管理部门

---

① Cary L Cooper, Ivan T Robertson, International Review of Industrial and Organizational Psychology[M]. Chichester, England:Wiley, 1996.

应给每个员工提供足够的外在支持,营造一种良好的集体氛围,使员工都能获得主动型工作状态。第三,角色模型。管理者或管理部门要从工作角色出发做好三方面工作,即要使员工对自己所承担的角色有清晰的了解,对员工的工作要求和期望要与角色一致,对员工的角色要求既有一定的挑战性,也要能让员工有所控制。

积极教育是指以学生外显和潜在的积极品质为出发点和归宿,通过增加学生的积极体验,以培养学生积极人格为最终目标的教育。积极教育除了纠正学生的错误,更重要的是寻找和研究学生各种外显的和潜在的积极品质,并在教育实践中进行培育和扩展。积极教育充分体现以人为本的思想,把教育重点放在促进积极上,真正恢复教育使所有人的潜力得到充分发挥并生活幸福的功能和使命。随着社会和经济的发展,社会已能够为每人提供良好的生活和教育条件,但如何在这良好条件下使人生活得更幸福成为教育最迫切的任务。积极教育把培育学生的优点作为教育的根本目标,在注重关注普通人的同时也转向对天才的关注,使社会中的一部分天才也生活得更幸福等。

积极的家庭系统。家庭是人生活的一个主要场所,生活中的绝大多数快乐都来自家庭。积极心理学强调要从增进幸福感的角度来研究家庭,并侧重于各种家庭关系在增进家庭成员幸福感体验方面的作用。家庭关系包括家庭亲密关系也称婚姻关系,亲子关系如母子关系和父子关系,血亲关系又称近亲关系,如孩子间的关系、祖孙间的关系等。积极心理学主要研究家庭亲密关系和亲子关系。第一,家庭亲密关系对家庭成员的幸福感体验有极其重要的作用。正如美国心理学家迈尔斯(D. Myers)所说,良好的、亲切的、互惠的、平等的和长久的亲密关系是一个人幸福的最好预言师,除此之外你再也找不到第二个能像这样预言幸福的因素。可见,良好的亲密关系是个体过有质量的幸福生活的重要因素。夫妻之间稳定的亲密关系对孩子的发展也有较大的影响,生活在良好亲密关系状态家庭中的孩子,情绪障碍、心理障碍发生率相对较低,并且他们对待两性关系更严肃,婚姻态度更积极,更多考虑的是与对方建立良好的和持久的关系。第二,在亲子关系方面,早期研究更多的认为,母亲对孩子成长的影响在孩子一生发展中具有举足轻重的作用。近期研究发现,父亲对孩子成长的影响与母亲一样有同样重要的作用。父母甚至其他长辈经常通过家庭文化编码来影响孩子,因此创造积极的家庭文化编码非常重要。这里的编码是指导人行为的一种原则或规则,它以情景意义的方式内隐存在。通过语言交流、家庭仪式和家庭故事等来帮助孩子建立积极的文化编码,当孩子的顾问或咨询师而不是经理人,做孩子各种社会机会的积极提供者等。

四、积极心理治疗

积极心理学认为,过去的心理治疗存在三大问题。一是从生活实践角度来看,各种心理治疗都表现出明显的效果。一项问卷调查结果显示,90%的被调查者报告从心理治疗中得到相当大的益处,但实验室的效度研究却没这么高,说明心理治疗的实践和理论之间出现了很大的不一致性。二是将两种疗法相比较时,各自的特点倾向于淡化。几乎没有一种心理治疗技术在与另一种心理治疗技术相比较时能显示出显著而特定的效果,或显示的特定效果很小。这种特性的缺失在大量的药物文献中也可以见到。三是在几乎所有的心理治疗过程中都可以发现安慰剂的影子,有些治疗中安慰剂的作用甚至超过了心理治疗技术。对上述问题,积极心理学的看法是,过去的心理治疗把心理问题看作是身体问题的类似物,心理学家没有办法搞清心理问题的生理机制,不像医生能搞清楚身体问题的生理机制那样,因此心理治疗没有自己的技巧策略,所有疗法都具有共性,方法雷同,也没有深层战略思想,如治疗观念和目标不清晰。积极心理学认为,好的心理治疗所具有的技术策略是关注、权威形象、付出服务、亲和力、言语技巧、开放性、信任等。

积极心理学在深层战略思想方面认为,培养人的积极力量和积极品质是心理治疗最好的深层战略,并在此基础上形成了积极心理治疗的思想。积极心理治疗的核心是让病人自己通过累积或发展自己的积极力量来达到消除心理问题,或是抑制心理问题的产生。主要观点有:心理治疗不是修复受损部分而是培育人类各种积极的、正向的力量;用积极的心态对个体心理或行为问题做出新的解读,用对积极力量的培育与强化来取代对个体的缺陷修补;激发人类正向或积极的潜能和优秀品质使个体成为一个健康的人,如幸福感、自主、乐观、智慧、创造力、快乐、生命意义等。积极心理治疗以人固有的积极力量来解决人内心的和外在的问题,这在当今社会具有重要意义。它以社会现实为基础,提倡对心理问题进行积极的评估,使得病人更容易接纳治疗者及其思想观点。积极心理学还体现了较大的人性意义,如提倡接受病人过去形成的形态,肯定他们拥有未知的能力和发展的可能性,激发被治疗者自身的力量改变对问题的片面看法等,弥补了以往心理治疗知识体系的不足。

综上所述,与传统心理学相比,积极心理学在研究目的、研究内容等方面给人以耳目一新之感,其贡献主要表现在:一是在多方面对主流心理学有所创新。在研究对象上以积极心理为重点,除了关注异常心理和行为外,更多的关注多数心理和行为正常的人。在研究内容上探讨了积极的情绪体验、积极的人格特质和积极的社会制度建设等问题,开创了许多新领域。在研究价值层面指出了传统心理学"消极"取向所存在的问题,提出心理学研究的最终目的是提高人的幸福感,促进人的全面发展。在研究方法上不排斥主流心理学方法,且更加灵活和宽容,以实证方法为主也接受非主流的方法等。二是积极心理学试图超越心理学中人文主义与科学主义的长期对立,从认识论、方法论和价值取向层面提供一条整合的途径。积极心理学既采纳了科学主义的实证方法论,又继承和发展了人本主义心理学的人性观和心理观,扩展了当代心理学的研究范围。其局限主要表现为:出现了成人化取向,研究对象绝大多数都是成年人,且主要是美国社会的成年人。缺乏令人信服的纵向研究,也缺少一个完整有效的理论框架,其理论还不够成熟,需要进一步提升,增强生态效度和可操作性。主流心理学已发展出一套完善的理论体系、研究方法和测验手段,这对积极心理学的发展具有重要促进作用,如果完全强调自己的立场,全盘否定消极心理学,将会遏制积极心理学的发展。

参考文献

[1]叶浩生.西方心理学的历史与体系[M].北京:人民教育出版社,1998.

[2]叶浩生.心理学史[M].上海:华东师范大学出版社,2009.

[3]叶浩生.西方心理学史[M].北京:开明出版社,2012.

[4]车文博.车文博文集:第2卷:西方哲学心理学史[M].北京:首都师范大学出版社,2012.

[5]叶浩生.西方心理学的理论与流派[M].广州:广东高等教育出版社,2004.

[6]罗继才.欧美心理学史[M].武汉:华中师范大学出版社,2002.

[7]叶浩生.心理学史[M].2版.北京:高等教育出版社,2011.

[8]叶浩生.心理学通史[M].北京:北京师范大学出版社,2006.

[9]郭本禹.西方心理学史[M].北京:人民卫生出版社,2013.

[10]郭本禹,崔光辉,陈巍.经验的描述:意动心理学[M].济南:山东教育出版社,2010.

[11]郭本禹.外国心理学经典人物及其理论[M].合肥:安徽人民出版社,2009.

[12]高申春.心灵的适应:机能心理学[M].济南:山东教育出版社,2009.

[13]杨文登.心理学史笔记[M].北京:商务印书馆,2012.

[14]汪新建.西方心理学史[M].天津:南开大学出版社,2011.

[15]张厚粲.行为主义心理学[M].杭州:浙江教育出版社,2003.

[16]郭本禹,修巧艳.行为的控制:行为主义心理学[M].济南:山东教育出版社,2009.

[17]高峰强,秦金亮.行为奥秘透视:华生的行为主义[M].武汉:湖北教育出版社,2000.

[18]乐国安.从行为研究到改造社会:斯金纳的新行为主义[M].武汉:湖北教育出版社,2000.

[19]沈德灿.精神分析心理学[M].杭州:浙江教育出版社,2005.

[20]施春华,丁飞.荣格:分析心理学开创者[M].广州:广东教育出版社,2012.

[21]郭本禹,等.潜意识的意义:精神分析心理学:上[M].济南:山东教育出版社,2009.

[22]郭本禹.心理学通史:第四卷:外国心理学流派:上[M].济南:山东教育出版社,2000.

[23]申荷永.荣格与分析心理学[M].北京:中国人民大学出版社,2012.

[24]王鹏,潘光花,高峰强.经验的完形:格式塔心理学[M].济南:山东教育出版社,2009.

[25]陈琦,刘儒德.当代教育心理学 [M].2 版.北京:北京师范大学出版社,2007.

[26]杨鑫辉.西方心理学名著提要[M].南昌:江西人民出版社,1998.

[27]杨鑫辉.新编心理学史[M].广州:暨南大学出版社,2003.

[28]朱智贤.儿童心理学[M].2 版.北京:人民教育出版社,2009.

[29]王申连,郭本禹.奈塞尔:认知心理学开拓者[M].广州:广东教育出版社,2012.

[30]王甦,汪安圣.认知心理学[M].2 版.北京:北京大学出版社,2006.

[31]杨韶刚.人性的彰显:人本主义心理学 [M].济南:山东教育出版社,2009.

[32]赵春音.人本主义心理学创造观研究[M].广州:世界图书出版广东有限公司,2013.

[33]杨韶刚.寻找存在的真谛:罗洛·梅的存在主义心理学[M].武汉:湖北教育出版社,1999.

[34]杜 舒尔茨,西德尼 埃伦 舒尔茨.现代心理学史[M].8 版.叶浩生,译.南京:江苏教育出版社,2011.

[35]赫根汉.心理学史导论[M].郭本禹,等,译.上海:华东师范大学出版社,2004.

[36]詹姆斯 F 布伦南.心理学的历史与体系[M].6 版.郭本禹,等,译.上海:上海教育出版社,2011.

[37]C 詹姆斯 古德温.现代心理学史[M].郭本禹,等,译.北京:中国人民大学出版社,2008.

[38]托马斯 H 黎黑.心理学史[M].李维,译.杭州:浙江教育出版社,1998.

[39]瓦伊特.心理学史:观点与背景[M].3 版.北京:北京大学出版社,2004.

[40]乔治 汉弗瑞,齐木深.心理学的历史[M].刘颖,译.西安:陕西师范大学出版社,2009.

[41]戴维 霍瑟萨尔,郭本禹.心理学史[M].4 版.郭本禹,魏宏波,朱兴国,王申连,等,译.北京:人民邮电出版社,2011.

[42]波林.实验心理学史[M].高觉敷,译.北京:商务印书馆,1981.

[43]诺埃尔 希伊.50 位最伟大的心理学思想家[M].郭本禹,方红,译.北京:人民邮电出版社,2012.

[44]史密斯.当代心理学体系[M].郭本禹,等,译.西安:陕西师范大学出版社,2005.

[45]韦恩 瓦伊尼,布雷特 金.心理学史:观念与背景[M].郭本禹,等,译.北京:世界图书出版公司北京分公司,2009.

[46]华生.行为主义[M].李维,译.北京:北京大学出版社,2012.

[47]巴普洛夫.条件反射:动物高级神经活动[M].周先庚,荆其诚,李美格,译.北京:北京大学出版社,2010.

[48]爱华德 托尔曼 动物和人的目的性行为[M].李维,译.北京:北京大学出版社,2010.

[49]赫尔穆特 E 吕克.心理学史[M].吕娜,等,译.上海:学林出版社,2009.

[50]弗洛伊德.精神分析新论[M].郭本禹,译.南京:译林出版社,2011.

[51]弗洛姆.生命之爱[M].王大鹏,译.北京:国际文化出版公司,2001.

[52]霍妮.我们时代的神经症人格[M].2 版.冯川,译.贵阳:贵州人民出版社,2004.

[53]霍华德 基尔申鲍姆,瓦莱丽 兰德 亨德森.卡尔·罗杰斯:对话录[M].史可监,译.北京:中国人民大学出版社,2008.

[54]弗洛伊德.弗洛伊德:日常生活的精神病理学[M].张丽妍,译.北京:中国画报出版社,2012.

[55]弗洛伊德.精神分析引论[M].高觉敷,译.北京:商务印书馆,1984.

[56]库尔特 勒温.拓扑心理学原理[M].高觉敷,译.北京:商务印书馆,2003.

[57]库尔特 考夫卡.格式塔心理学原理[M].李维,译.北京:北京大学出版社,2010.

[58]皮亚杰.发生认识论原理[M].王宪钿,等,译.北京:商务印书馆,1981.

[59]皮亚杰,亨里克,阿希尔.态射与范畴:比较与转换[M].刘明波,张兵,孙志凤,译.上海:华东师范大学出版社,2005.

[60]罗伯特 L 索尔所,M 金伯利 麦克林,奥托 H 麦克林.认知心理学[M].7 版.邵志芳,何敏萱,高旭辰,等,译.上海:上海人民出版社,2008.

[61]约翰 R 安德森.认知心理学及其启示[M].7 版.秦裕林,程瑶,周海燕,等,译.北京:人民邮电出版社.2012.

[62]约翰 冯 诺依曼.计算机与人脑[M].陈莉,译.南京:江苏人民出版社,2011.

[63]斯滕伯格.认知心理学 [M].3 版.杨炳钧,等,译.北京:中国轻工业出版社,2006.

[64]马斯洛.动机与人格[M].3 版.徐金声,译.北京:中国人民大学出版社,2007.

[65]马斯洛.人性能达到的境界[M].方士华,译.北京:北京燕山出版社,2013.

[66]罗杰斯.当事人中心治疗:实践、运用和理论[M].李孟潮,李迎潮,译.北京:中国人民大学出版社,2013.

[67]里赫曼.人格理论[M].高峰强,等,译.西安:陕西师范大学出版社,2005.

[68]林方.人的潜能与价值:人本主义心理学译文集[M].北京:华夏出版社,1987.

[69]克里斯托弗 彼得森.积极心理学:建构快乐幸福的人生[M].徐红,译.北京:群言出版社,2010.

[70]塞利格曼.真实的幸福[M].洪兰,译.沈阳:万卷出版公司,2010.

[71]塞利格曼.活出最乐观的自己[M].洪兰,译.沈阳:万卷出版公司,2010.

[72]D M 巴斯.进化心理学:心理的新科学[M].2 版.熊哲宏,等,译.上海:华东师范大学出版社,2007.

[73]理查德 道金斯.自私的基因[M].卢允中,等,译.北京:中信出版社,2012.

[74]迪兰 伊文斯,奥斯卡 扎拉特.视读进化心理学[M].刘建鸿,译.合肥:

安徽文艺出版社,2009.

[75]罗杰 霍克.改变心理学的40项研究[M].5版.白学军,译.北京:人民邮电出版社,2010.

[76]任俊.积极心理学[M].上海:上海教育出版社,2006年.

[77]叶浩生.试论现象学的特征及其对心理学中人文主义的影响[J].心理学探新,1999(2).

[78]Dunbar R,Barrett L,Lycett J.进化心理学:从猿到人的心灵演化之路[M].万美婷,译.北京:中国轻工业出版社,2011.

[79]Murray D J. History of western psychology[M].2nd ed. Englewood cliffs, NJ: Prentice – Hall, 1988.

[80]Benjafield J G. A history of psychology[M]. Needham Heights:A Simon & Schuster Company,1996.

[81]Schultz D P,Schultz E S. History of modern psychology[M].5td ed. New York:Harcourt Brace,1992.

[82]Brennan J F. History and System of psychology[M]. Englewood cliffs, NJ: Prentice – Hall, 1998.

[83]Mitchell S A, Black M J. Freud and beyond:A history of modern psychoanalytic thought[M]. New York:Basic Books,1995.

[84]Luo J, Niki K. Function of hippocampus in "insight" of problem solving [J]. Hippocampus, 2003,13(3).

[85]Seligman M E P, Csikszentmihalyi M. Positive Psychology:An Introduction [J]. American Psychologist, 2000, 55(1):5 – 14.

[86]Fredrick B L. The Role of Positive Emotions in Positive Psychology :The broaden and build theory of Positive Emotions[J]. American Psychologist, 2001,56(3).

[87]Talor S E, Kemeny M E,Reed G M. Psychological Resources, Positive Illusions, and Health[J]. American Psychologist, 2000,55(1).

[88]Buss D M. The Evolution of Happiness[J]. American Psychologist,2000, 55(3).

[89]Sandra S. In search of realistic optimism:Meaning, knowledge, and warm fuzziness[J]. American Psychologist, 2001,56(3).

后　记

　　"欲知大道,必先为史。"清末启蒙思想家龚自珍的这句名言言简意赅地说明了"为史"与"知道"的关系,即要掌握社会发展的"大道",必先研究蕴含社会发展"大道"的历史。社会发展莫不如是,学科发展亦不例外。纵观科学心理学的发展历史,富有真知灼见的理论体系和学说都与人类思想认识的深化和科技进步,以及自然科学、人文科学、社会政治经济和文化发展有密切联系,上承先哲,下启后人。因此,学习和研究科学心理学发展进程中的规律性,掌握心理学科发展的内在逻辑,才能在"知道""悟道"中提升心理学工作者的理论素养和认识水平,才能继往开来更好地推进中国心理学科的建设和发展。此即编著《科学心理学史纲要》的初衷。

　　本书是我在心理学史课程多年教学实践的基础上,参考了大量中外文献资料,并与我的博士生天水师范学院教师教育学院金桂春老师合作撰写而成。由于科学心理学史的时间跨度大,史料及研究成果颇为丰富,加之目前有关心理学史的版本也很多,本书难以全部囊括。本着"注重规律,保持经典,关涉前沿"的基本理念,我们在编著过程中,主要以经典理论体系的形成发展为重点进行分析论述,也吸纳了近年来心理学研究进展中出现的新领域和新取向,以使本书更好地适应于心理学史的教学实际和读者的阅读心理。意犹未尽,还望读者谅解。

　　本书在撰写过程中参考汲取了中外心理学同行的研究资料和成果,在此表示由衷感谢!

　　本书是陕西师范大学本科教材建设项目资助成果,对陕西师范大学教务处、陕西师范大学心理学院、陕西师范大学出版总社的鼎力支持,致以衷心感谢!

　　限于我们的视野和水平,书中难免有舛误之处,欢迎读者批评指正。

王有智
2016 年 1 月 10 日